绘制草原线稿

绘制林间小路

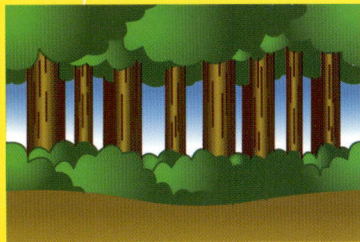

绘制天鹅

绘制玩具兔

绘制小老鼠

绘制小猫

绘制小松鼠

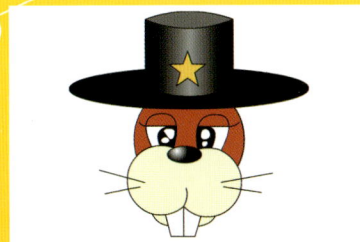

绘制小熊

绘制风车

绘制荷花

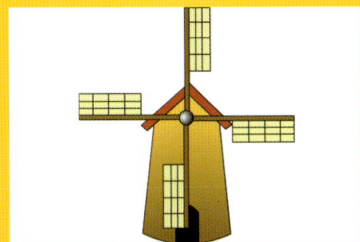

绘制蝴蝶

绘制霓虹灯

绘制向日葵

绘制指示牌

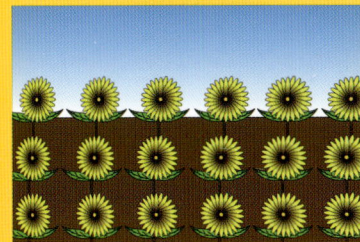

制作飞碟飞行动画

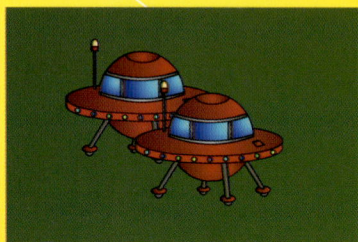

制作木偶跑步动画

制作仙鹤飞翔动画

制作小熊走路动画

制作播放按钮

制作林间漫步动画

制作蜜蜂采蜜动画

制作天鹅飞翔动画

制作倒果汁动画

制作火车头动画

制作接篮球动画

制作接篮球动画

制作节日贺卡动画

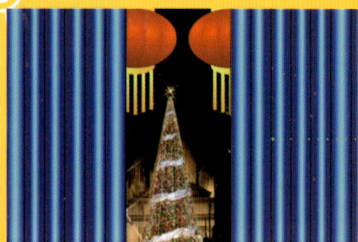

制作节日贺卡动画

制作日夜交替动画

制作日夜交替动画

制作邪恶的南瓜头动画

制作百叶窗动画

制作飞机动画

制作风景图集动画

制作风景图集动画

制作滑板男孩动画

制作节约用水动画

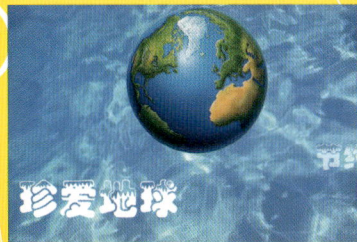

制作节约用水动画

制作节约用水动画

制作翩翩起舞的蝴蝶动画

制作小鸡做操动画

制作唱歌动画

制作唱歌动画

制作唱歌动画

制作唱歌动画

制作电器广告动画

制作电器广告动画

制作电器广告动画

制作电器广告动画

制作电影海报动画

制作手机广告动画

制作音乐MTV动画

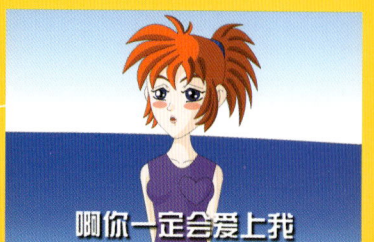

制作音乐MTV动画

制作音乐MTV动画

制作音乐MTV动画

制作音乐MTV动画

制作音乐MTV动画

制作音乐MTV动画

制作音乐MTV动画

校企合作计算机精品教材

中文版Flash CS6动画制作案例教程

主　编　刘旭光　王丹丹　沈　洋

江苏大学出版社
JIANGSU UNIVERSITY PRESS

镇　江

内 容 提 要

Flash 是目前应用最广泛的动画制作软件之一。本书采用项目教学方式，通过大量案例全面介绍了 Flash CS6 的功能和应用技巧。全书共分 9 个项目，项目一主要介绍 Flash CS6 的入门知识，如启动与退出 Flash CS6，以及文件的新建、保存、关闭与打开等；项目二和项目三介绍在 Flash CS6 中绘制、填充和编辑图形，以及创建和美化文本的方法；项目四至项目六介绍 Flash 中帧、图层和元件的相关知识，以及创建逐帧动画、传统补间动画、基于对象的补间动画和形状补间动画的方法与技巧；项目七介绍遮罩动画、引导路径动画和骨骼动画三种高级动画的创建方法，以及场景和动画预设的应用；项目八介绍在 Flash 中应用外部素材的方法；项目九介绍 ActionScript 3.0 的入门知识，以及测试、导出、发布和上传 Flash 作品的方法。

本书可作为各类院校，以及各类计算机教育培训机构的专用教材，也可供广大电脑爱好者自学使用。

图书在版编目（C I P）数据

中文版 Flash CS6 动画制作案例教程 / 刘旭光，王丹丹，沈洋主编. -- 镇江：江苏大学出版社，2014.5
（2023.5 重印）
　　ISBN 978-7-81130-731-3

Ⅰ. ①中… Ⅱ. ①刘… ②王… ③沈… Ⅲ. ①动画制作软件－高等职业教育－教材 Ⅳ. ①TP391.41

中国版本图书馆 CIP 数据核字（2014）第 089074 号

中文版 Flash CS6 动画制作案例教程
Zhongwenban Flash CS6 Donghua Zhizuo Anli Jiaocheng

主　　编 / 刘旭光　王丹丹　沈　洋
责任编辑 / 吴昌兴
出版发行 / 江苏大学出版社
地　　址 / 江苏省镇江市京口区学府路 301 号（邮编：212013）
电　　话 / 0511-84446464（传真）
网　　址 / http://press.ujs.edu.cn
排　　版 / 北京市科星印刷有限责任公司
印　　刷 / 北京市科星印刷有限责任公司
开　　本 / 787 mm×1 092 mm　1/16
印　　张 / 16.75
字　　数 / 377 千字
版　　次 / 2014 年 5 月第 1 版
印　　次 / 2023 年 5 月第 15 次印刷
书　　号 / ISBN 978-7-81130-731-3
定　　价 / 48.00 元

如有印装质量问题请与本社营销部联系（电话：0511-84440882）

随着社会的发展，传统的职业教育模式已难以满足就业的需要。一方面，大量的毕业生无法找到满意的工作；另一方面，用人单位却在感叹无法招到符合职位要求的人才。因此，积极推进职业教学形式和内容的改革，从传统的偏重知识的传授转向注重就业能力的培养，并让学生有兴趣学习，轻松学习，已成为大多数中、高等职业技术院校的共识。

职业教育改革首先是教材的改革，为此，我们走访了众多院校，与许多教师探讨当前职业教育面临的问题和机遇，然后聘请具有丰富教学经验的一线教师编写了这套以任务为驱动的"案例教程"丛书。

本书特色

（1）**满足教学需要。**使用最新的以任务为驱动的项目教学方式，将每个项目分解为多个任务，每个任务均包含"预备知识"和"任务实施"两个部分。

➢ **预备知识：**讲解软件的基本知识与核心功能，并根据功能的难易程度采用不同的讲解方式。例如，对于一些较难理解或掌握的功能，用小例子的方式进行讲解，从而方便教师上课时演示；对于一些简单的功能，则只简单讲解。

➢ **任务实施：**通过一个或多个案例，让学生练习并能在实践中应用软件的相关功能。学生可根据书中讲解，自己动手完成相关案例。

（2）**满足就业需要。**在每个任务中都精心挑选与实际应用紧密相关的知识点和案例，从而让学生在完成某个任务后，能立即将该任务中学到的技能应用于实践。

（3）**增强学生学习兴趣，让学生能轻松学习。**严格控制各任务的难易程度和篇幅，尽量让教师在 20 分钟之内将任务中的"预备知识"讲完，然后让学生自己动手完成相关案例，从而增强学生的学习兴趣，让学生轻松掌握相关技能。

（4）**提供素材和课件。**本书配有精美的教学课件和素材，读者可从网上下载。

（5）**体例丰富。**各项目都安排有知识目标、能力目标、项目总结、课后操作等内容，从而让读者在学习项目前做到心中有数，学完项目后还能对所学知识和技能进行总结和考核。

本书读者对象

本书可作为各类院校，以及各类计算机教育培训机构的专用教材，也可供广大电脑爱好者自学使用。

本书内容安排

➤ **项目一**：主要介绍了 Flash CS6 的一些入门知识，如启动与退出 Flash CS6，文件的新建、保存、关闭与打开，以及辅助工具的使用方法等。此外，还将带领读者完成一个简单动画的制作，让读者快速上手 Flash CS6。

➤ **项目二、项目三**：主要介绍了在 Flash CS6 中绘制、填充和编辑图形，以及创建和美化文本的方法。

➤ **项目四～项目六**：主要介绍了 Flash 中帧、图层和元件的相关知识，以及创建逐帧动画、传统补间动画、基于对象的补间动画和形状补间动画的方法与技巧。

➤ **项目七**：主要介绍了遮罩动画、引导路径动画和骨骼动画三种高级动画的创建方法，以及场景和动画预设的应用。

➤ **项目八**：主要介绍了在 Flash 中导入、编辑和应用外部图形、图像、视频片段、声音文件的方法。

➤ **项目九**：主要介绍了 ActionScript 3.0 的入门知识，以及测试、导出、发布和上传 Flash 作品的方法。

本书教学资料下载

本书配有精美的教学课件，并且书中用到的全部素材都已整理和打包，读者可以登录文旌综合教育平台"文旌课堂"（www.wenjingketang.com）下载。

本书的创作队伍

本书由刘旭光、王丹丹、沈洋担任主编，丁聪、李敏、冯淑杰、王喜全、马文静、马晓娟担任副主编。

为学习贯彻党的二十大精神，提升课程铸魂育人效果，本书专门在扉页"教·学资源"二维码中设计了相应栏目，以引导学生践行社会主义核心价值观，涵养学生奋斗精神、敬业精神、奉献精神、创新精神、工匠精神、法制精神、绿色环保意识等。

由于编者水平有限，书中难免存在疏漏与不当之处，敬请广大读者批评指正。另外，如果读者在学习中有什么疑问，可登录文旌综合教育平台"文旌课堂"（www.wenjingketang.com）寻求帮助，我们将会及时解答。

本书编委会

主　编　刘旭光　王丹丹　沈　洋

副主编　丁　聪　李　敏　冯淑杰

　　　　王喜全　马文静　马晓娟

目录

项目一 Flash 动画制作入门

Flash 是目前应用最广泛的多媒体动画制作软件之一，它以强大的图形绘制、动画制作以及交互功能，博得了广大动画制作爱好者的青睐。本项目将为读者介绍 Flash 动画的特点、制作流程，Flash CS6 的工作界面，以及 Flash 动画制作原理等知识。

项目二 绘制与填充图形

掌握动画造型、背景及道具等图形的绘制，是制作 Flash 动画的必备条件。Flash CS6 提供了强大的图形绘制、填充与编辑功能，本项目将学习利用这些功能绘制动画造型、背景及道具等图形的方法。

项目三　编辑图形与创建文本

利用 Flash CS6 的图形编辑功能可以使图形的绘制工作变得更加容易和快捷，并可以制作一些特殊效果。利用 Flash CS6 的"文本工具"可以创建各种类型的文本，创建文本后还可对其进行美化。本项目将学习编辑图形以及创建和美化文本的方法。

项目四　动画基础与逐帧动画

　　图层和帧的应用也是制作 Flash 动画的必备知识，而逐帧动画是 Flash 中最基础的动画类型。本项目将先学习图层和帧的基本操作，然后学习 Flash 中的动画类型和逐帧动画的创建方法。

项目五　使用元件、实例与库

元件是 Flash 动画的重要组成元素，它分为图形元件、影片剪辑元件和按钮元件三种类型，不同类型元件的作用也不相同。本项目将学习创建、编辑和使用元件及元件实例的方法。此外，还将学习如何在"库"面板中管理元件，以及使用"公用库"中素材的方法。

项目六　创建补间动画

在 Flash CS6 中，补间动画分为基于对象的补间动画、传统补间动画和形状补间动画三种类型。其中，基于对象的补间动画和传统补间动画是基于对象的位置、角度、大小、色调和透明度等属性的不同来创建过渡动画；形状补间动画主要是针对形状的变化来创建过渡动画。本项目将学习这三类动画的创建方法。

项目七　创建高级动画

在 Flash CS6 中利用遮罩动画、引导路径动画和骨骼动画可以制作各种特效动画，利用场景可以使复杂的动画变得井然有序，利用动画预设可以快速制作出系统预设或用户自定的动画效果。本项目将学习这些动画的创建方法。

项目八　应用外部素材

通过在 Flash 中导入外部图形、图像、视频和声音文件等，可以使 Flash 动画更加丰富多彩，本项目将学习在 Flash 文档中应用外部素材的方法。

项目九　ActionScript 3.0 入门及动画发布

利用 Flash CS6 自带的 ActionScript 编程语言，可以制作多种交互效果；将制作好的 Flash 作品导出或发布成.swf 格式的影片，再上传到 Internet 中才能让更多的人欣赏。本项目将学习 ActionScript 3.0 的入门知识，以及测试、导出、发布和上传 Flash 作品的方法。

项目一　Flash 动画制作入门

项目描述

Flash 是目前应用最广泛的多媒体动画制作软件之一，它以其强大的图形绘制、动画制作以及交互功能，博得了广大动画制作爱好者的青睐。在具体学习使用 Flash CS6 制作动画之前，我们需要先了解与 Flash CS6 相关的知识和基本操作，如 Flash 动画的特点、制作流程，Flash CS6 的工作界面，Flash 动画制作原理等，从而为后面的学习做好准备。

知识目标

- 了解 Flash 动画的应用领域、特点和创作流程。
- 了解 Flash CS6 的工作界面中各组成元素的作用。
- 掌握 Flash 文档的基本操作。
- 了解 Flash 动画制作原理。

能力目标

- 能够启动和退出 Flash CS6。
- 能够正确地新建、保存和打开 Flash 文档。
- 能够制作出自己的第一个 Flash 动画。
- 能够根据需要对舞台进行缩放和平移。

任务一　初识 Flash CS6

任务说明

本任务中，将带领读者了解 Flash 动画的应用领域、特点及创作流程，以及掌握启动和退出 Flash CS6 的方法，并认识 Flash CS6 的工作界面。

预备知识

一、Flash 动画的应用领域

Flash 动画被广泛应用于网页设计、网页广告、网络动画、多媒体教学课件、游戏、企业宣传、产品展示和电子相册等领域。图 1-1 和图 1-2 所示分别为使用 Flash 制作的网页广告和音乐动画截图。

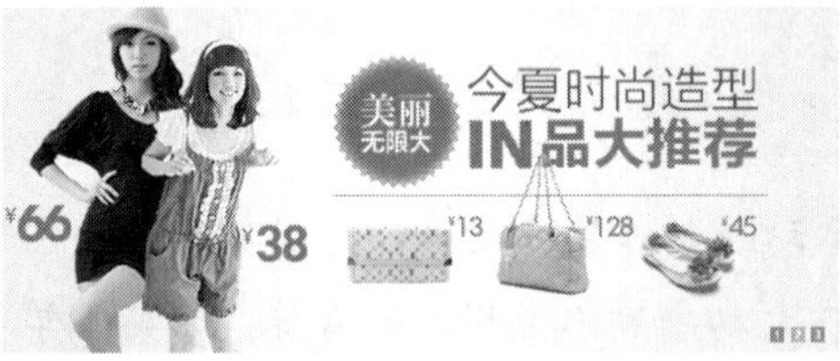

图 1-1　网页广告 　　　　　图 1-2　Flash 音乐动画

二、Flash 动画的特点

Flash 动画之所以能有这么广泛的应用，是与其自身的特点密不可分的。Flash 动画的主要特点如下。

- **制作简单**：Flash 动画的制作相对比较简单，一个爱好者只要掌握一定的软件知识，拥有一台电脑，一套软件就可以制作出简单的动画。
- **存储容量小和缩放时不失真**：Flash 动画主要由矢量图形组成，矢量图形具有存储容量小，并且在缩放时不会失真的优点。此外，在发布 Flash 动画的过程中，程序还会压缩、优化各种动画组成元素（如位图图像、音频、视频等），这就进一步减少了动画的存储容量，从而使其更适于在网络上传输和播放。

> 除了矢量图形外，我们也可在 Flash 动画中使用位图、声音和视频等元素。矢量图主要是用诸如 Flash, Illustrator, CorelDRAW 等矢量绘图软件绘制得到的，它由填充和轮廓组成；位图也称为图像，是由许多色块组成的，位图在放大后会失真。人们所拍摄的数码照片、扫描的图像都属于位图。

- **交互性强**：我们可使用 ActionScript 语言为 Flash 动画添加代码，使动画具有交互性。

三、Flash 动画创作流程

每个人创作 Flash 动画的习惯不同，但都会遵循一个基本的流程。创建 Flash 动画的一般流程如下。

① **前期策划**：在着手制作动画前，应首先明确动画要达到的效果，然后确定剧情和角色，再根据剧情确定动画风格。

② **准备素材**：做好前期策划后，便可以开始根据策划的内容绘制角色造型、背景以及使用的道具等对象，并将这些绘制好的对象转换成元件以备使用（声音、图形等动画素材可以自己制作，也可以从网上下载，或购买相关的素材）。

③ **制作动画**：一切准备妥当后即可开始制作动画，其中主要包括为角色设计动作、角色与背景的合成、动画与声音的合成等。

④ **后期调试**：后期调试包括调试动画和测试动画两方面。调试动画主要是针对动画的细节、动画片段的衔接、场景的切换、声音与动画的协调等进行调整，使整个动画显得更加流畅和有节奏感；测试动画是对动画在本地和网上的最终播放效果进行检测，以保证动画能完美地展现在观众面前。

⑤ **发布作品**：动画制作完成并调试无误后，便可以将动画导出或发布为.swf 格式的影片文件，并上传到网络中供人们欣赏及下载。

任务实施

了解了 Flash 动画的相关知识后，便可以启动 Flash CS6，看看它的工作界面都由哪些部分组成，各组成部分都有什么作用。

一、启动 Flash CS6 并熟悉工作界面

正确安装 Flash CS6 并进行注册后，可参照以下步骤启动 Flash CS6。

步骤 1　单击"开始"按钮，在弹出的菜单中选择"所有程序" > "Adobe" > "Adobe Flash Professional CS6"，如图 1-3（a）左图所示；如果桌面上有 Flash CS6 的快捷启动图标，还可直接双击该图标启动 Flash CS6，如图 1-3（b）所示。

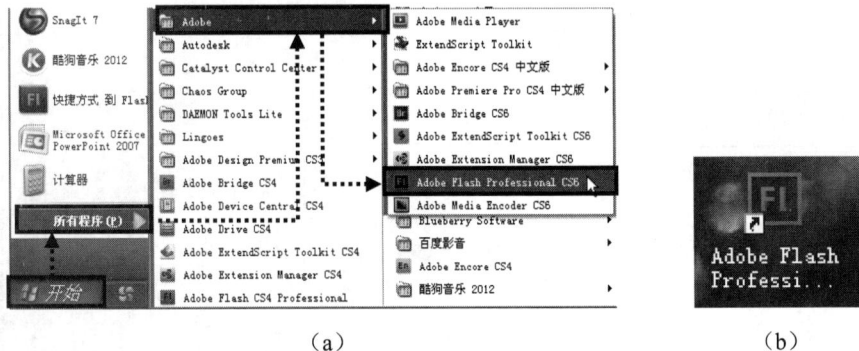

（a）　　　　　　　　　　　　　　　　　（b）

图 1-3　启动 Flash CS6

步骤 2 此时会打开 Flash CS6 的开始页，单击 "ActionScript 3.0" 或者 "ActionScript 2.0" 选项即可新建一个 Flash 文档，并进入 Flash CS6 的工作界面（ActionScript 是 Flash 自带的编程语言，它后面的数字是版本号，本书若无特别说明都是选择 ActionScript 3.0），如图 1-4 所示。

步骤 3 进入 Flash CS6 的工作界面后，可以看到其工作界面由标题栏、菜单栏、文档选项卡、主工具栏、时间轴、编辑栏、舞台、工具箱和多个控制面板等组成，如图 1-5 所示。下面简要介绍其特有的各组成元素的作用。

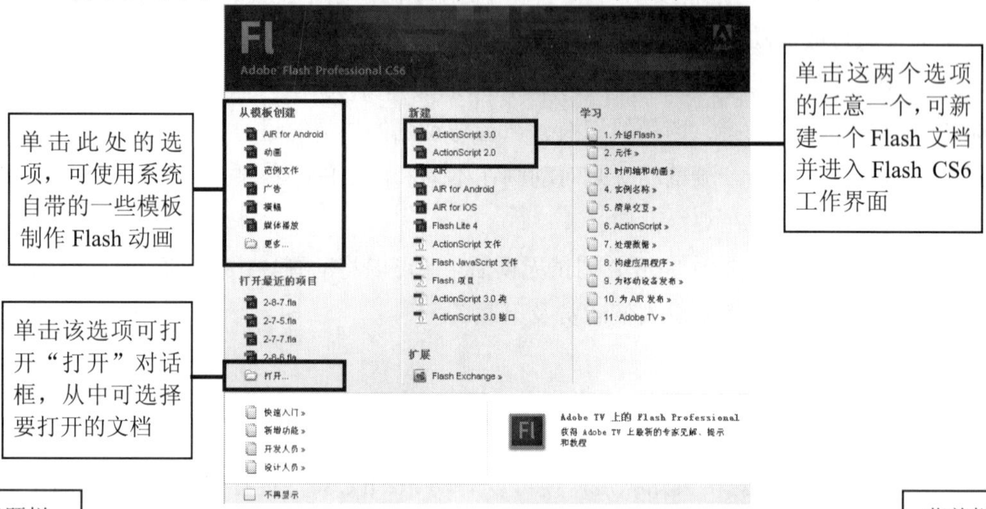

图 1-4　Flash CS6 开始页

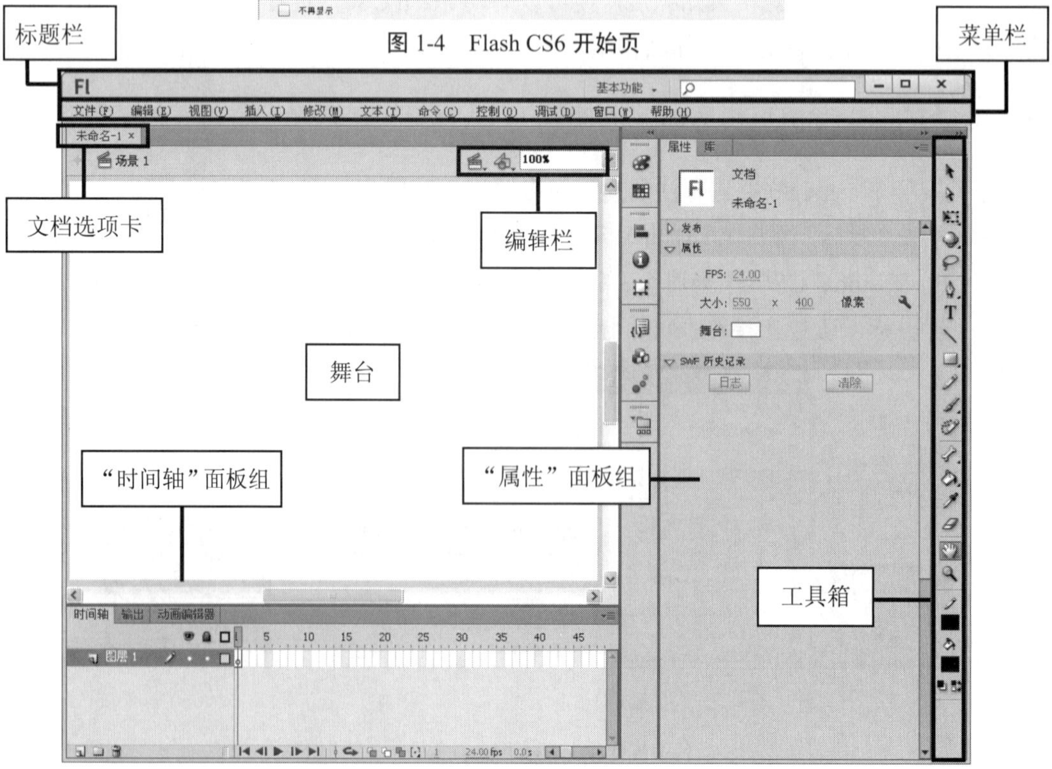

图 1-5　Flash CS6 工作界面

> **文档选项卡**：当打开多个文档后，单击由文档名称形成的文档选项卡标签可切换当前编辑的文档，单击文档选项卡右侧的"关闭"按钮×，可关闭相应的文档。

> **编辑栏**：用于选择需要进行编辑的场景、元件以及设置舞台显示比例。

> **舞台**：舞台是用户创作和编辑动画内容的场所。在工具箱中选择绘图或编辑工具，并在时间轴面板中选择需要处理的帧后，便可以在舞台中绘制或编辑该帧的图形。注意，位于舞台外的内容在播放动画时不会被显示。

> **工具箱**：提供了绘制、编辑和填充图形，以及缩放和平移舞台的工具。要选择某工具，只需单击该工具即可。另外，部分工具的右下角带有黑色小三角▴，它表示该工具中隐藏着其他工具，在该工具上按住鼠标左键不放，可从弹出的工具列表中选择其他工具。

> **"时间轴"面板**：默认情况下，"时间轴"面板位于舞台下方，用于组织和控制动画内容，它主要包括图层和时间帧两部分，如图 1-6 所示。"时间轴"面板的左侧区域显示了动画中包含的图层名称及其相应状态，右侧显示了各图层的时间轴。

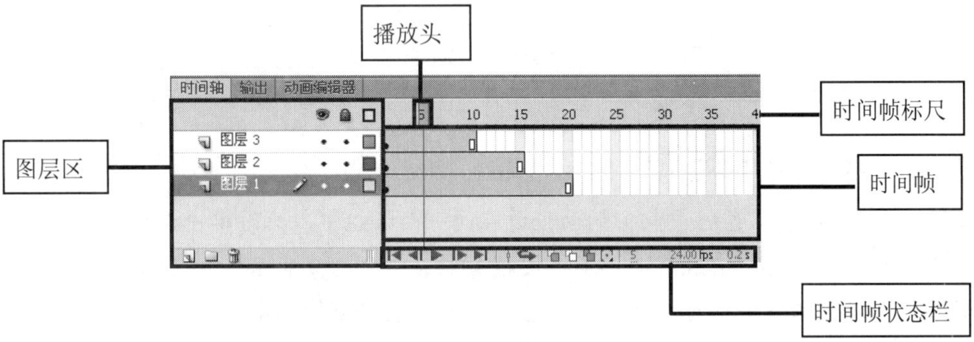

图 1-6　"时间轴"面板

> **知识库**：与电影胶片类似，Flash 动画的基本单位为帧，多个帧上的画面连续播放，便形成了动画。图层就像堆叠在一起的多张幻灯片，每个图层都有独立的时间轴。如此一来，多个图层综合运用，便能形成复杂的动画。

> **"属性"面板**："属性"面板默认位于舞台右侧，利用它可以方便地查看和更改当前选定对象的属性。当前选定的对象不同，"属性"面板中的选项也会不同。

> **其他面板**：例如，利用"颜色"面板可以设置图形的填充色或线条颜色；利用"库"面板可以保管 Flash 动画中用到的素材，如元件、音乐、视频和位图等素材。

二、自定义 Flash CS6 工作界面

用户可以根据个人习惯和工作需要，对 Flash CS6 的工作界面进行调整，调整后还可将工作界面保存起来，方便以后调用。调整 Flash CS6 的工作界面的操作步骤如下。

步骤 1 启动 Flash CS6 并进入其工作界面后，单击"标题栏"右侧的布局模式下拉按钮，可在展开的下拉列表中根据自己的需要选择工作界面的外观模式。例如，如果希望使用以前版本的界面布局，可选择"传统"选项，如图 1-7 所示。

步骤 2 如果在默认的工作界面中找不到需要的面板或其他组成元素，可以通过选择"窗口"的组成元素名称菜单来打开它，例如打开"动作"面板，如图 1-8 所示。

图 1-7　选择工作界面的外观模式　　　　图 1-8　打开"动作"面板

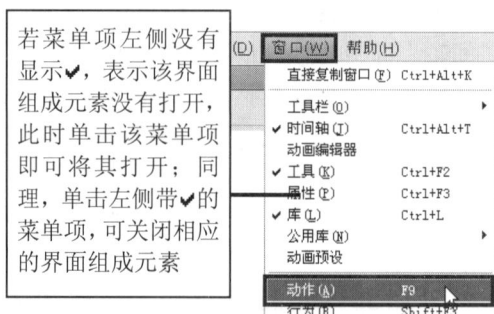

步骤 3 Flash 会将某些性质相似的面板放在同一面板组中，此时单击面板组上方该面板的名称标签，可在不同的面板之间切换，如图 1-9 所示。

步骤 4 要将不需要的面板关闭，可单击该面板右上角的 按钮，在展开的面板菜单中选择"关闭"选项；若选择"关闭组"选项，可关闭同组的所有面板，如图 1-10 所示。

图 1-9　切换面板　　　　　　　　　图 1-10　关闭面板

步骤 5 单击面板组右上角的"折叠"按钮 或"展开"按钮 ，可使面板组在图标状态和展开状态之间切换，如图 1-11 所示。在面板组处于图标状态时，单击某图标可展开相应面板，如图 1-12 所示；再次单击可折叠面板。

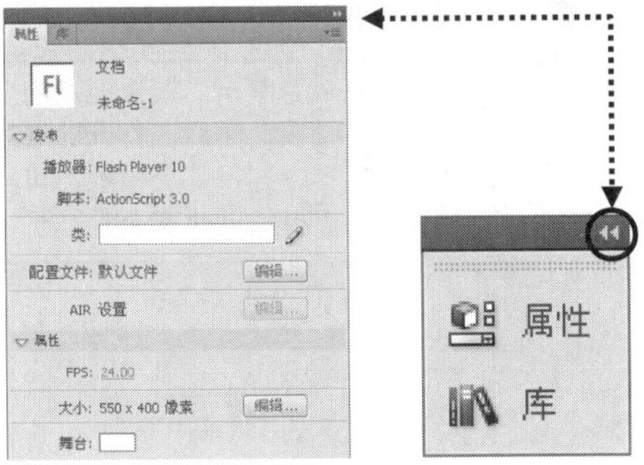

图 1-11 切换面板显示状态

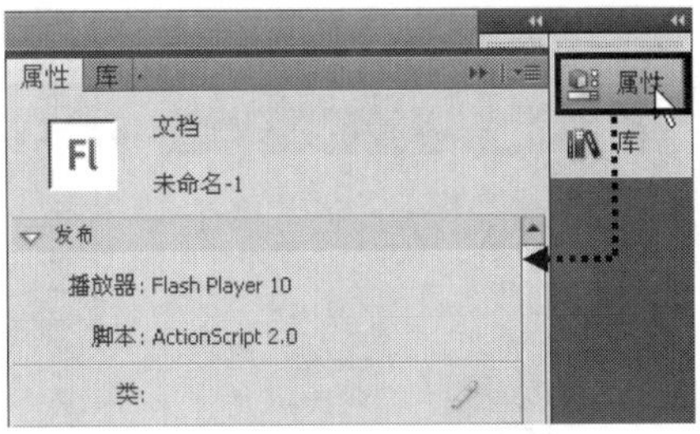

图 1-12 展开相应面板

步骤 6 如果不小心调乱工作界面，还可在如图 1-7 所示的布局模式下拉列表中选择"重置×××"选项，恢复默认的工作界面。若在该下拉列表中选择"新建工作区"选项，则可将当前工作界面保存起来。

任务二　制作第一个 Flash 动画

任务说明

制作 Flash 动画时，首先需要新建一个 Flash 文档并设置文档属性。对于新手来说，要制作出 Flash 动画，还需要简单了解制作动画的基本原理。本任务将带领读者学习这些知识，并创建第一个 Flash 动画作品。

预备知识

一、Flash 文档基本操作

新建、保存和打开 Flash 文档是制作 Flash 动画时最基本的操作。使用 Flash CS6 可以创建新文档以进行全新的动画制作，也可以打开以前保存的文档进行再次编辑。

1. 新建文档

新建 Flash 文档的方法主要有以下两种。

➤ 启动 Flash CS6 时，在开始页的"新建"设置区单击要创建的文档类型，例如单击"ActionScript 3.0"选项。

➤ 进入 Flash CS6 工作界面后，选择"文件">"新建"菜单或按快捷键【Ctrl+N】，在打开的对话框中选择要新建的文档类型，单击"确定"按钮，如图 1-13 所示。

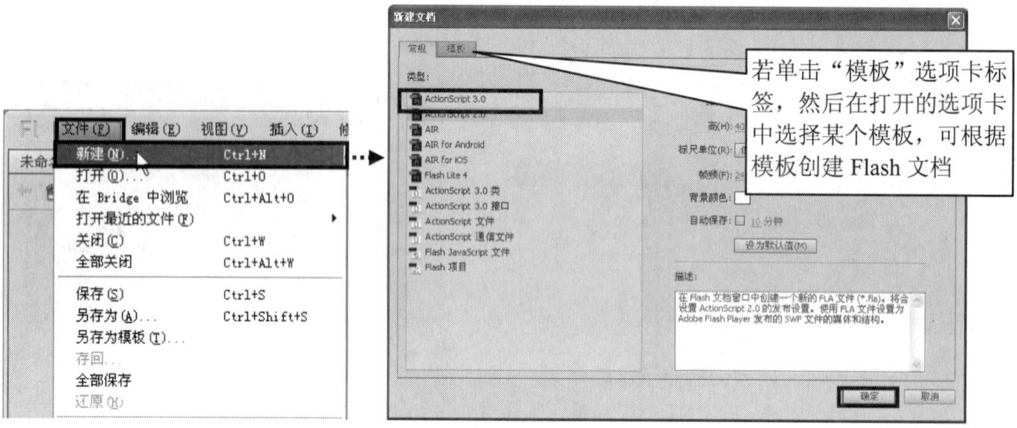

图 1-13　新建 Flash 文档

2. 保存文档

在完成对 Flash 文档的编辑和修改后，需要对其进行保存操作。为此，可选择"文件">"保存"菜单或按快捷键【Ctrl+S】，在打开的"另存为"对话框中选择文档保存路径，输入保存文件名，选择保存类型，然后单击"保存"按钮保存文档，如图 1-14 所示。

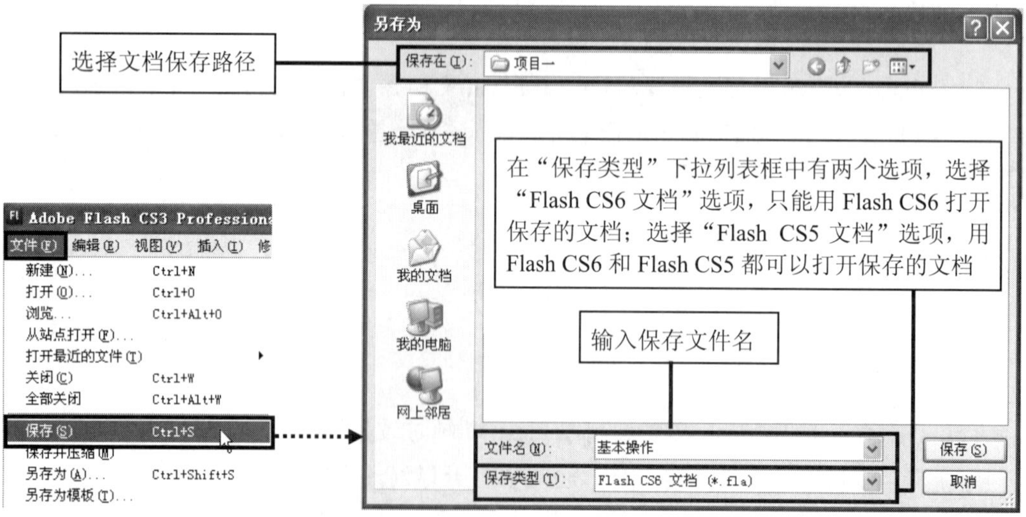

图 1-14　保存文档

> 保存文档后，再对该文档执行保存命令时，便不会打开"另存为"对话框，更改过的文档会自动覆盖原来的文档。如果不想替换原来的文档，可以选择"文件">"另存为"菜单，或按快捷键【Ctrl+Shift+S】。

3．打开文档

若要打开以前保存的文档进行再次编辑，可使用以下几种方法。

➢ 启动 Flash 时，在开始页左侧的"打开最近的项目"下选择最近保存过的文档。

➢ 在工作界面中选择"文件">"打开"菜单，或按快捷键【Ctrl+O】，在打开的"打开"对话框中选择要打开的文档，单击"打开"按钮。

➢ 直接在保存文档的文件夹中双击要打开的 Flash 文档。

二、Flash 动画制作原理

传统动画和影视都是通过连续播放一组静态画面实现的，每一幅静态画面就是一个帧，Flash 动画也是如此。在时间轴的不同帧上放置不同的对象或设置同一对象的不同属性，例如位置、形状、大小、颜色、透明度等，当播放头在这些帧之间移动时，便形成了动画。

下面我们通过制作一个心跳动的动画来说明 Flash 动画的制作原理。

步骤1 打开本书配套素材"素材与实例">"项目一"文件夹>"动画原理——心素材.fla"文档，在该文档时间轴的第 1 帧是一颗红心图形，如图 1-15（a）所示。

步骤2 在时间轴面中板单击选中第 2 帧，如图 1-15（b）所示，然后按【F6】键插入一个关键帧，此时第 1 帧上的心图形会自动延伸到新建的第 2 个关键帧上，且第 2 帧自动成为当前帧。

步骤3 单击选中工具箱中的"任意变形工具" ，单击第 2 帧上的心图形，然后按住【Shift】健，将鼠标指针移至心图形左下角的变形控制柄上，按住鼠标左键并稍微向左下方拖动，适当放大心图形，如图 1-15（c）所示。

步骤4 按快捷键【Ctrl+Enter】预览动画，可看到一颗心在跳动。

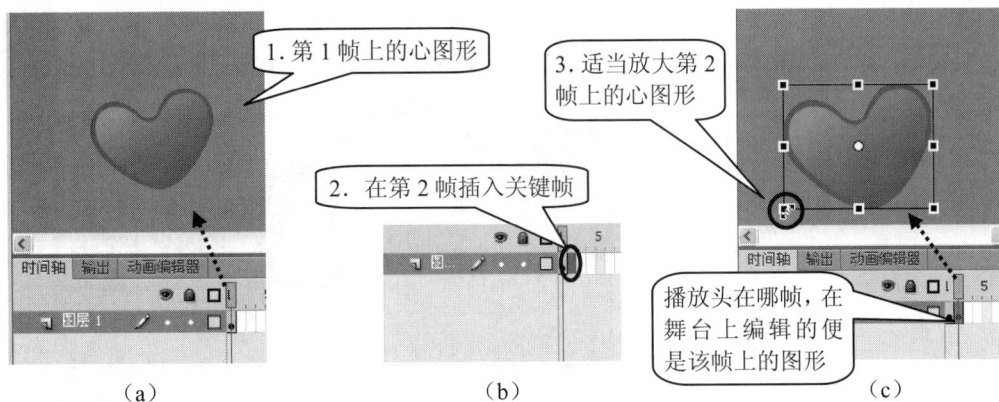

1．第 1 帧上的心图形

3．适当放大第 2 帧上的心图形

2．在第 2 帧插入关键帧

播放头在哪帧，在舞台上编辑的便是该帧上的图形

（a）　　　　　　　　　　（b）　　　　　　　　　　（c）

图 1-15 制作心跳动的动画

可以看出，制作动画的过程便是在不同的帧上绘制或编辑、设置动画组成元素的过程。但是，如果每一帧上的对象都需要用户去绘制和设置，这样制作一个动画便会花去

用户很多时间，为此，Flash 提供了多种功能辅助动画制作。例如，利用元件可使一个对象多次重复使用；利用补间功能可自动生成各帧上的对象；利用遮罩、路径引导功能可以制作出特殊动画等。这些都将在后面陆续介绍。

> 元件是指可以在动画场景中被反复使用的一种动画元素。它可以是图形，也可以是一段动画，或者是一个按钮。在制作动画时，通常会将需要多次使用的对象转换为元件（或先创建元件，再在元件内部进行编辑）。

任务实施

下面通过制作小球弹跳的简单动画，体验一下制作 Flash 动画的无穷乐趣。

一、新建 Flash 文档并设置属性

要制作 Flash 动画，首先要创建一个文档并设置其属性，下面是具体操作方法。

步骤 1 启动 Flash CS6，在开始页的"创建"设置区单击"ActionScript 3.0"选项，创建一个 Flash 文档并进入 Flash CS6 工作界面。

步骤 2 新建 Flash 文档后，要做的第一件事就是设置文档属性。为此，可选择"修改" >"文档"菜单或单击"属性"面板中的"编辑"按钮，或者直接按快捷键【Ctrl+J】，打开"文档设置"对话框，如图 1-16 所示。

步骤 3 在"尺寸"编辑框中设置文档的宽度和高度均为 400 像素，然后单击"背景颜色"右侧的色块，在弹出的"拾色器"面板中单击黄色，其他选项保持默认设置不变，单击"确定"按钮，如图 1-16（b）所示。该对话框中常用选项的意义如下。

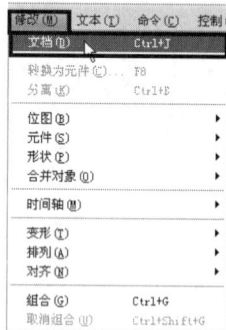

（a）

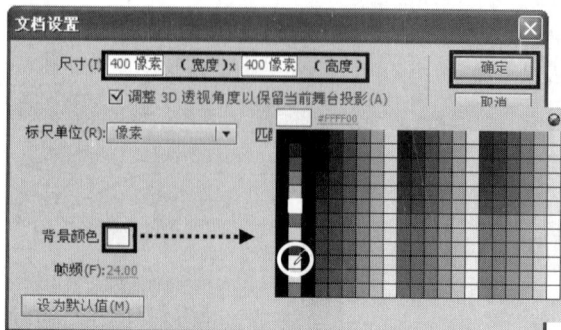

（b）

图 1-16　设置 Flash 文档属性

> **尺寸**：设置舞台的宽和高。播放动画时，将只显示位于舞台中的动画组成元素。
> **背景颜色**：单击该选项右侧的色块，可在弹出的"拾色器"面板中设置舞台

颜色。

> **帧频**：指动画的播放速度，单位是"fps"，即每秒播放多少帧，默认为24fps。
> **标尺单位**：如果要在文档中使用标尺，可在该选项右侧的下拉列表中选择标尺的度量单位。

二、制作小球弹跳动画

制作动画时，首先需要绘制出动画需要的图形，并最好将图形转换为可重复使用的元件（将自动保存在"库"面板中），然后可通过"时间轴"面板来组织动画。下面我们就来制作一个小球弹跳的动画。

步骤1 按住工具箱中的"矩形工具" ▣ 不放，在展开的工具列表中单击选择"椭圆工具" ◯ （或者按快捷键【O】），如图 1-17（a）所示。

步骤2 单击工具箱颜色区的"填充颜色"按钮 ◇▢，在打开的"拾色器"面板中选择一种渐变色，如图 1-17（b）所示，然后将光标移动到舞台中，在按住【Shift】键的同时，按住鼠标左键并拖动，绘制一个正圆形，如图 1-17（c）所示。

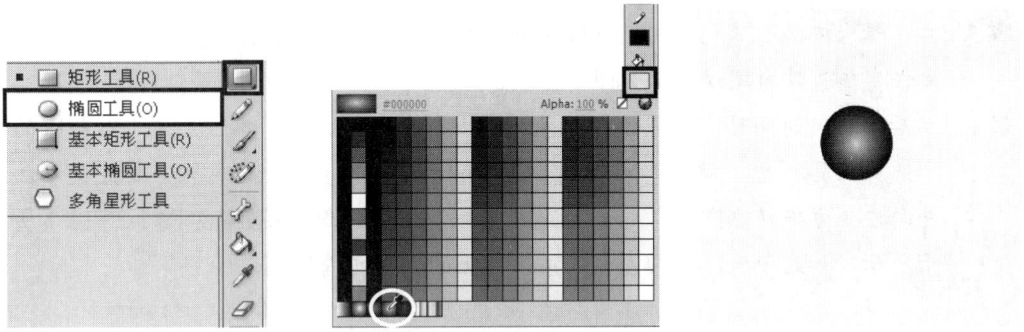

（a）	（b）	（c）

图 1-17　绘制正圆图形

步骤3 单击"图层1"的第1帧以选中舞台中的图形，如图 1-18（a）所示，然后按快捷键【F8】，在打开的"转换为元件"对话框的"名称"编辑框中输入"小球"，再在"类型"下拉列表中选择"图形"选项，如图 1-18（b）所示。设置完毕后单击"确定"按钮，即可将小球图形转换为图形元件。

知识库　创建元件后，其将保存在"库"面板中，如图 1-18（c）所示；同时舞台上的图形将成为该元件的一个实例。我们可将"库"面板中的元件拖入舞台中重复使用。

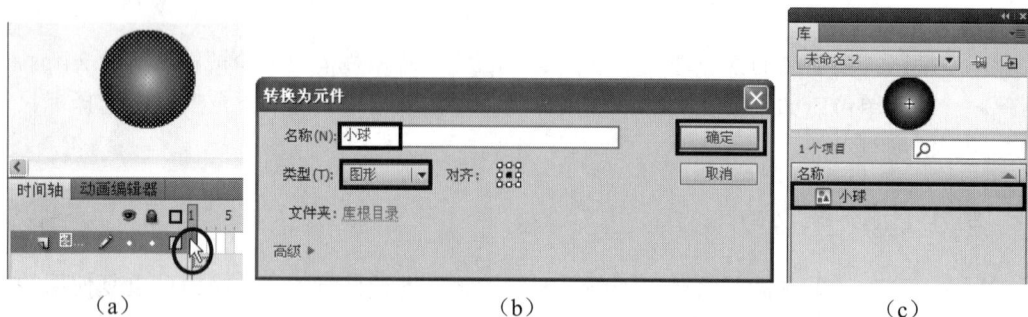

图 1-18　创建"小球"图形元件

步骤 4　单击"时间轴"面板的第 50 帧处选中该帧，然后按【F5】键在该处插入一个普通帧，如图 1-19 所示。

图 1-19　插入普通帧

步骤 5　右击舞台中的小球元件实例，从弹出的快捷菜单中选择"创建补间动画"，为该元件实例创建补间动画，如图 1-20（a）所示。

步骤 6　然后单击"时间轴"面板第 1 帧将播放头转到该帧，然后单击选中工具箱中的"选择工具" ，将光标移动到舞台中的小球元件实例上，按住鼠标左键不放并向左上方拖动，将小球元件实例拖到舞台外左侧偏上位置，如图 1-20（b）所示所示。如此一来，便设置完成第 1 帧上的小球元件实例。

图 1-20　创建补间动画并设置第 1 帧上的元件实例

步骤 7　单击"时间轴"面板第 25 帧将播放头转到该帧，然后使用"选择工具" 将小球元件实例移动到舞台下方，如图 1-21（a）所示。如此一来，便设置完成第 25 帧上的元件实例。参考以上方法设置第 50 帧上的元件实例，如图 1-21（b）所示。

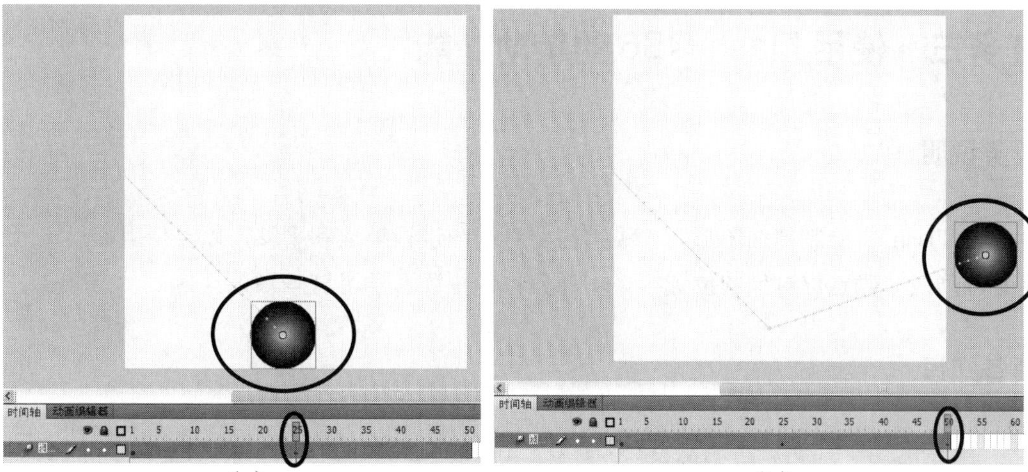

（a）　　　　　　　　　　　　　　　　　　（b）

图 1-21　设置第 25 帧和第 50 帧上的元件实例

三、预览动画

在制作动画过程中，按下【Enter】键，可以测试动画在时间轴上的播放效果；反复按【Enter】键可在暂停测试和继续测试之间切换。

若希望测试动画的实际播放效果，可选择"控制">"测试影片"菜单，或按下快捷键【Ctrl+Enter】，在 Flash Player 播放器中预览动画，如图 1-22 所示。

四、保存和关闭 Flash 文档

制作好小球跳动动画后，按快捷键【Ctrl+S】，在弹出的"另存为"对话框中将文件保存，文件名为"第一个 Flash 动画.fla"，如图 1-23（a）所示。最后在文档选项卡中单击文件名右侧的"关闭"按钮关闭文档，如图 1-23（b）所示。

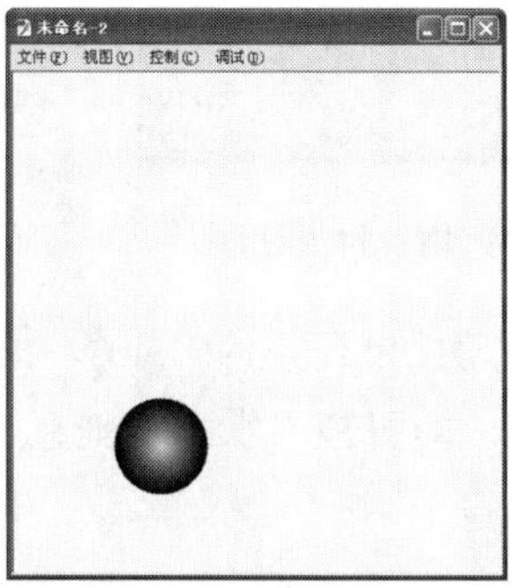

（a）　　　　　　　　　　　　　　　　（b）

图 1-22　预览动画　　　　　　　　图 1-23　保存和关闭动画

任务三 使用 Flash CS6 的辅助功能

任务说明

在 Flash 中绘制精细图形时，经常需要对视图进行缩放和平移，以及使用标尺、网格和辅助线精确定位对象的位置等。本任务将带领读者学习这些知识。

预备知识

一、使用标尺、网格和辅助线

在绘图或编辑对象时，利用网格、标尺和辅助线可以精确调整对象在舞台上的位置，并使不同对象相互对齐。

选择"视图">"网格">"显示网格"菜单，或按快捷键【Ctrl+'】，可显示（或隐藏）网格，如图 1-24 所示；选择 "视图">"网格">"编辑网格"菜单，在打开的"网格"对话框中可设置网格线的颜色、网格的间距以及对象是否贴紧网格对齐等参数，如图 1-25 所示。

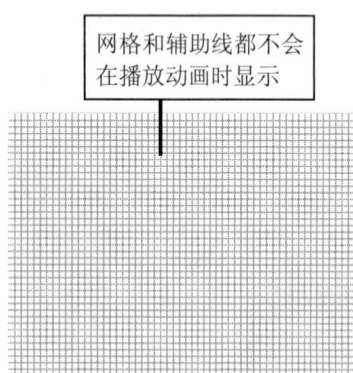

图 1-24　显示网格线　　　　　图 1-25　"网格"对话框

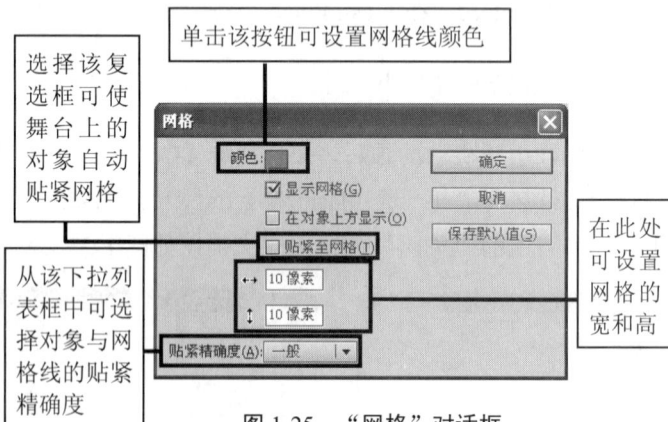

使用辅助线时首先要启用标尺，选择"视图">"标尺"菜单，可在舞台中显示（或隐藏）标尺。在舞台上方或左侧的标尺上按住鼠标左键并拖动，即可拖出水平或垂直辅助线，如图 1-26 所示，反复操作可拖出多条辅助线。

如果要移动辅助线，可以选择工具箱中的"选择工具" ，然后在辅助线上按住鼠标左键并拖动。选择"视图">"辅助线">"编辑辅助线"菜单，可在打开的"辅助线"对话框中设置辅助线的颜色、贴紧精确度等参数，如图 1-27 所示。

小技巧

要清除某条辅助线，可使用"选择工具" 将其拖出舞台；若要清除舞台上的全部辅助线，可选择"视图">"辅助线">"清除辅助线"菜单。

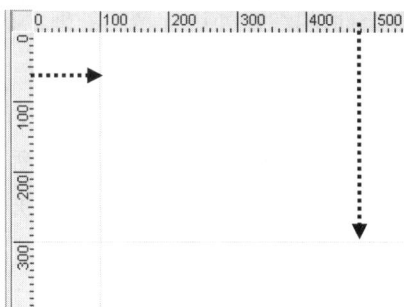

图 1-26 拖出辅助线

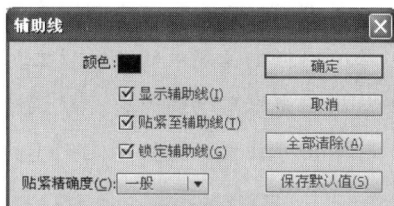

图 1-27 "辅助线"对话框

二、操作的撤销和恢复

在制作 Flash 作品的过程中，经常会发生一些意想不到的错误操作，此时按快捷键【Ctrl+Z】可撤销前一步操作，连续执行可撤销多步操作；若不小心将正确的操作撤销了，可按快捷键【Ctrl+Y】恢复撤销的操作。

如果需要一次性撤销多步操作，可选择"窗口">"其他面板">"历史记录"菜单，打开"历史记录"面板，该面板记录着我们所做的操作（如图 1-28（a）所示），向上拖动"历史记录"面板左侧的滑块，可将滑块经过的操作步骤撤销（如图 1-28（b）所示）。

若发现撤销了某些不该撤销的操作，可将滑块箭头向下拖动以恢复这些操作。但是，如果撤销操作后又做了其他操作，则无法完整地恢复。

（a）

（b）

在"历史记录"面板中单击选择某些操作后，单击"重放"按钮可重做选择的操作。若要重做多步操作，可先按住【Ctrl】键依次单击选择要重做的操作

图 1-28 使用历史记录面板撤销和恢复操作

任务实施

一、缩放和平移视图

制作动画时，适当地放大视图显示比例，可以对图形的细微处进行精确处理；适当地缩小舞台显示比例，可以更好地把握图形的整体形态以及在舞台上的位置。

步骤1 打开本书配套素材"素材与实例">"项目一"文件夹>"缩放视图.fla"文件，单击选择工具箱中的"缩放工具" （或按快捷键【Z】），如图 1-29（a）所示；然后将光标移动到舞台，默认情况下光标呈 形状（如图 1-29（b）所示），此时单击可放大舞台显示比例（如图 1-29（c）所示）。

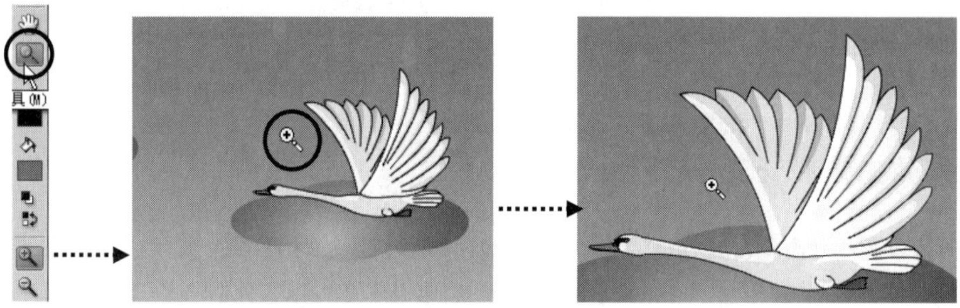

（a） （b） （c）

图 1-29 放大舞台显示比例

步骤2 选择"缩放工具" ，然后单击工具箱"选项区"的"缩小"按钮 ，或直接将光标移动到舞台中并按住【Alt】键，当光标呈 形状时单击可缩小舞台显示比例，如图 1-30 所示。

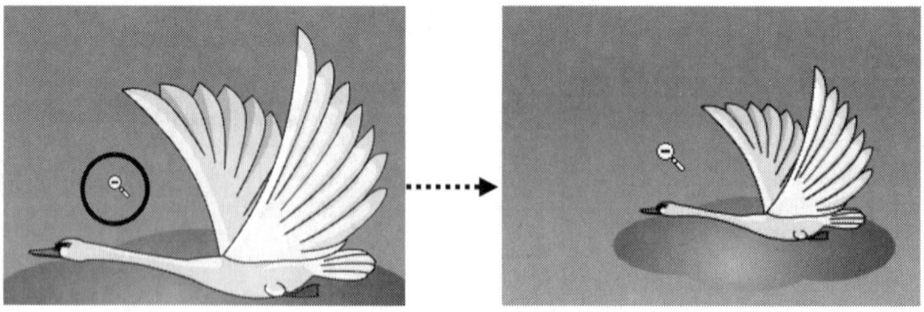

图 1-30 缩小舞台显示比例

步骤3 选择"缩放工具" 后，在舞台中按住鼠标左键并拖动，拖出一个矩形框，松开鼠标后，矩形框内的区域会填满整个工作区，如图 1-31 所示。

> **小技巧** 利用快捷键【Ctrl++】或【Ctrl+-】，可快速将舞台放大 200%或缩小 50%。

步骤 4 单击编辑栏右侧的"缩放"下拉按钮，在打开的下拉列表中选择不同的选项，可按指定的方式调整舞台大小，如图 1-32 所示。

图 1-31 放大指定区域　　　　　　　　　　　图 1-32 "缩放"下拉列表

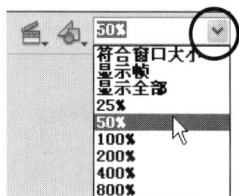

> **符合窗口大小**：缩放舞台以使其适合目前的窗口空间。双击工具箱中的"手形工具" 可实现同样的效果。
> **显示全部**：在工作区显示当前帧中的全部内容（包括舞台外的对象）。
> **显示帧**：在工作区显示整个舞台。

步骤 5 将舞台放大后，如果希望查看没有被显示的区域，可拖动舞台下方或右侧的滚动条，如图 1-33 所示；也可以选择工具箱中的"手形工具" ，然后在舞台上按住鼠标左键并拖动，如图 1-34 所示。

按住空格键可使当前所选工具快速切换为"手形工具" ，松开空格键后会切换回当前所选工具

图 1-33 利用滚动条移动舞台　　　　　　　图 1-34 使用"手形工具"移动舞台

二、排列图案

下面通过制作图案，学习网格、标尺与辅助线的使用方法。

步骤 1 打开本书配套素材"素材与实例"＞"项目一"文件夹＞"网格、标尺与辅助线素材.fla"文件，然后选择"视图"＞"网格"＞"显示网格"菜单（或按快捷键【Ctrl+'】），在舞台上显示网格，如图 1-35 所示。

步骤 2 选择"视图"＞"标尺"菜单，在舞台中启用标尺，如图 1-36 所示。

步骤 3 在舞台上方的标尺处按住鼠标左键并向下拖动，拖出一条水平辅助线；在舞台左侧的标尺处按住鼠标左键并右拖动，拖出一条垂直辅助线（如图 1-37 所示）。

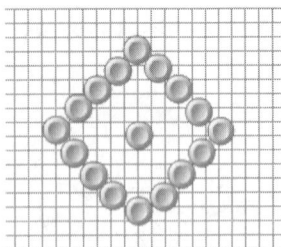

图 1-35　显示网格线　　　　　图 1-36　启用标尺　　　　　图 1-37　拖出辅助线

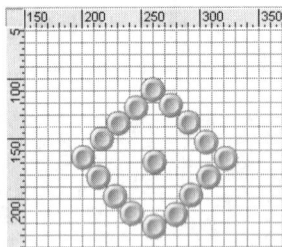

步骤 4　选择"视图">"辅助线">"锁定辅助线"菜单，将辅助线锁定（再次选择该命令将解除辅助线的锁定），如图 1-38 所示。这样可以避免因误操作移动辅助线。

步骤 5　将视图放大显示，然后选择工具箱中的"选择工具" ，在相应的对象上单击并拖动鼠标来移动对象，使图案效果如图 1-39 所示。

步骤 6　选择"视图">"辅助线">"显示辅助线"菜单，隐藏辅助线（再次选择该命令将显示辅助线）。

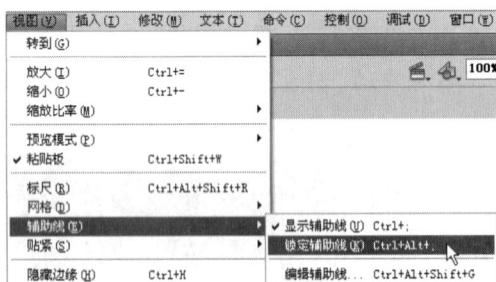

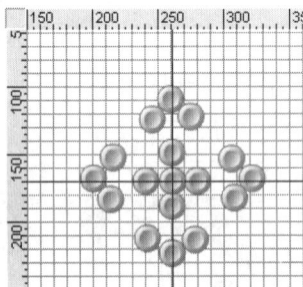

图 1-38　锁定辅助线　　　　　　　图 1-39　根据辅助线放置对象

项目总结

本项目主要介绍了 Flash CS6 的入门知识。学习完本项目内容后，读者应重点了解或掌握以下几方面的知识。

➤ 了解 Flash 动画的创作流程：前期策划>准备素材>制作动画>后期调试>发布作品。

➤ 了解 Flash CS6 工作界面的组成，以及各组成部分的作用，尤其是工具箱（用于绘制和编辑图形）、"时间轴"面板（用于组织动画）、舞台（用户创作和编辑动画内容的场所）和"属性"面板（用于显示和设置选定项的属性）。

➤ 掌握新建、保存、打开 Flash 文档，以及设置文档属性等操作。

➤ 掌握缩放和平移舞台的方法，以便能更好地绘制和编辑图形；掌握网格、标尺和辅助线的使用方法，以便精确定位对象在舞台中的位置；掌握操作的撤销与重做方法，以便在出现误操作时进行恢复。

➤ 了解 Flash 动画的制作原理，并通过学习小球弹跳动画，了解绘图工具的一般用法，了解元件、图层和帧的概念，以及它们在动画制作过程中的作用。

课后操作

1. 利用本项目所学的知识制作如图 1-40 所示的蝴蝶扇翅动画。本题最终效果可参考本书配套素材"素材与实例">"项目一"文件夹>"蝴蝶飞行.swf"文件。

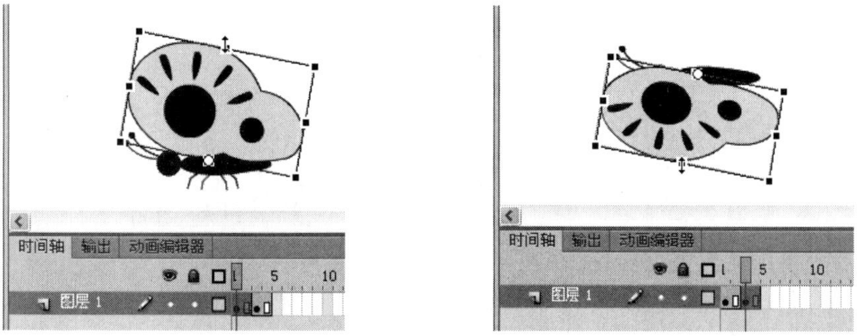

（a）　　　　　　　　　　　　（b）

图 1-40　蝴蝶飞行

提示：

（1）打开本书配套素材"材与实例">"项目一"文件夹>"操作题素材 1.fla"文件，选中"图层 1"的第 3 帧，并按下【F6】键插入关键帧，再选中"图层 1"的第 4 帧，并按下【F5】键插入普通帧。

（2）单击选中工具箱中的"任意变形工具" ，然后单击"图层 1"第 3 帧中的蝴蝶翅膀，并将鼠标移动到翅膀上方的变形控制柄处，按住鼠标左键并向下拖动，使其效果如图 1-40（b）所示。

2. 利用本项目所学知识制作如图 1-41 所示的汽车行驶动画。本题最终效果可参考本书配套素材"素材与实例">"项目一"文件夹>"汽车行驶.swf"文件。

图 1-41　汽车行驶

提示：

（1）打开本书配套素材"素材与实例"＞"项目一"文件夹＞"操作题素材 2.fla"文件，选中舞台中的汽车图形，并按快捷键【F8】将其转换为名为"汽车"的图形元件。

（2）选中"图层 1"的第 50 帧，按下【F6】键插入关键帧。

（3）使用"选择工具" ▶ 将"图层 1"第 1 帧中的"汽车"元件实例移动到舞台右侧外，将第 50 帧中的"汽车"元件实例移动到舞台左侧外。

（4）右击"图层 1"第 1 帧与第 50 帧间的任意一帧，从弹出的快捷菜单中选择"传统补间动画"菜单项，创建传统补间动画。

项目二　绘制与填充图形

项目描述

　　若要制作 Flash 动画，首先应掌握绘制动画的基本组成元素——图形的方法。Flash CS6 提供了强大的图形绘制、填充和编辑功能，使制作者可以轻松地绘制出动画需要的任何造型、背景或道具等。本项目将带领读者学习绘制和填充图形的方法。

知识目标

- ✍ 掌握线条工具、矩形工具、椭圆工具和钢笔工具等图形绘制工具的使用方法。
- ✍ 掌握选择工具、部分选取工具、添加和删除锚点工具等图形调整工具的用法。
- ✍ 掌握颜料桶工具、墨水瓶工具、渐变变形工具和滴管工具的使用方法。
- ✍ 掌握刷子工具、喷涂刷工具和 Deco 工具的使用方法。

能力目标

- ✍ 能够使用 Flash 提供的线条工具和几何图形绘制工具绘制出图形的大致轮廓，并使用选择工具或部分选择工具将轮廓调整为需要的形状。
- ✍ 能够为图形填充纯色、渐变色和位图，以及设置图形轮廓线粗细、样式和颜色等。
- ✍ 能够综合应用 Flash CS6 提供的绘图工具绘制出动画需要的造型、背景或道具。

任务一　绘制和调整线条

任务说明

　　Flash 动画中各种图形的轮廓都是由线条组成的，利用 Flash CS6 提供的"线条工具" 和"铅笔工具" 可以绘制各种线条，利用"选择工具" 可以将绘制的线条调整为任何形状，从而绘制出动画需要的图形。本任务将带领读者学习这几个工具的用法。

预备知识

一、使用"线条工具"

使用"线条工具" ▨可以绘制不同角度的直线线段，并且还可通过"属性"面板设置线段的颜色、粗细和样式等属性。"线条工具" ▨的使用方法可参考以下操作。

步骤 1 单击选中工具箱中的"线条工具" ▨，或者按快捷键【N】，然后在"属性"面板中设置线条的"笔触颜色"（即线条颜色）、"笔触高度"（即线条粗细）和"笔触样式"（实线、虚线等）等参数，如图 2-1 所示。

步骤 2 将光标移动到舞台中，光标会呈"十"形状，按住鼠标左键不放，然后将光标拖动到终点位置释放鼠标即可绘制一条直线，如图 2-2 所示。

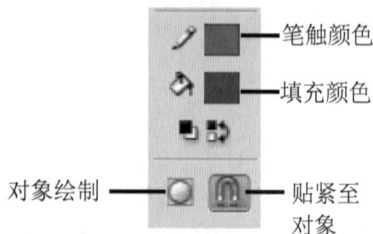

图 2-1　设置"线条工具"参数　　　　图 2-2　绘制直线

> 选择绘图工具后，也可以单击工具箱下方的"笔触颜色" ╱▨和"填充颜色" ◇▨按钮，设置图形的线条或填充颜色，如图 2-3 所示。
>
> 此外，选择绘图工具后，默认情况下绘制的是分散的矢量图形，方便单独选中对象的各个组成进行编辑，如图 2-4（a）所示；若按下工具箱底部的"对象绘制"按钮◙，绘制的图形将作为一个整体对象存在，方便对图形进行整体操作，如图 2-4（b）所示。通常保持默认设置。
>
> 若按下"贴紧至对象"按钮◙，则绘制的图形会自动贴紧离自己最近的对象，如图 2-5 所示。

图2-3　工具箱颜色区和选项区　图2-4　启用对象绘制模式前后的效果　图2-5　线条自动贴紧至对象

二、使用"铅笔工具"

利用"铅笔工具" ✐ 可以在舞台上模仿用笔在纸上绘制图形的效果，并且通过设置绘图模式，可以绘制不同风格的的线条。"铅笔工具" ✐ 的使用方法可参考以下操作。

步骤 1　单击选中工具箱中的"铅笔工具" ✐，或者按快捷键【Y】，会发现"铅笔工具" ✐ 与"线条工具" ＼ 的"属性"面板大同小异，保持默认设置不变，如图 2-6 所示。

步骤 2　单击工具箱选项区的"铅笔模式"按钮，可在打开的下拉菜单中选择绘图模式，本例选择"平滑"模式，如图 2-7 所示。

适用于绘制规则线条，并且会将近似于三角形、圆形和矩形等规则形状的线条自动转换为这些常见的几何形状

该选项用来设置线条平滑度，但只有选择"平滑"或"墨水"模式时才有效

适用于绘制流畅平滑的线条

适用于绘制接近徒手画出的线条

图 2-6　"铅笔工具"的"属性"面板　　　　图 2-7　设置绘图模式

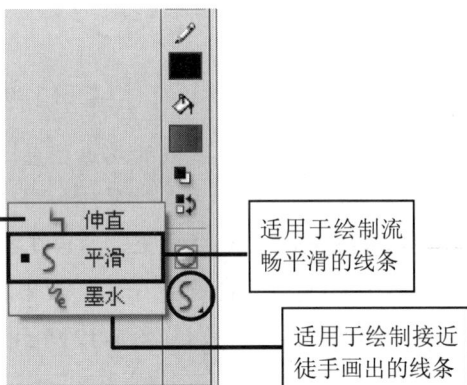

步骤 3　设置好"铅笔工具" ✐ 的属性并选择绘图模式后，将光标移动到舞台中，按住鼠标左键不放并拖动，松开鼠标后，便会沿拖动轨迹生成线条，如图 2-8 所示。

> **小技巧**　"铅笔工具" ✐ 的 3 种绘图模式各有特点，在绘图时应根据不同的需要进行选择，图 2-9 所示为分别使用 3 种模式绘制的图形。另外，在使用"线条工具" ＼ 和"铅笔工具" ✐ 绘图的同时按住【Shift】键，可绘制垂直或水平的线条。

　　　　　　　　　　　伸直　　　　　　　平滑　　　　　　　墨水

图 2-8　"铅笔工具"绘制的线条　　　　图 2-9　使用 3 种模式绘制的图形

三、使用"选择工具"

利用"选择工具" 🔲 可以方便地将图形调整为动画需要的任何形状。使用"选择工具" 🔲 调整图形形状的方法如下。

步骤 1 在舞台中绘制一条直线，然后单击选中工具箱中的"选择工具" 🔲，或者按快捷键【V】，然后将光标移动到直线下方，当光标呈 🔲 形状时，按住鼠标左键不放并拖动，可调整线条弧度，如图 2-10 所示。

图 2-10　调整线段弧度

步骤 2 将光标移动到线段的端点位置，当光标呈 🔲 形状时，按住鼠标左键不放并拖动，可改变线段的端点位置，如图 2-11 所示。

步骤 3 将光标移动到线段上，然后在按住【Ctrl】键的同时按住鼠标左键不放并向任意方向拖动，此时光标呈 🔲 形状，表示已在线段中间添加了一个节点，将线段分为了两条线段，如图 2-12 所示。

图 2-11　调整线段端点位置　　　图 2-12　在线段上添加节点

小技巧　　在使用其他工具编辑图形时，按住【Ctrl】键可快速切换到"选择工具" 🔲。

任务实施

一、绘制林间小路线稿

下面通过绘制如图 2-13 所示的林间小路，学习"线条工具" 🔲、"铅笔工具" 🔲 和"选择工具" 🔲 在绘图中的应用。案例最终效果请参考本书配套素材"素材与实例">"项目二"文件夹>"林间小

图 2-13　林间小路线稿

路线稿.fla”文件。

制作思路

首先利用“线条工具”在舞台周围绘制边线；然后使用“铅笔工具”绘制小路，使用“线条工具”和“选择工具”绘制并调整灌木和树冠；最后使用“线条工具”绘制树干。

制作步骤

步骤 1 新建一个 Flash 文档，选择“线条工具”，在“属性”面板中保持默认的“笔触颜色”（黑色）、“笔触高度”（1）和“笔触样式”（实线）不变。

步骤 2 在按住【Shift】键的同时，在舞台四周绘制两条垂直线段和两条水平线段，作为舞台的边线，再选择“选择工具”，分别单击选中多余的线段，并按【Delete】键将其删除，如图 2-14 所示。

步骤 3 选择“铅笔工具”，在“属性”面板中将“笔触颜色”设为棕色（#996600），“笔触高度”设为“3”（如图 2-15 所示），在工具箱的选项区将“笔触模式”设为“平滑”，然后在舞台下方按住鼠标左键并拖动，绘制一条曲线作为小路，如图 2-16 所示。

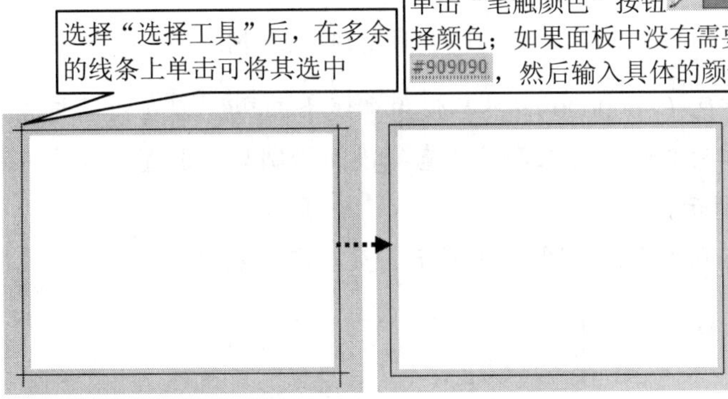
选择“选择工具”后，在多余的线条上单击可将其选中

图 2-14　绘制舞台边线图

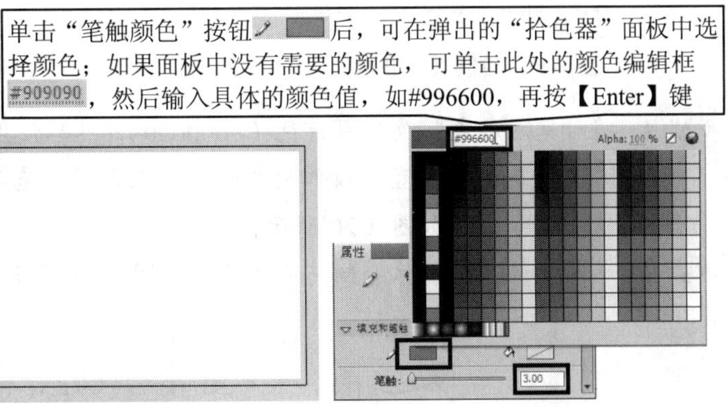
单击“笔触颜色”按钮后，可在弹出的“拾色器”面板中选择颜色；如果面板中没有需要的颜色，可单击此处的颜色编辑框#909090，然后输入具体的颜色值，如#996600，再按【Enter】键
#996600
Alpha: 100 %
属性
3.00

图 2-15　设置“铅笔工具”的属性

步骤 4 选择“线条工具”，将“笔触颜色”设为深绿色（#006600），在小路上方绘制一条斜线，然后使用“选择工具”调整其弧度；接着继续利用相同方法再绘制几条弧线作为灌木，如图 2-17 所示。

步骤 5 参考步骤 4 的操作，利用“线条工具”和“选择工具”绘制其他的灌木，如图 2-18 所示。

图 2-16　绘制小路　　　　　　　　　　　图 2-17　绘制灌木

步骤 6　参照绘制灌木的方法，使用"线条工具" ![线条] 和"选择工具" ![选择] 在舞台上方绘制外侧的树冠，如图 2-19 所示。

> **提示**　在绘制灌木和树冠的时候，应注意线段之间的接口不能断开，若接口间没有密封，会影响后面为其填充颜色。在本例中，我们也可以使用"铅笔工具" ![铅笔] 来绘制灌木和树冠。

图 2-18　绘制其他灌木　　　　　　　　　图 2-19　绘制树冠

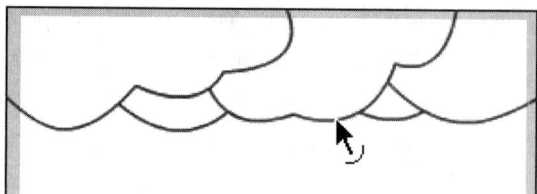

步骤 7　将"笔触颜色"改为深棕色（#660000），然后使用"线条工具" ![线条] 在树冠与灌木间绘制两条垂直线段作为树干，再在两条垂直线段间绘制数条垂直短线作为树皮的纹理，如图 2-20 所示。

步骤 8　参照步骤 7 的操作绘制其他树干，如图 2-21 所示。至此实例就完成了。

图 2-20　绘制第一个树干　　　　　　　　图 2-21　绘制其他树干

二、绘制热带鱼线稿

下面通过绘制如图 2-22 所示的热带鱼图形，学习鱼类的绘制方法。案例最终效果请参考本书配套素材"素材与实例"＞"项目二"文件夹＞"热带鱼线稿.fla"文件。

制作思路

　　鱼类主要由身体和鱼鳍组成，不同鱼类的主要区别也在于这几个部分。绘制热带鱼时，首先使用"线条工具" \ 和"选择工具" ▶ 绘制热带鱼身体和鱼鳍的轮廓，然后进行细部刻画，完成热带鱼线稿的绘制。

图 2-22　热带鱼线稿

制作步骤

步骤 1　新建一个 Flash 文档，使用"线条工具" \ 绘制三条直线，组成一个三角形，并使用"选择工具" ▶ 调整其弧度，作为热带鱼的身体，如图 2-23 所示。

步骤 2　使用"线条工具" \ 在作为身体的三角形右侧再绘制一个三角形，并使用"选择工具" ▶ 调整其弧度，作为热带鱼的尾鳍，如图 2-24 所示。

图 2-23　绘制身体　　　　　　　　图 2-24　绘制尾鳍

步骤 3　使用"线条工具" \ 在热带鱼的身体内部绘制线条，并使用"选择工具" ▶ 调整线条的的形状，制作出热带鱼的背鳍和侧鳍，如图 2-25 所示。

步骤 4　使用"线条工具" \ 在热带鱼的身体左侧绘制嘴部线条，然后使用"选择工具" ▶ 调整嘴部线条的形状，并删除多余线条，如图 2-26 所示。

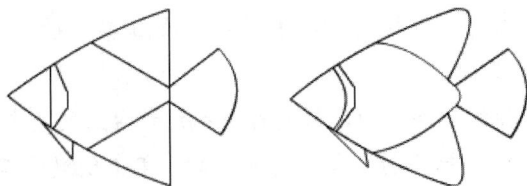

图 2-25　绘制身体细部　　　　　　图 2-26　绘制热带鱼的嘴部

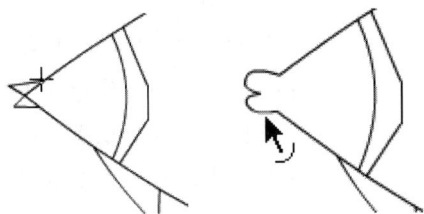

步骤 5　单击选中工具箱中的"椭圆工具" ◯，并在"属性"面板中将"填充颜色"设为"无色" ☑，如图 2-27 所示。

步骤 6　在按住【Shift】键的同时，在热带鱼的身体内部按住鼠标左键不放并拖动，绘制两个正圆，作为热带鱼的眼睛和眼珠，如图 2-28 所示。至此任务就完成了。

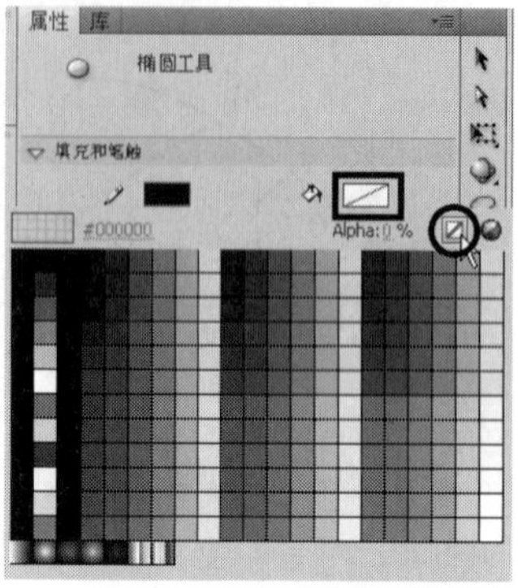

图 2-27　设置 "椭圆工具" 的填充颜色

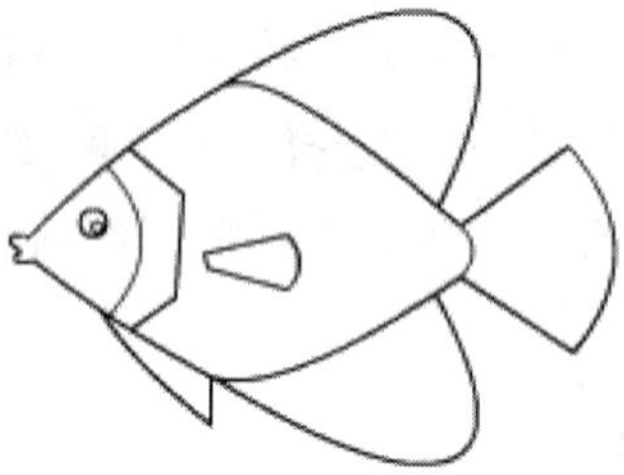

图 2-28　绘制眼睛

任务二　绘制自由曲线

任务说明

利用钢笔工具组中的工具可以绘制自由曲线并编辑，使用 "部分选取工具" ![icon] 可以调整曲线的形状。本任务将带领读者学习钢笔工具组中各工具和 "部分选取工具" ![icon] 的使用方法。

预备知识

一、使用 "钢笔工具"

使用 "钢笔工具" ![icon] 可以绘制连续的折线或平滑流畅的曲线。"钢笔工具" ![icon] 的使用方法可参考以下操作。

步骤 1　单击选中工具箱中的 "钢笔工具" ![icon]，或者按快捷键【P】，"钢笔工具" ![icon] 的 "属性" 面板与 "线条工具" ![icon] 完全相同。

步骤 2　在 "属性" 面板中设置线条颜色、粗细和样式后，将光标移动到舞台上的适当位置并单击，确定起始锚点，然后将光标移动到舞台的另一处，单击创建第二个锚点，此时在起始锚点和第二个锚点之间会出现一条直线段，如图 2-29 所示。继续在其他位置单击可绘制连续的折线。

步骤 3　若将光标移动到另一位置，然后按住鼠标左键并拖动，可拖出一个调节杆；继续按住鼠标向任意方向拖动调节杆，可调整曲线弧度；对曲线弧度满意后，释放鼠标左键即可创建一个曲线锚点，如图 2-30 所示。

> **知识库**　使用"钢笔工具"👆单击生成的锚点称为直线锚点,通过拖动生成的锚点称为曲线锚点。我们可以利用"部分选取工具"👆拖动锚点以改变图形形状;另外,还可以通过拖动曲线锚点的调节杆,来改变曲线弧度。

步骤 4　将光标移动到起始锚点处,当光标呈👆形状时单击即可创建封闭图形并结束绘制。因为上一个锚点是曲线锚点,因此此处生成的是曲线,而不是直线,如图 2-31 所示。

步骤 5　若希望在不封闭图形的情况下结束绘制,可在工具箱中选择除钢笔工具组中工具和"部分选取工具"👆以外的任意工具,或按【Esc】键。

图 2-29　创建直线锚点　　　　图 2-30　创建曲线锚点　　　　图 2-31　创建封闭图形

二、使用"部分选取工具"

利用"部分选取工具"👆可以方便地移动锚点位置和调整曲线的弧度,从而调整图形形状。"部分选取工具"👆的使用方法如下。

步骤 1　在工具箱中单击选中"部分选取工具"👆,或按快捷键【A】,然后将光标移到用其他工具绘制的图形上并单击,在图形上会显示锚点,如图 2-32 所示。

步骤 2　使用"部分选取工具"👆在图形上单击选取要移动的锚点,然后按住鼠标左键并拖动可移动锚点位置,如图 2-33 所示。我们也可按住【Shift】键依次单击多个锚点将它们同时选中,然后拖动所选锚点,此时被选取的锚点之间的相对位置会保持不变。

步骤 3　将光标移动到直线锚点上,然后在按住【Alt】键的同时按住鼠标左键并拖动,可将直线锚点转换为曲线锚点,如图 2-34 所示。

步骤 4　将光标移动到曲线锚点的调节杆上,然后按住鼠标左键并拖动,可调整曲线的弧度,若在拖动的同时按住【Alt】键,可单独调整一边的调节杆,如图 2-35 所示。

图 2-32　单击显示锚点　　　图 2-33　移动锚点　　　图 2-34　转换为曲线锚点　　　图 2-35　调整调节杆

三、添加、删除和转换锚点

利用"添加锚点工具" 和"删除锚点工具" 可以添加或删除图形上的锚点，从而对图形进行更多调整；利用"转换锚点工具" 可以实现曲线锚点与直线锚点间的转换，还可以改变曲线锚点的角度。下面为读者介绍上述工具的使用方法。

步骤 1　在工具箱中单击并按住"钢笔工具" 不放，在展开的工具列表中选择"添加锚点工具" ，或按快捷键【=】，然后将光标移到图形轮廓线上方（可先利用"部分选取工具" 在图形上单击以显示锚点），当光标呈 形状时单击即可添加一个锚点，如图 2-36 所示。

步骤 2　在钢笔工具组中选择"删除锚点工具" （或按快捷键【-】），然后将光标移到已有锚点上方，当光标呈 形状时在锚点上单击鼠标即可删除该锚点，如图 2-37 所示。

图 2-36　添加锚点　　　　　　　　　图 2-37　删除锚点

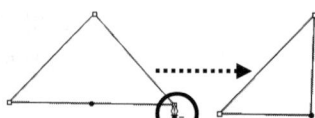

步骤 3　在钢笔工具组中选择"转换锚点工具" （或按快捷键【C】），然后将光标移到图形轮廓线条上并单击，在图形上显示锚点，此时将光标移动到直线锚点上，然后按住鼠标左键不放并拖动，可将直线锚点转换为曲线锚点，如图 2-38 所示。

步骤 4　选择"转换锚点工具" 后，将光标移动到曲线锚点的调节杆上，然后按住鼠标左键并拖动，可以单独调整一边的调节杆，如图 2-39（a）所示。

步骤 5　在曲线锚点上单击，可将曲线锚点转换为直线锚点，如图 2-39（b）所示。

在使用"钢笔工具" 绘制图形时，按住【Alt】键可快速切换到"转换锚点工具" 。

（a） （b）

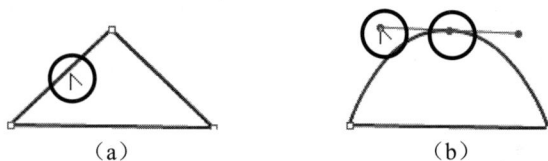

图 2-38 将直线锚点转换为曲线描点

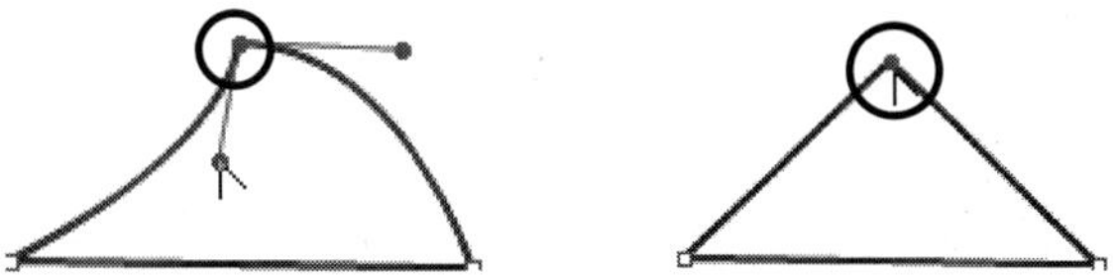

（a） （b）

图 2-39 单独调整一边的调节杆，并将曲线描点转换为直线锚点

任务实施——绘制桃心

下面通过绘制如图 2-40 所示的桃心图形，学习钢笔工具组中各工具及"部分选取工具" [图标] 的使用方法。案例最终效果请参考本书配套素材"素材与实例"＞"项目二"文件夹＞"桃心图形.fla"文件。

制作思路

在绘制桃心时，首先使用"钢笔工具" [图标] 绘制一个封闭的三角形；然后使用"添加锚点工具" [图标] 在三角形的轮廓线上添加一个锚点，

图 2-40 桃心图形

并使用"部分选取工具" [图标] 调整其位置；最后利用"转换锚点工具" [图标] 将三角形两端的锚点转换为曲线锚点。

制作步骤

步骤 1 单击选中工具箱中的"钢笔工具" [图标] ，然后在"属性"面板中将"笔触颜色"设为红色（#CC0000），将"笔触高度"设为"3"，如图 2-41 所示。

步骤 2 将光标移动到舞台中的不同位置并单击，创建一个封闭的的三角形，如图 2-42 所示。

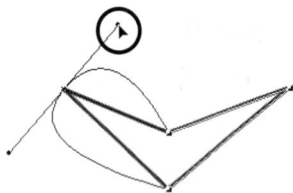

图 2-41 设置"钢笔工具"的属性

图 2-42 创建三角形

步骤 3 在工具箱中按住"钢笔工具" ✎ 不放，然后在展开的工具列表中选择"添加锚点工具" ✎₊，并在舞台中三角形上方的轮廓线上单击添加一个锚点，如图 2-43 所示。

步骤 4 选择"部分选取工具" ▶，在步骤 3 中添加的锚点上按住鼠标左键不放并向下拖动，如图 2-44 所示。

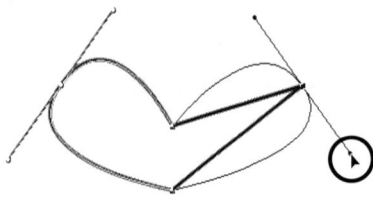

图 2-43 添加锚点

图 2-44 移动锚点

步骤 5 选择钢笔工具组中的"转换锚点工具" ▷，将光标移动到最左侧的锚点处，然后按住鼠标左键不放并向右上方拖动，如图 2-45（a）所示。

步骤 6 将光标移动到右侧的锚点处，然后按住鼠标左键不放并向左上方拖动，如图 2-45（b）所示。

步骤 7 选择"部分选取工具" ▶，调整桃心中各锚点的位置，如图 2-46 所示。最后按【Esc】键，桃心就制作完成了。

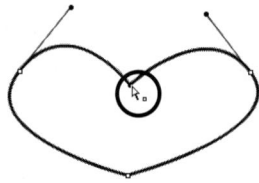

（a）

（b）

图 2-45 转换锚点并调整曲线弧度

图 2-46 调整锚点位置

任务三　绘制几何图形

任务说明

利用几何工具组中的"矩形工具" ▢、"椭圆工具" ◯和"多角星形工具" ⬡等可以绘制规则的几何图形。我们还可以使用"选择工具" ➤ 或其他工具对绘制的几何图形进行调整，从而绘制出动画需要的图形。本任务将带领读者学习这几个工具的使用方法。

预备知识

一、使用"矩形工具"

利用"矩形工具" ▢可以绘制不同样式的矩形、正方形和圆角矩形，它的使用方法可参考以下操作。

步骤 1 单击选中工具箱中的"矩形工具" ▢，或者按快捷键【R】，可以看到"矩形工具" ▢的"属性"面板比"线条工具" ➘的多了"填充颜色"按钮 ◇ ▬ 和"矩形边角半径"编辑框，如图 2-47 所示。

步骤 2 设置好"矩形工具" ▢的属性后，将光标移动到舞台中，按住鼠标左键不放并拖动，松开鼠标后即可绘制一个矩形，如图 2-48（a）所示；若在拖动鼠标的同时按住【Shift】键，则可以绘制正方形，如图 2-48（b）所示；若设置了"矩形边角半径"的数值，则可以绘制圆角矩形，如图 2-48（c）所示。

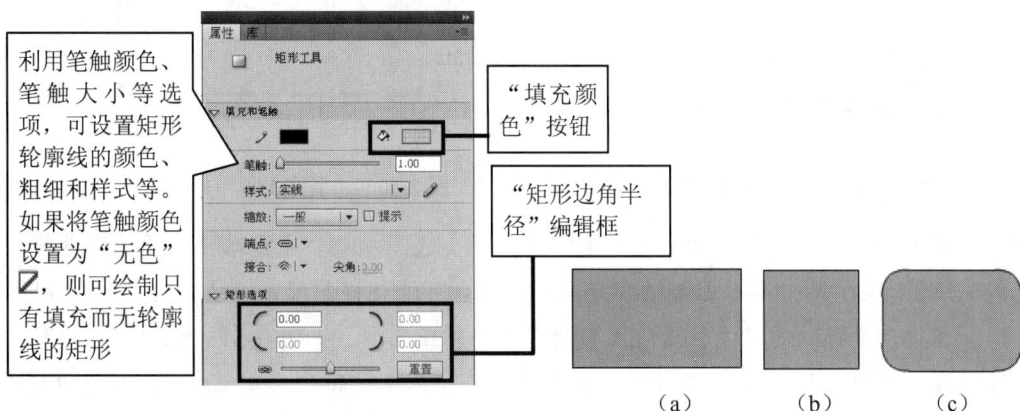

利用笔触颜色、笔触大小等选项，可设置矩形轮廓线的颜色、粗细和样式等。如果将笔触颜色设置为"无色" ▨，则可绘制只有填充而无轮廓线的矩形

"填充颜色"按钮

"矩形边角半径"编辑框

（a）　　（b）　　（c）

图 2-47　"矩形工具"的"属性"面板　　图 2-48　绘制矩形、正方形和圆角矩形

小技巧

在设置矩形边角半径时，单击 ⊜ 按钮，按钮会变为 ⊛ 形状，此时可分别在 4 个编辑框中输入不同数值，分别设置 4 个边角的半径。如果对调整的参数不满意，可单击"重置"按钮重新设置。

二、使用"椭圆工具"

"椭圆工具" ○ 的使用方法与"矩形工具" □ 大同小异，利用它可以绘制出椭圆形、正圆形、扇形和弧线等。"椭圆工具" ○ 的使用方法可参考以下操作。

步骤 1 按住工具箱中的"矩形工具" □ 不放，然后在展开的工具列表中单击选择"椭圆工具" ○（或者直接按快捷键【O】），如图 2-49 所示。

步骤 2 "椭圆工具" ○ 的"属性"面板与"矩形工具" □ 的相似，但没有"矩形边角半径"编辑框，而是多了"开始角度"、"结束角度"、"内径"几个选项以及"闭合路径"复选框，如图 2-50 所示。

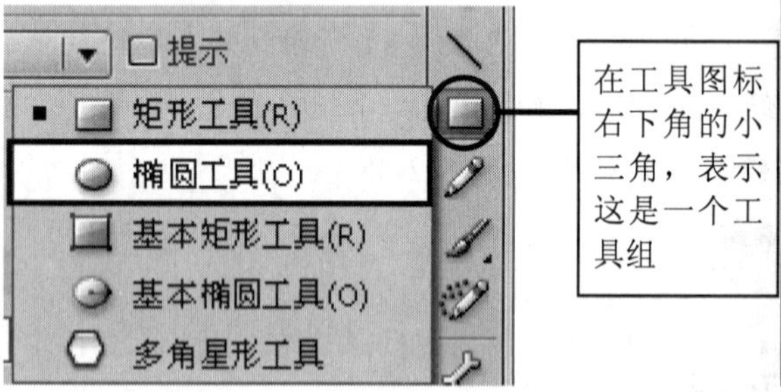

图 2-49 选择"椭圆工具" 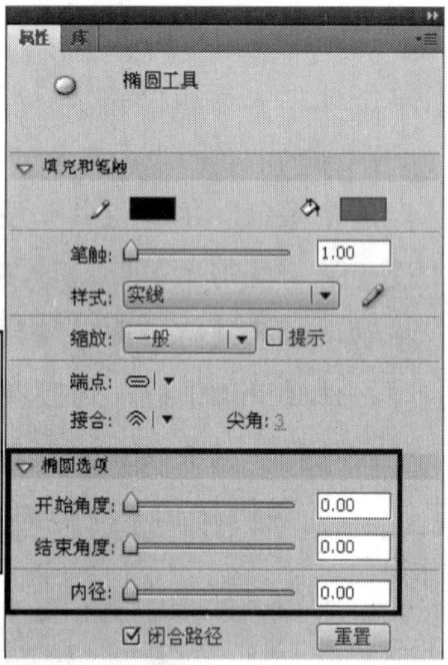　　　　图 2-50 "椭圆工具"的"属性"面板

步骤 3 若不对"开始角度"、"结束角度"、"内径"选项以及"闭合路径"复选框进行设置，在舞台中按住鼠标左键不放并拖动，可绘制椭圆形，如图 2-51（a）所示；在拖动鼠标的同时按住【Shift】键，可绘制正圆形，如图 2-51（b）所示。

步骤 4 在"椭圆工具" ○ "属性"面板中的"开始角度"和"结束角度"编辑框中输入数值或拖动其左侧的滑块，设置开始角度和结束角度，则可以绘制扇形，如图 2-52（a）所示；如果取消勾选"闭合路径"复选框，则可以绘制弧线，如图 2-52（b）所示。

步骤5 若在"内径"对话框中输入正值，并勾选"闭合路径"选项，则可以绘制空心椭圆或空心扇形，如图 2-53 所示。

（a）　　　（b）　　　（a）　　　（b）　　　（a）　　　（b）

图 2-51　绘制椭圆形和正圆　　　图 2-52　绘制扇形和弧线　　图 2-53　带有空心圆的椭圆和扇形

三、使用"多角星形工具"

利用"多角星形工具" ⬡ 可以绘制多边形和星形。"多角星形工具" ⬡ 的使用方法可参考以下操作。

步骤1 按住工具箱中的"矩形工具" ▢ 不放，在展开的工具列表中选择"多角星形工具" ⬡，可以看到"多角星形工具" ⬡ 的"属性"面板与"矩形工具" ▢ 的相似，如图 2-54 所示。

步骤2 单击"属性"面板中的"选项"按钮，在打开的"工具设置"对话框的"样式"下拉列表中可选择绘制星形或多边形，在"边数"编辑框中可设置星形的角数或多边形的边数，在"星形顶点大小"编辑框中可设置星形的顶点大小，如图 2-55 所示。

步骤3 设置好"多角星形工具" ⬡ 的属性后，将光标移动到舞台中按住鼠标左键不放并拖动，即可绘制多边形或星形，如图 2-56 所示。

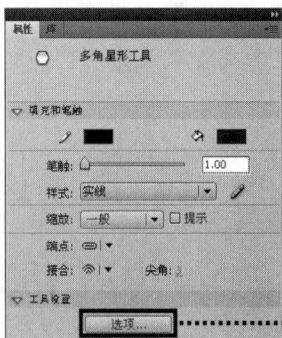 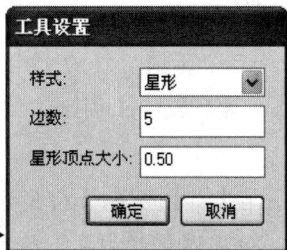 

图 2-54　"多角星形工具"的"属性"面板　　图 2-55　"工具设置"对话框　　图 2-56　绘制多边形和星形

任务实施

一、绘制小松鼠线稿

下面通过绘制如图 2-57 所示的小松鼠线稿，学习综合利用多个绘图工具绘制图形的方法。案例最终效果请参考本书配套素材"素材与实例">"项目二"文件夹>"小松鼠线稿.fla"。

图 2-57　小松鼠线稿

制作思路

首先利用"椭圆工具" 🔵 绘制小松鼠头部的轮廓；然后使用"椭圆工具" 🔵、"线条工具" ＼ 和"选择工具" ▶ 绘制小松鼠的五官和胡须；最后利用"矩形工具" ▣、"椭圆工具" 🔵 和"多角星形工具" ⬡ 绘制小松鼠头上的帽子。

制作步骤

步骤 1 新建一个 Flash 文档，然后选择"椭圆工具" 🔵，在"属性"面板中将"笔触颜色"设为黑色，"填充颜色"设为"无色" ☑，"笔触高度"设为"1"，"笔触样式"设为实线，如图 2-58 所示。

步骤 2 在舞台的适当位置绘制三个正圆，作为小松鼠头部的轮廓，如图 2-59 所示。

步骤 3 使用"椭圆工具" 🔵 在两个较小正圆上方绘制一个椭圆，作为小松鼠的鼻子，如图 2-60 所示。

步骤 4 选择"选择工具" ▶，单击如图 2-61（a）所示的线段将其选中，然后按【Delete】键将选中的线段删除；使用同样的方法删除其他多余的线段，效果如图 2-61（b）所示。

步骤 5 使用"线条工具" ＼ 在小松鼠鼻子两侧绘制四条相交的斜线，然后使用"选择工具" ▶ 将其调整为眼睛的形状，如图 2-62 所示。

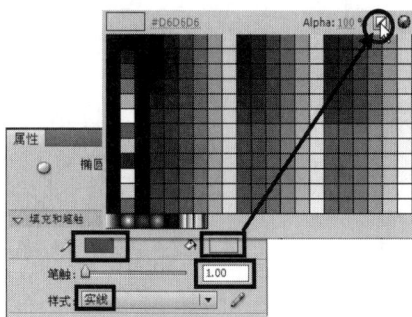

图 2-58 设置"椭圆工具"属性　　图 2-59 绘制小松鼠头部轮廓　　图 2-60 绘制小松鼠的鼻子

（a）　　　　　（b）

图 2-61 删除多余的线段　　　　　　　图 2-62 绘制眼睛的轮廓

步骤 6 使用"线条工具" 在小松鼠鼻子下方绘制一条垂直线段，然后使用"选择工具" 调整其弧度，作为上嘴唇，如图 2-63 所示。

步骤 7 使用"线条工具" 在上嘴唇下方绘制一个梯形，再在梯形中部绘制一条垂直线段，作为牙齿，如图 2-64 所示。

步骤 8 使用"线条工具" 在牙齿和上嘴唇之间绘制两条斜线，然后使用"选择工具" 调整其弧度，作为下巴，如图 2-65 所示。

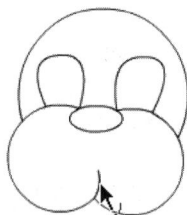

图 2-63 绘制上嘴唇　　　图 2-64 绘制牙齿　　　图 2-65 绘制下巴

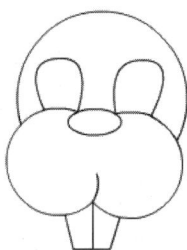

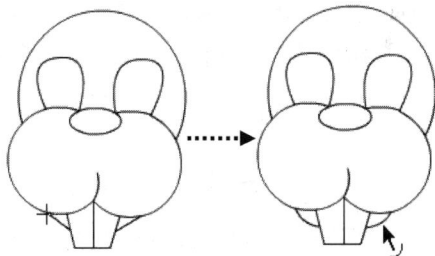

步骤 9 使用"线条工具" 在小松鼠的眼睛上绘制两条水平线段，作为眼皮和睫毛，然后使用"选择工具" 调整睫毛的弧度，如图 2-66 所示。

步骤 10 使用"线条工具" 在眼睛内部绘制两条斜线，然后使用"选择工具" 调整其弧度，作为眼珠，如图 2-67 所示。

图 2-66　绘制眼皮和睫毛　　　　　　图 2-67　绘制眼珠

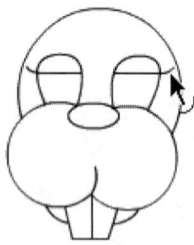

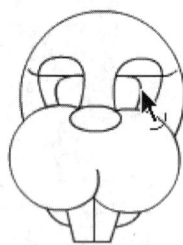

步骤 11　使用"线条工具" ◣，在小松鼠的嘴部上方绘制 4 条线段，作为胡须，如图 2-68 所示。

步骤 12　使用"椭圆工具" ◯ 在小松鼠的头部上方绘制一个椭圆，作为帽檐，然后使用"选择工具" ▶ 单击选中小松鼠头部与椭圆相交的线段，并按【Delete】键将其删除，如图 2-69 所示。

图 2-68　绘制胡须　　　　　　图 2-69　绘制帽檐

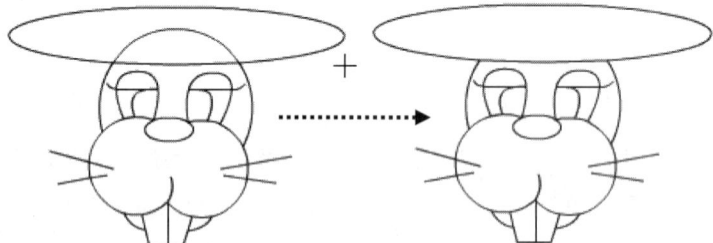

步骤 13　使用"矩形工具" ▢ 在椭圆上方绘制一个矩形，然后删除椭圆与矩形相交的线段，并调整矩形上方和下方边线的弧度，如图 2-70 所示。

步骤 14　使用"线条工具" ◣ 在矩形上方边线处再绘制一条水平线段，然后使用"选择工具" ▶ 调整水平线段的弧度，作为帽顶，如图 2-71 所示。

图 2-70　绘制矩形并调整边线弧度　　　　图 2-71　绘制帽顶

步骤 15　选择"多角星形工具" ，然后单击"属性"面板中的"选项"按钮 选项...，在打开的"工具设置"对话框中将"样式"设为"星形","边数"设为"5",单击"确定"按钮,如图 2-72 所示。

步骤 16　将光标移动到小松鼠的帽子上,然后在按住【Alt+Shift】键的同时拖动鼠标,绘制一个如图 2-73 所示的五角星。至此小松鼠线稿就绘制好了。

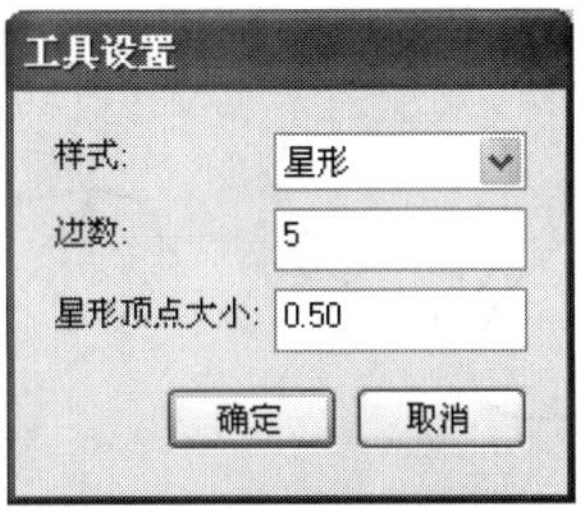

图 2-72　设置"多角星形工具"属性 　　　　图 2-73　绘制五角星

小技巧　　在使用几何工具绘制图形的同时按住【Alt】键,可以以当前光标所在位置为中心进行绘制;绘制图形的同时按住【Alt+Shift】键,可以以当前光标所在位置为中心绘制长宽比例一致的图形。

二、绘制小猫线稿

下面通过绘制如图 2-74 所示的小猫图形,学习哺乳动物的绘制方法。案例最终效果请参考本书配套素材"素材与实例">"项目二"文件夹>"小猫线稿.fla"。

制作思路

哺乳动物主要由头部和身体两个部分组成,在这两部分上添加耳朵、四肢和尾巴等细节,就构成了哺乳动物。绘制本例中的小猫时,首先利用"椭圆工具" 绘制小猫头部和身体的轮廓,然后使用"线条工具" 和"选择工具" 绘制小猫身体各部分的连线,最后绘制四肢和尾巴。

图 2-74　小猫线稿

制作步骤

步骤 1　新建一个 Flash 文档,选择"椭圆工具" ,将笔触颜色设为黑色、填充颜色设为"无色" 、笔触样式设为实线,笔触高度设为"0.5",然后在舞台适当位置绘制一个正圆和一个椭圆,如图 2-75 所示。

步骤 2 单击选择工具箱中的"任意变形工具" ，在舞台中作为小猫身体轮廓的椭圆框线上单击将其选中，然后将光标移动到变形框四个角的任意一个控制柄上附近，当光标呈 ⌒ 形状时按住鼠标左键并顺时针拖动，调整椭圆的角度，如图 2-76（a）所示。

步骤 3 保持椭圆的选中状态，将光标移动到椭圆上，按住鼠标左键不放并拖动，将其移动到如图 2-76（b）所示的位置。

（a）　　　　　　　　　（b）

图 2-75　绘制正圆和椭圆　　　　　　图 2-76　调整椭圆的角度和位置

步骤 4 使用"选择工具" 调整椭圆右侧边线的弧度，然后在正圆和椭圆之间绘制两条连接线段，作为小猫的脖子，如图 2-77 所示。

步骤 5 使用"椭圆工具" 在正圆左侧再绘制两个椭圆，然后将相交的多余线段删除作为鼻子，如图 2-78 所示。

图 2-77　调整椭圆弧度并绘制脖子　　　　图 2-78　绘制小猫的鼻子

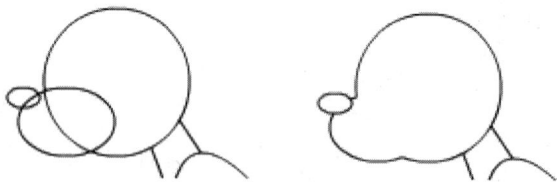

步骤 6 使用"线条工具" 、"椭圆工具" 和"选择工具" 绘制小猫的嘴巴、眼睛、耳朵和胡须，如图 2-79 所示。

步骤 7 删除脖子与身体间相交的线段，然后使用"线条工具" 和"选择工具" 绘制小猫的后腿、前腿和尾巴，如图 2-80 所示。至此小猫就绘制好了。

图 2-79　绘制小猫头部细节

图 2-80　绘制小猫的四肢和尾巴

三、绘制草原线稿

图 2-81　草原线稿

下面通过绘制如图 2-81 所示的草原线稿，继续练习绘图工具的使用方法。案例最终效果请参考本书配套素材“素材与实例”>“项目二”文件夹>“草原线稿.fla ”文件。

制作思路

在绘制草原线稿时，首先使用“矩形工具”▭在舞台上绘制一个没有填充的的矩形，作为舞台的边框；然后利用“椭圆工具”◯在舞台中绘制多个相交的椭圆，并删除多余的线段制作云彩图形；再新建一个图层，利用“线条工具”╲和“选择工具”↖绘制草原上的山坡；最后使用“铅笔工具”✎绘制草原上的灌木。

制作步骤

步骤 1　新建一个 Flash 文档，单击“属性”面板中的“编辑文档属性”按钮🔧，在打开的“文档设置”对话框中将文档尺寸设为“788 × 534”像素，如图 2-82 所示。

步骤 2　选择“矩形工具”▭，在“属性”面板中将“笔触颜色”设为黑色，“笔触样式”设为“实线”，“笔触高度”设为“1”，“填充颜色”设为“无色”⧄，然后绘制一个覆盖整个舞台的矩形，作为舞台的边框，如图 2-83 所示。

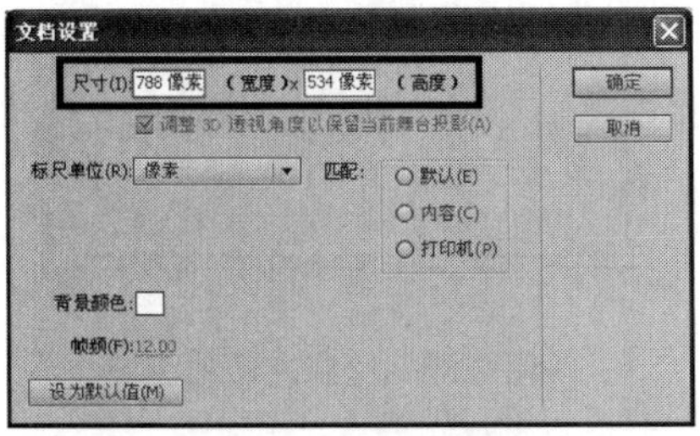

图 2-82　设置文档属性

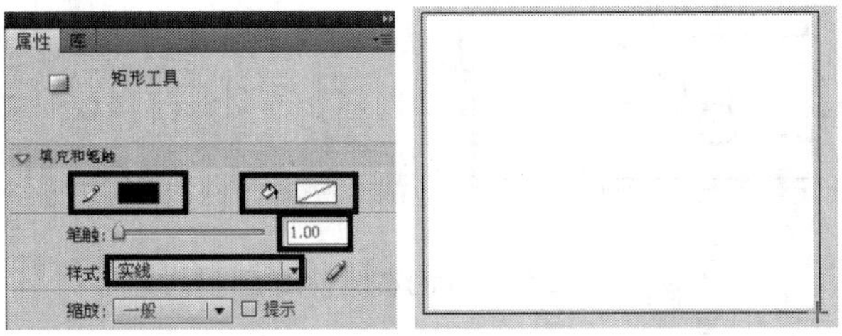

图 2-83　绘制边框

步骤 3　选择"椭圆工具" ，保持其默认参数，在舞台左上方绘制 6 个相交的椭圆，然后使用"选择工具" 选中相交的线段并按【Delete】键删除，制作云彩图形，如图 2-84 所示

步骤 4　参照步骤 3 的操作，再绘制两个云彩图形，如图 2-85 所示。

图 2-84　绘制云彩图形

图 2-85　绘制更多的云彩

步骤 5　单击时间轴面板左下角的"新建图层"按钮 ，在"图层 1"上方新建"图层 2"，如图 2-86 所示。新建的图层默认将成为当前图层，下面绘制的图形都将位于该图层中。

步骤 6　使用"矩形工具" 在"图层 2"的舞台中绘制一个比"图层 1"中边框略大的没有填充颜色的矩形，如图 2-87 所示。

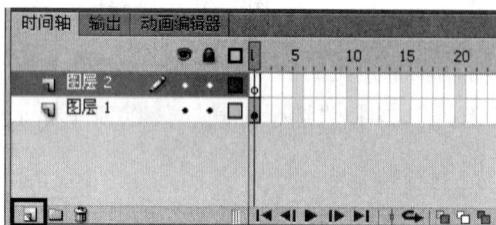

图 2-86　新建"图层 2"

图 2-87　绘制边框

步骤 7　选择"线条工具" ，在舞台中绘制两条相连的线段，并使用"选择工具" 进行调整，作为草原右侧的山坡，如图 2-88 所示。

步骤 8　继续使用"线条工具" 和"选择工具" 绘制左侧的山坡，如图 2-89 所示。

此处是两条线段的相交处

图 2-88　绘制右侧的山坡

图 2-89　绘制左侧的山坡

步骤 9　选择"铅笔工具" ，在工具箱的选项区中将绘图模式设为"平滑"，其他参

数保持默认不变，然后在"图层2"舞台左侧绘制山坡上的灌木，如图2-90所示。

步骤10　使用"选择工具" 选中"图层2"舞台上方的边框，并按【Delete】键删除，如图2-91所示，至此草原线稿就绘制完成了。

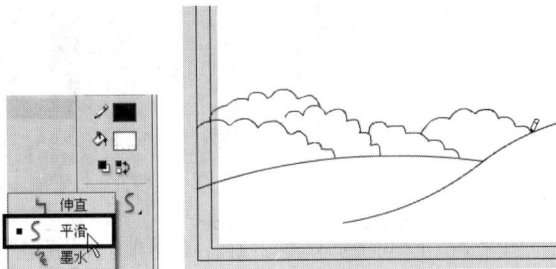

图2-90　绘制灌木　　　　　　　　　图2-91　删除多余线段

任务四　设置图形填充和轮廓（上）

任务说明

在Flash中绘制的图形都是由填充和轮廓组成的，我们可分别对这两个组成进行设置。本任务将带领读者学习设置图形填充和笔触颜色，以及使用"颜料桶工具" 填充图形的方法。

预备知识

一、设置填充和笔触颜色

在选择绘图工具、填充工具或绘制的图形后，我们可利用工具箱颜色区、"属性"面板或"颜色"面板来设置图形的填充颜色和笔触（轮廓）颜色。

利用工具箱颜色区和"属性"面板设置填充和笔触颜色的方法很简单，只需单击相应的色块，在打开的"拾色器"面板中选择需要的颜色即可；如果在"拾色器"面板中没有所需颜色，则还可单击 按钮，在打开的"颜色"对话框中调制需要的颜色，如图2-92所示。

如果要设置渐变色和位图填充等，则需要利用"颜色"面板进行。下面为读者介绍在"颜色"面板中调制填充和笔触颜色的具体方法。

步骤1　使用"椭圆工具" 绘制一个椭圆，然后选择"选择工具" ，双击椭圆的填充将其填充和轮廓线同时选中，如图2-93所示。

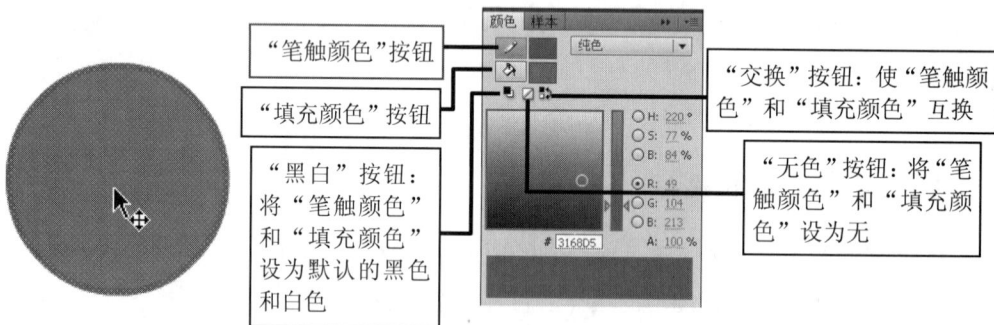

设置填充颜色

设置笔触（轮廓）颜色

也可单击此处，然后输入颜色十六进制值

单击"无色"按钮，可将填充或笔触颜色设置为无

单击此处，可输入颜色的透明度值

可在此处选择需要的颜色

① 单击选择需要的颜色

② 拖动滑块设置颜色的明度

定义一个颜色后，单击该按钮，可将自定义的颜色添加到"自定义颜色"区中，从而在下次打开"颜色"对话框时可以直接选择，而不用重新定义

图 2-92　利用工具箱设置颜色

步骤 2　打开"颜色"面板，在该面板的左上角分别是"笔触颜色"按钮和"填充颜色"按钮（如图 2-94 所示），单击它们可以确定当前调制的颜色是"笔触颜色"还是"填充颜色"，其周围各按钮的作用如图中标注所示。例如，单击"笔触颜色"按钮，然后单击"无色"按钮，从而将椭圆的轮廓线设置为无。

"笔触颜色"按钮

"填充颜色"按钮

"黑白"按钮：将"笔触颜色"和"填充颜色"设为默认的黑色和白色

"交换"按钮：使"笔触颜色"和"填充颜色"互换

"无色"按钮：将"笔触颜色"和"填充颜色"设为无

图 2-93　绘制椭圆并将其选中

图 2-94　"颜色"面板

步骤 3　单击"填充颜色"按钮，将"填充颜色"指定为要调制的颜色，然后拖动颜色条中的滑块和单击光谱图中的颜色来选择颜色；也可在 H，S，B 编辑框或 R，G，B 编辑框中输入数值来定义颜色；定义好颜色后还可以通过更改"Alpha"的数值来更改颜色的透明度，如图 2-95（a）所示，效果如图 2-95（b）所示。

知识库　　也可单击"笔触颜色"按钮或"填充颜色"按钮右边的色块，在弹出的"拾色器"中选择颜色。

颜色条

光谱图

设置颜色
的透明度

在此处可预览
调制好的颜色

（a）　　　　　　　　　　　　（b）

图 2-95　调制颜色和调制效果

> 提示
>
> 　　在 Flash CS6 中，能修改或输入数值的参数通常用蓝色并带有下划线的字体显示，如图 2-95（a）所示中的 A: 50 %，在该参数上按住鼠标左键并向左或右拖动，可更改参数大小。此外，单击该参数，可直接输入参数值。

步骤 4　单击"颜色类型"按钮，可在展开的下拉列表选择填充或笔触颜色的类型（默认为纯色），如图 2-96 所示。

步骤 5　将颜色类型设为"线性渐变"或"径向渐变"后，在"颜色"面板中会出现一个渐变条和两个色标，如图 2-97 所示。

步骤 6　单击选中某个色标，然后可参考步骤 3 的方法设置该色标的颜色和透明度；若双击色标，还可在打开的"拾色器"面板中设置该色标的颜色。此外，在渐变条下方单击可添加色标；拖动渐变条上的色标，可改变该色标的位置，从而改变该色标所代表的颜色在渐变色中的位置；若将色标拖离渐变条，可删除色标。

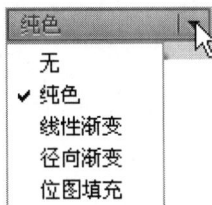

色标

渐变条

图 2-96　设置颜色类型　　　　　图 2-97　渐变条和色标

> 渐变色是由两种或两种以上的颜色通过不同的方式混合而成的颜色，在渐变条上的色标代表了渐变色中的不同颜色和位置。因此，通过设置色标颜色、数量和位置等，可创建出不同效果的渐变色。

步骤 7 例如，分别选择颜色类型为"线性渐变"和"径向渐变"，然后在渐变条中间偏左位置单击添加一个色标，并从左至右设置 3 个色标的颜色为白色、红色和黄色，如图 2-98 所示。

步骤 8 将颜色类型设为"位图填充"后，会弹出一个"导入到库"对话框，在该对话框中选择要导入的位图，单击"打开"按钮，可将填充或笔触颜色设置为位图（导入的位图将储存到"库"面板中），如图 2-99 所示。

图 2-98　设置渐变色效果

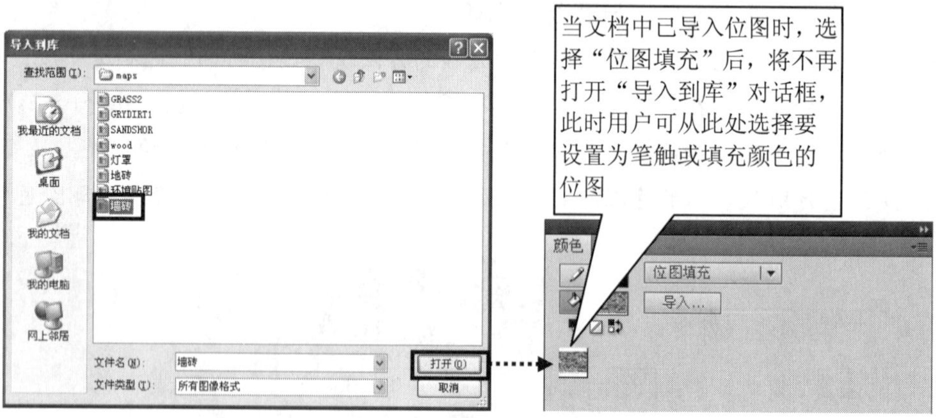

当文档中已导入位图时，选择"位图填充"后，将不再打开"导入到库"对话框，此时用户可从此处选择要设置为笔触或填充颜色的位图

图 2-99　设置位图填充

二、使用"颜料桶工具"

利用"颜料桶工具"可以为图形的封闭或半封闭的区域填充设置的颜色，或改变已有的填充色。具体操作方法如下。

步骤1 单击选中工具箱中的"颜料桶工具" ，或按快捷键【K】，然后单击工具箱选项区的"空隙大小"按钮 ，在展开的下拉列表中选择填充模式，如图2-100所示。

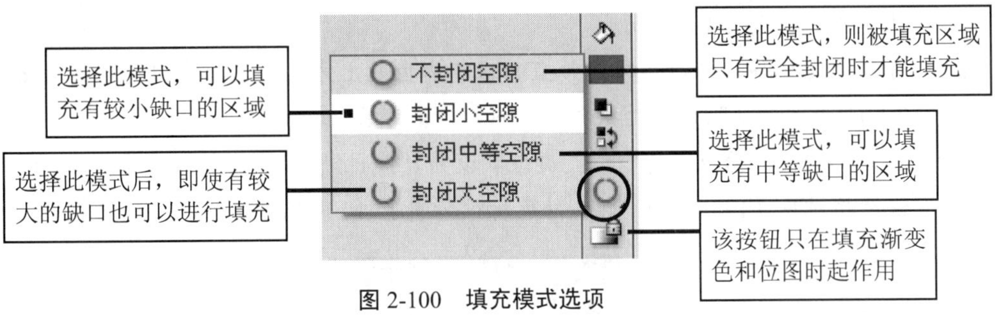

选择此模式，可以填充有较小缺口的区域

选择此模式，则被填充区域只有完全封闭时才能填充

○ 不封闭空隙
○ 封闭小空隙
○ 封闭中等空隙
○ 封闭大空隙

选择此模式，可以填充有中等缺口的区域

选择此模式后，即使有较大的缺口也可以进行填充

该按钮只在填充渐变色和位图时起作用

图2-100 填充模式选项

步骤2 参考前面介绍的方法设置要填充的颜色，然后将光标移动到要填充（或是要改变填充）的区域并单击，即可填充该区域，如图2-101（a）和2-101（b）所示。

提示 若设置的填充颜色为线性渐变色，则在使用"颜料桶工具" 填充对象时，可通过按住鼠标左键并拖动的方式，改变渐变色的填充方向和效果，如图2-101（c）所示。

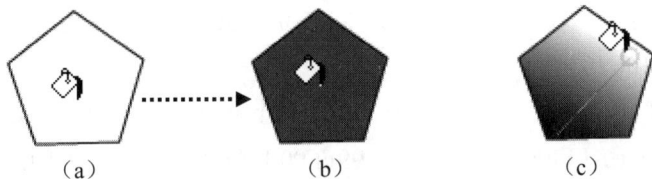

（a）　　　　　　（b）　　　　　　（c）

图2-101 填充对象

任务实施

一、填充热带鱼

下面通过为热带鱼线稿填充颜色，学习设置图层填充颜色及"颜料桶工具" 的使用方法，效果如图2-102所示。案例最终效果请参考本书配套素材"素材与实例">"项目二"文件夹>"填充热带鱼.fla"。

制作思路

打开素材文档后，首先选择"颜料桶工具" 并在"属性"面板中设置填充颜色，然后填充热带鱼的眼睛和鱼鳃；再在"颜色"面板中设置线性渐变填充，并使用"颜料桶工具" 填充热带鱼的身体和鱼鳍，最后删除多余的线段。

制作步骤

步骤 1 打开本书配套素材"素材与实例">"项目二"文件夹>"热带鱼线稿.fla",然后选择工具箱中的"颜料桶工具" ，并在"属性"面板中将"填充颜色"设为黑色,如图 2-103 所示。

步骤 2 分别将光标移动到舞台中热带鱼的眼珠和鱼鳃上方,然后单击进行填充,如图 2-104 所示。参照前面的操作,为热带鱼的眼白填充白色。

步骤 3 打开"颜色"面板,将"填充类型"设为"线性渐变",并将渐变条左侧的色标设为橙黄色(FF9900),右侧的色标设为黄色(FFFF00),如图 2-105 所示。

图 2-102　热带鱼填充效果　　　图 2-103　将填充颜色设为黑色　图 2-104　填充热带鱼的眼珠和鱼鳃

步骤 4 选择"颜料桶工具" ，分别在热带鱼的身体和头部处由下向上拖动进行填充,在侧鳍处由左向右拖动进行填充,在下方的鱼鳍处由上向下拖动进行填充,效果如图 2-106 所示。

步骤 5 在"颜色"面板中的渐变条上单击添加一个色标,然后由左向右依次将色标的颜色设为黄色(FFFF00)、绿色(99FF00)和黑色,如图 2-107 所示。

步骤 6 使用"颜料桶工具" 在热带鱼的背鳍上由左向右拖动进行填充,如图 2-108 所示。

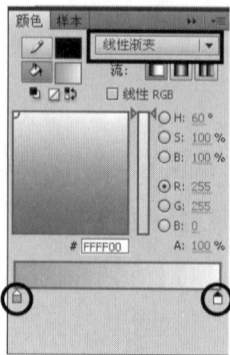

图 2-105　设置线性渐变填充　　　图 2-106　填充热带鱼的身体、头部和侧鳍

图 2-107　设置线性渐变填充　　　　　图 2-108　填充背鳍

步骤 7　在"颜色"面板中将渐变条最左侧色标的颜色设为橙黄色（FF9900），然后在腹鳍和尾鳍处由左向右拖动进行填充，如图 2-109 所示。

步骤 8　删除身体两侧和尾部，以及侧鳍处多余的轮廓线（如图 2-110 所示），至此案例就完成了。

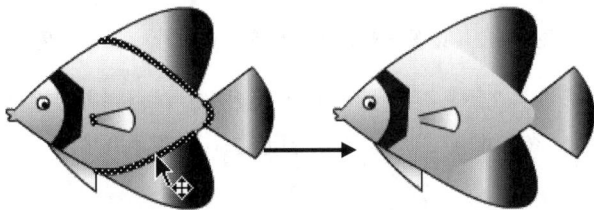

图 2-109　填充腹鳍和尾鳍　　　　　　图 2-110　删除多余线段

二、填充草原线稿

下面通过填充草原线稿，继续练习"颜料桶工具" 的使用方法，效果如图 2-111 所示。案例最终效果请参考本书配套素材"素材与实例"＞"项目二"文件夹＞"填充草原线稿.fla"。

制作思路

打开素材文档后，首先在"颜色"面板中设置线性渐变色；然后使用"颜料桶工具" 分别为天空、山坡和灌木填充颜色；最后为云彩填充纯色。

制作步骤

步骤 1　打开本书配套素材"素材与实例"＞"项目二"文件夹＞"草原线稿.fla"，然后打开"颜

图 2-111　填充草原线稿

色"面板，将"填充颜色"设为由白色到浅蓝色（#00CCFF）的线性渐变填充，如图 2-112 所示。

步骤 2 选择"颜料桶工具" ，在"图层 1"的舞台中按住鼠标左键，由左向右拖动进行填充，如图 2-113 所示。

步骤 3 将"颜色"面板中的填充色设为由草绿色（#99CC00）到绿色（#00CC00）的线性渐变，然后在"图层 2"的山坡图形中由上向下拖动进行填充，如图 2-114 所示。

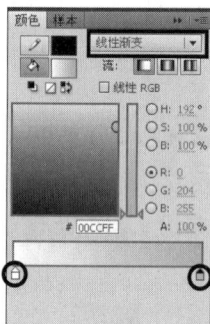

图 2-112　设置天空的填充颜色　　　　图 2-113　填充天空

步骤 4 将"颜色"面板中的填充色设为由浅绿色（#99FF00）到深绿色（#003300）的线性渐变，然后在"图层 2"的灌木图形上由上向下拖动进行填充，如图 2-115 所示。

图 2-114　填充山坡　　　　　　　　图 2-115　填充灌木

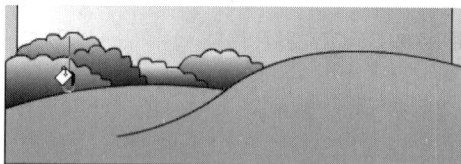

步骤 5 最后为"图层 1"中的云彩图形填充白色，并将云彩的轮廓线删除，案例就完成了。

任务五　设置图形填充和轮廓（下）

任务说明

除了使用"颜料桶工具" 填充图形外，我们还可使用"墨水瓶工具" 来设置图形的轮廓线颜色、粗细和样式，使用"渐变变形工具" 来调整为图形填充的渐变色或位图，以及使用"滴管工具" 来采样图形的填充和线条属性，并应用到另一个图形中。本任务便带领读者学习这些工具的使用方法。

预备知识

一、使用"渐变变形工具"

利用"渐变变形工具"可以调整填充的渐变色及位图的方向、角度和大小等属性，从而使填充效果更加符合要求。下面为读者介绍"渐变变形工具"的使用方法。

步骤 1 在工具箱中的"任意变形工具"上单击并按住鼠标左键不放，在展开的工具列表中选择"渐变变形工具"，或者按快捷键【F】，然后在线性渐变填充上单击，会出现如图 2-116 所示的渐变控制线及渐变控制柄。其中，拖动"渐变方向控制柄"可改变线性渐变填充的方向；拖动"渐变长度控制柄"可调整线性渐变填充的长度；拖动"渐变中心点"可改变线性渐变填充的整体位置。

步骤 2 选择"渐变变形工具"后，在径向渐变填充上单击，会出现如图 2-117 所示的渐变控制圆。其中，拖动"渐变中心点"可移动径向渐变填充的整体位置；拖动"渐变焦点控制柄"可移动径向渐变填充的中心点；拖动"渐变长宽控制柄"可调整径向渐变填充的宽度；拖动"渐变大小控制柄"可沿中心位置调整径向渐变填充的大小；拖动"渐变方向控制柄"可调整径向渐变填充的方向。

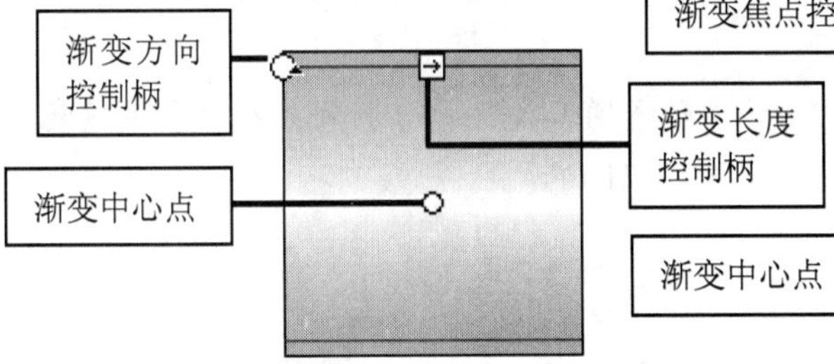

图 2-116　渐变控制线和渐变控制柄 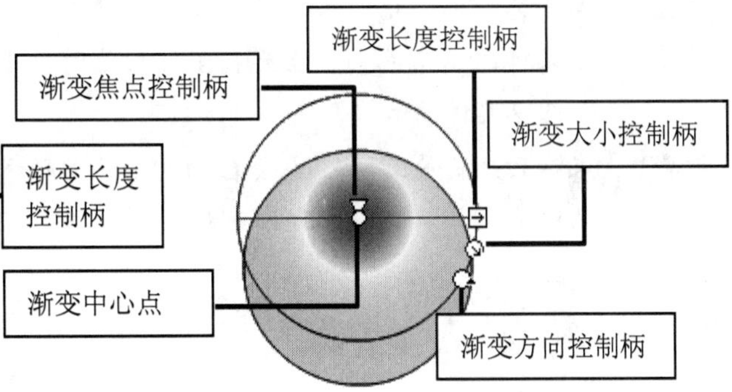　　　　**图 2-117　渐变控制圆**

二、使用"墨水瓶工具"

利用"墨水瓶工具"可以改变线条或图形轮廓线的颜色和粗细等属性，还可以为没有轮廓线的填充区域添加轮廓线。下面为读者介绍"墨水瓶工具"的使用方法。

步骤 1 打开本书配套素材"素材与实例" > "项目二"文件夹> "墨水瓶工具素材.fla"。在工具箱中按住"颜料桶工具"不放，在展开的工具列表中选择"墨水瓶工具"，或者按快捷键【S】，然后在"属性"面板中设置"笔触颜色"、"笔触样式"和"笔触高度"等参数,如图 2-118 所示。

步骤 2 将光标移动到要改变属性的线条上并单击,可更改该线条的属性,如图 2-119 所示。

图 2-118 设置"墨水瓶工具"参数

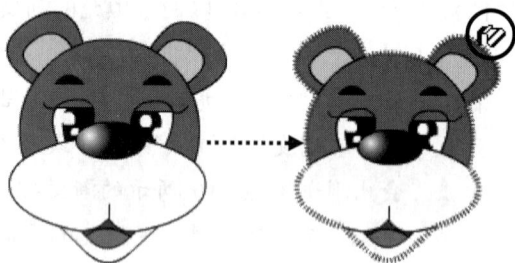

图 2-119 改变线条属性

三、使用"滴管工具"

使用"滴管工具"可以对舞台上的线条、填充色和位图等对象的属性进行采样,并将其应用于其他对象。下面以采样填充色为例介绍"滴管工具"的使用方法。

步骤 1 单击选中工具箱中的"滴管工具",或者按快捷键【I】,然后将光标移动到要采样的填充色上,当光标呈形状时单击,即可对该处的填充色进行采样,如图 2-120 所示。

步骤 2 采样后"滴管工具"会自动切换为"颜料桶工具",将光标移动到要填充的对象上并单击,即可填充对象,如图 2-121 所示。

图 2-120 采样填充色

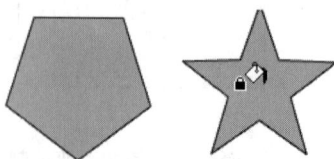

图 2-121 填充对象

> **提示**　若采样的填充是渐变色或位图,则必须取消选中工具箱选项区中的"锁定填充"按钮,才可以正常填充,否则将以整个舞台为基准进行填充。

任务实施

一、填充林间小路

下面通过填充林间小路线稿，学习"颜料桶工具" 和"渐变变形工具" 的使用方法，效果如图 2-122 所示。案例最终效果请参考本书配套素材"素材与实例">"项目二"文件夹>"填充林间小路.fla"。

图 2-122　填充林间小路

制作思路

打开素材文档后，首先在"颜色"面板中设置径向渐变色，然后使用"颜料桶工具" 为树冠和灌木填充颜色，并使用"渐变变形工具" 调整渐变填充；再在"颜色"面板中设置线性渐变色，然后为道路、天空和树干填充颜色；最后为暗处的树冠和树干填充纯色。

制作步骤

步骤 1　打开本书配套素材"素材与实例">"项目二"文件夹>"林间小路线稿.fla"，然后打开"颜色"面板，将"填充颜色"设为由绿色（#00CC00）到深绿色（#003300）的径向渐变填充，如图 2-123 所示。

步骤 2　选择"颜料桶工具" ，分别在舞台中树冠和灌木的左上方单击进行填充，如图 2-124 所示。

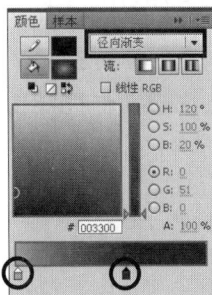

图 2-123　设置树冠和灌木的填充色

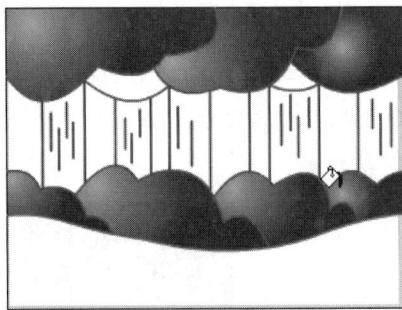

图 2-124　填充树冠和灌木

步骤 3　选择"渐变变形工具" ，在舞台最右侧的树冠的径向渐变填充上单击，然后向外拖动渐变大小控制柄，将径向渐变填充放大，如图 2-125 所示。

步骤 4　参照步骤 3 的操作设置舞台最右侧灌木的径向渐变填充，如图 2-126 所示。

步骤 5　在"颜色"面板"类型"下拉列表中选择"线性渐变"选项，然后将左侧色标的颜色设为浅棕色（#CC9900），右侧色标的颜色设为棕色（#996600），并将右侧色标拖到最右侧，如图 2-127 所示。

步骤 6 将光标移动到小路下方，然后按住鼠标左键不放并向上方拖动，松开鼠标后即可为小路填充线性渐变，如图 2-128 所示。

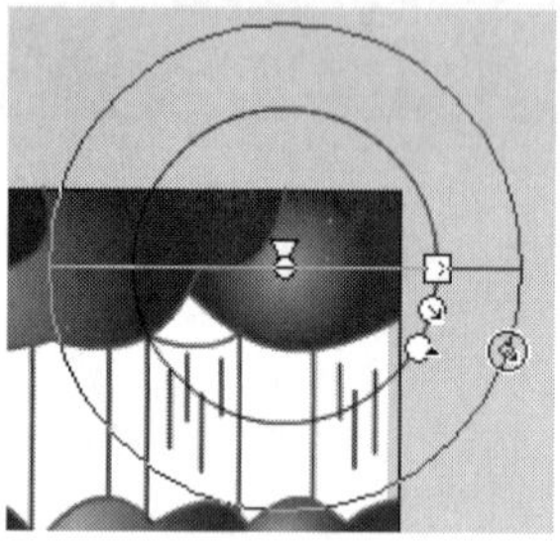

图 2-125　调整树冠的径向渐变填充

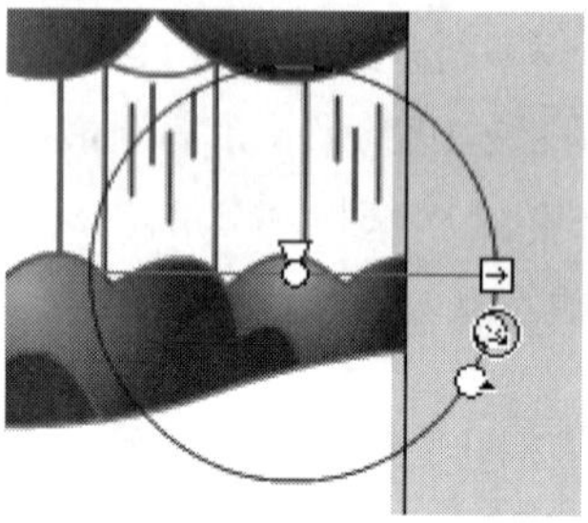

图 2-126　调整灌木的径向渐变填充

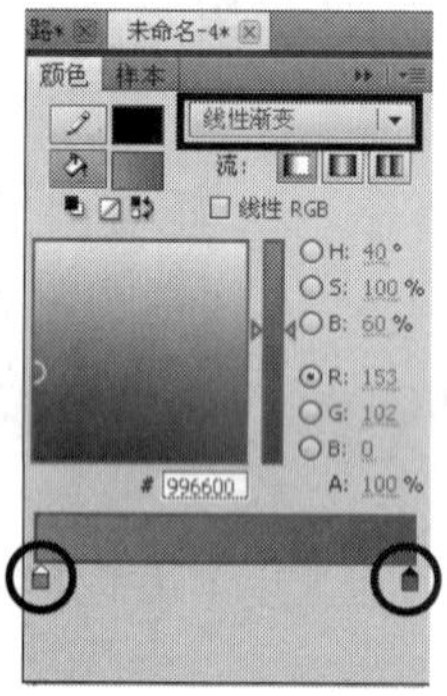

图 2-127　设置小路的填充颜色

图 2-128　为小路填充线性渐变

步骤 7 在"颜色"面板中将左侧色标的颜色设为白色，右侧色标的颜色设为天蓝色（#0099FF），然后分别在树干间的空白处由下向上拖动鼠标进行填充，如图 2-129 所示。

图 2-129　填充树干间的空白

步骤 8 在"颜色"面板中将两侧色标的颜色设为深棕色（#663300），然后将光标移动到渐变条的中间位置，当光标呈 形状时单击添加一个色标，如图 2-130（a）所示；再将新添加的色标颜色设为浅棕色（#CC9900），如图 2-130（b）所示。

（a）　　　　　　　　　　　（b）

图 2-130　添加色标并设置色标颜色

步骤 9 将光标分别移动到各外侧树干处，并按住鼠标左键不放由左向右拖动，为外侧树干填充线性渐变，如图 2-131 所示。

步骤 10 最后为暗处的树冠填充深绿色（#006600），为暗处的树干填充深棕色（#660000），如图 2-132 所示，至此案例就完成了。

图 2-131　为外侧树干填充线性渐变　　　　图 2-132　填充暗处树冠和树干

二、填充玩具熊

下面通过填充玩具熊，学习"颜料桶工具" 和"墨水瓶工具" 在填充图形时的应用，效果如图 2-133 所示。案例最终效果请参考本书配套素材"素材与实例"＞"项目二"文件夹＞"填充玩具熊.fla"。

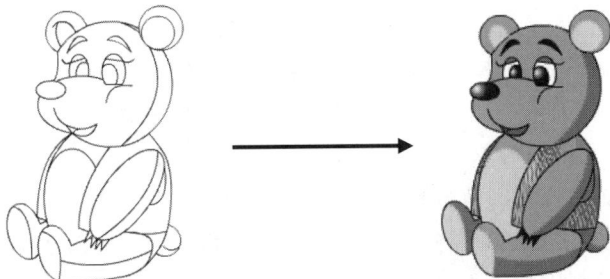

图 2-133　填充玩具熊

制作思路

首先利用"颜料桶工具"  为小熊的头部和身体填充纯色，然后使用渐变色填充鼻子和眼珠，再使用位图填充衣服，最后使用"墨水瓶工具"  改变线条的属性。

制作步骤

步骤1 打开本书配套素材"素材与实例"＞"项目二"文件夹＞"玩具熊线稿.fla"，然后选择"颜料桶工具"，将"填充颜色"设为浅棕色（#CC9900），并在小熊脸部和身体的受光面单击填充，如图 2-134 所示。

步骤2 将"填充颜色"设为棕色（#996600），在小熊脸部和身体的背光面单击填充，如图 2-135 所示。

步骤3 将"填充颜色"设为橙黄色（#FFCC00），作为小熊的耳朵、肚皮和脚底填充颜色，如图 2-136 所示。

图 2-134　填充受光面　　　　图 2-135　填充背光面　　　　图 2-136　填充耳朵、肚皮和脚底

步骤4 打开"颜色"面板，在"类型"下拉列表中选择"径向渐变"选项，然后将渐变条左侧的色标设为白色，右侧的色标设为黑色，并将右侧的色标拖到渐变条偏右位置，如图 2-137 所示。

步骤5 为小熊的鼻子和眼珠填充径向渐变，如图 2-138 所示。

步骤6 使用白色填充小熊的眼白，使用黑色填充小熊的眉毛和爪子，使用红色（#CC0000）填充小熊的舌头，使用深红色（#990000）填充小熊的嘴巴，如图 2-139 所示。

步骤7 在"颜色"面板中的"类型"下拉列表中选择"位图填充"选项，然后在打开的"导入到库"对话框中选择本书配套素材"素材与实例"＞"项目二"文件夹＞"衣纹.jpg"，并单击"打开"按钮，如图 2-140 所示。

步骤8 将光标移动到小熊的衣服上单击填充，如图 2-141 所示。

步骤9 选择"墨水瓶工具"，然后打开"属性"面板，将"笔触颜色"设为浅棕色（#CC9900），将"笔触高度"设为 3，将"笔触样式"设为斑马线，如图 2-142 所示。

步骤10 将光标移动到小熊内部的线条上，并单击更改线条属性，案例就完成了，如图 2-143 所示。

图 2-137 设置径向渐变　　图 2-138 填充小熊的鼻子和眼珠　　图 2-139 填充其他部位

图 2-140 "导入到库"对话框　　图 2-141 填充位图

注意，在更改线条属性时，如果没有对准线条，而是在填充色上单击，那么会为填充色周围和内部的所有线条更改属性

图 2-142 设置"墨水瓶工具"属性　　图 2-143 更改线条属性

三、填充易拉罐

下面通过使用"滴管工具" 为易拉罐填充颜色，学习使用"滴管工具" 采样填充对象和使用"渐变变形工具" 调整位图填充的方法，效果如图 2-144 所示。案例最终效果请参考本书配套素材"素材与实例">"项目二"文件夹>"填充易拉罐.fla"

文件。

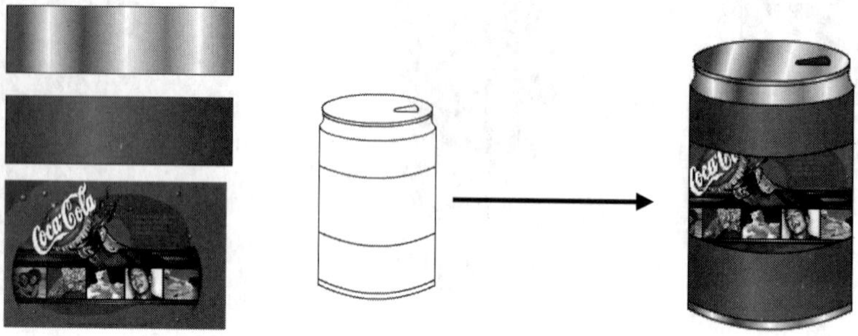

图 2-144　填充易拉罐

制作思路

首先打开素材文档，然后使用"滴管工具" 采样渐变色，并为易拉罐的罐顶、罐身和罐底填充渐变色；再使用"滴管工具" 采样位图，并对罐身上的商标区域填充位图；最后使用"渐变变形工具" 调整位图填充的大小和位置。

制作步骤

步骤 1　打开本书配套素材"素材与实例" > "项目二"文件夹> "易拉罐素材.fla"文件，会看到舞台中有一个绘制好的易拉罐线稿、两个填充了线性渐变的矩形和一幅分离的位图，如图 2-145 所示。

步骤 2　单击选中工具箱中的"滴管工具" ，或者按快捷键【I】，然后将光标移动到舞台上方矩形的渐变填充上，当光标呈 形状时单击进行采样，如图 2-146 所示。

图 2-145　打开素材文档

图 2-146　对渐变填充进行采样

步骤 3　采样后"滴管工具" 会自动切换为"颜料桶工具" ，光标呈 形状，单击工具箱中的"锁定填充"按钮 解除锁定，然后在罐顶和罐底位置由左向右拖动进行填充，如图 2-147 所示。

步骤 4　参照步骤 3 的操作使用"滴管工具" 对第 2 个矩形的渐变填充进行采样，并分别填充罐身的上下部分，如图 2-148 所示。

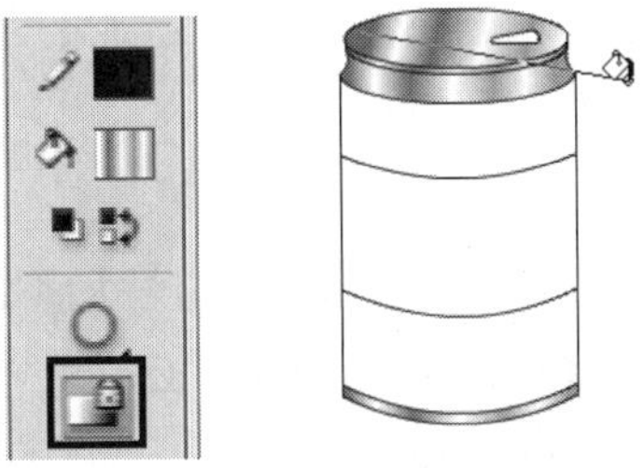

图 2-147   填充罐顶和罐底

图 2-148   采样填充罐身

步骤 5　选择"滴管工具" ，将光标移动到分离的位图上并单击进行采样，然后将光标移动到易拉罐上的商标区域并单击填充位图，如图 2-149 所示。

步骤 6　选择"渐变变形工具" ，单击易拉罐商标区域中的位图填充，先拖动"位图大小控制柄"，将位图填充缩小，然后拖动"位图中心控制柄"调整位图填充的位置，如图 2-150 所示。

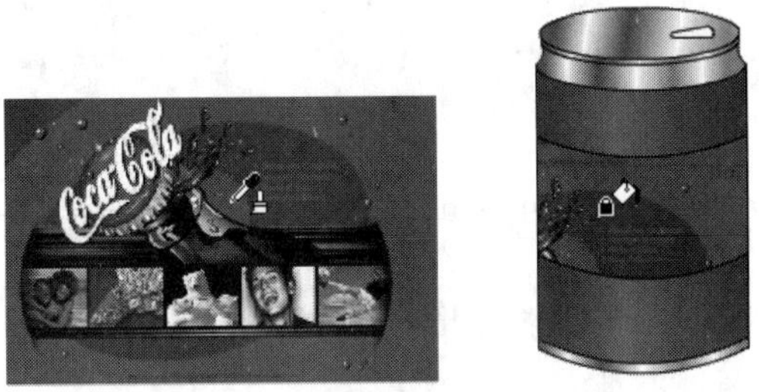

图 2-149   采样填充位图

图 2-150   调整位图填充的大小和位置

步骤 7　最后为易拉罐的罐口填充深灰色（#333333），案例就完成了。

> **提示**　采样位图时必须先将位图分离，否则在填充时只能填充"滴管工具" 在位图上单击点的颜色，分离位图的方法是选中位图后按快捷键【Ctrl+B】。

任务六　绘制填充、粒子和 Deco 图案

任务说明

利用"刷子工具" 、"喷涂刷工具" 和"Deco 工具" 可以绘制填充色、粒子和图案。本任务中将带领读者学习这几个工具的使用方法。

预备知识

一、使用"刷子工具"

利用"刷子工具" ✐ 可以绘制任意形状、大小和颜色的填充色，具体绘制方法如下。

步骤 1 在工具箱中单击选中"刷子工具" ✐，或按快捷键【B】，在"属性"面板中可设置"刷子工具" ✐ 的填充颜色和平滑度，如图 2-151 所示。

步骤 2 选中"刷子工具" ✐，在工具箱下方的选项区中会出现"刷子模式"、"刷子大小"和"刷子形状" 3 个选项，分别用来设置刷子工具的涂色模式、大小和形状，如图 2-152 所示。当使用刷子工具在现有图形上绘图时，可通过指定涂色模式来设置新绘图形与原图形的关系，各涂色模式的意义如下。

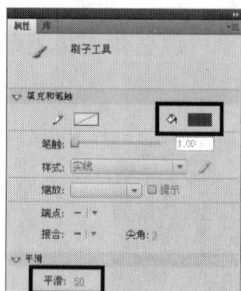

图 2-151 "属性"面板

图 2-152 设置刷子的涂色模式、大小和形状

➢ **标准绘画**：绘制的图形将覆盖原图，包括线条和填充色。

➢ **颜料填充**：绘制的图形只覆盖原图填充色，不覆盖线条。

➢ **后面绘画**：绘制的图形只是从原图穿过，不能在原图上绘画。

➢ **颜料选择**：绘制的图形只覆盖原图被选取部分，对没被选取的区域没有任何影响。

➢ **内部绘画**：只能在起始笔触所在的填充区中涂色，但不影响线条。

步骤 3 设置好参数后，在舞台中按住鼠标左键并拖动，即可绘制图形，图 2-153 为 5 种涂色模式的绘画效果。用户打开本书配套素材"素材与实例">"项目二"文件夹>"刷子工具素材.fla"文档进行操作。

| 标准绘画 | 颜料填充 | 后面绘画 | 颜料选择 | 内部绘画 |

图 2-153 5 种涂色模式下的绘制效果

二、使用"喷涂刷工具"

利用"喷涂刷工具" 可以将填充色或图案喷涂到舞台中的指定位置。默认情况下，"喷涂刷工具" 使用当前的填充色喷射粒子点，用户也可以将图形元件或影片剪辑作为图案粒子进行喷涂。下面为读者介绍"喷涂刷工具" 的使用方法。

步骤 1 按住工具箱中的"刷子工具" 不放，在展开的工具列表中选择"喷涂刷工具" （连续按快捷键【B】可在"刷子工具" 与"喷涂刷工具" 间切换），在"属性"面板中可设置"喷涂刷工具" 的填充颜色、缩放比例、画笔大小和画笔角度等属性，如图 2-154 所示。

步骤 2 设置好"喷涂刷工具" 的属性后，将光标移动到舞台中，按住鼠标左键并拖动，即可喷涂填充色，如图 2-155 所示。

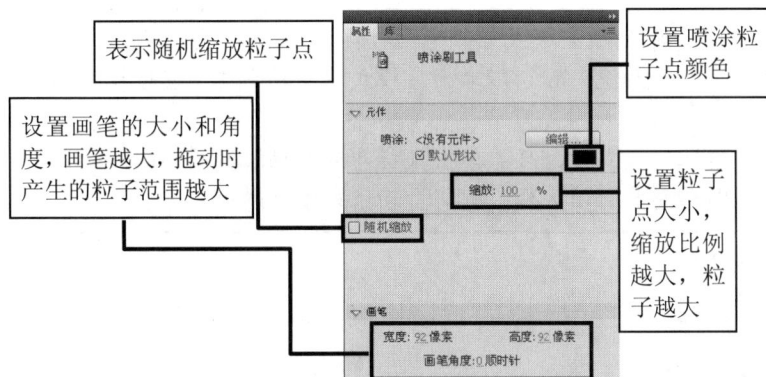

图 2-154 "喷涂刷工具"的"属性"面板   图 2-155 喷涂填充色

步骤 3 若当前文档中包含元件，可在选择"喷涂刷工具" 后在"属性"面板中取消勾选"默认形状"复选框或单击"编辑"按钮，在打开的"选择元件"对话框中选择要作为图案的元件，并单击"确定"按钮，如图 2-156 所示。

步骤 4 此时"属性"面板中的参数会发生变化，在"属性"面板中勾选"随机缩放"和"随机旋转"复选框，然后将光标移动到舞台中，按住鼠标左键并拖动，即可将所选元件作为图案进行喷涂，如图 2-157 所示。

图 2-156 选择作为图案的元件   图 2-157 以元件为图案进行喷涂

三、使用"Deco 工具"

利用"Deco 工具" ✐ ，可以使用设置的填充色或"库"面板中的任意元件作为图案进行绘图或制作动画效果。下面以创建火焰动画为例，介绍"Deco 工具" ✐ 的使用方法。

步骤 1 单击选中工具箱中的"Deco 工具" ✐ ，或者按快捷键【U】，然后在"属性"面板"绘制效果"卷展栏的下拉列表中选择填充模式，此处选择"火焰动画"，再在"高级选项"卷展栏中设置火焰的颜色和数量，此处保持默认不变，如图 2-158 所示。

步骤 2 将光标移动到舞台中，然后按住鼠标左键并拖动，Flash 会根据拖动轨迹自动创建火焰燃烧的动画效果，如图 2-159 所示。

> **知识库**
>
> "Deco 工具" ✐ 的填充模式可分为两种类型，其中"蔓藤式填充"、"火焰动画"、"粒子系统"和"烟动画"模式属于动画类；其他模式属于图案类。
>
> 在使用某些填充模式时，只需单击鼠标即可自动填充图形的封闭区域，如果单击图形的非封闭区域，则将自动填充整个舞台。

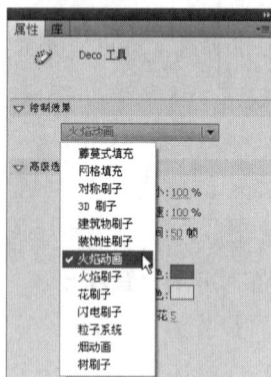

图 2-158　选择填充模式

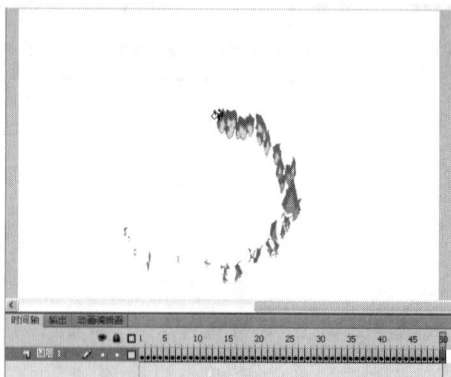

图 2-159　创建火焰动画

任务实施——制作蔓藤动画

下面通过创建一个蔓藤生长的动画效果，学习"Deco 工具" ✐ 的使用方法，效果如图 2-160 所示。案例最终效果请参考本书配套素材"素材与实例">"项目二"文件夹>"蔓藤动画.swf"。

图 2-160 制作蔓藤动画

制作思路

打开素材文档后，首先在舞台中绘制一个没有填充颜色的正圆图形；然后选择"Deco 工具" ，并在"属性"面板设置其填充模式和参数；最后在正圆图形内部单击创建动画。

制作步骤

步骤 1 打开本书配套素材"素材与实例" > "项目二"文件夹> "枫叶素材.fla"文件，选择"椭圆工具" ，将其"填充颜色"设为"无色"，然后在舞台中创建一个正圆图形，如图 2-161 所示。

步骤 2 选择工具箱中的"Deco 工具" ，在"属性"面板中将填充模式设为"藤蔓式填充"，在"高级选项"卷展栏中将分支颜色设为橙黄色（#FFCC00），并勾选"动画图案"复选框，如图 2-162 所示。

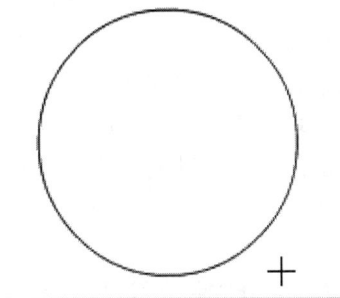

图 2-161 创建正圆图形

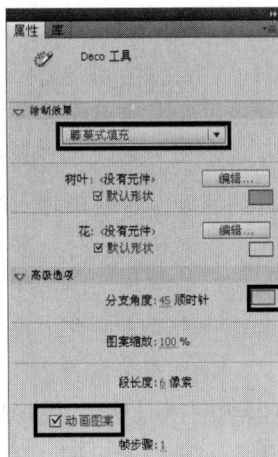

图 2-162 设置藤蔓式填充参数

➢ **分支角度**：指定分支图案的角度。

➢ **分支颜色**：单击"分支角度"右侧的色块，可在打开的"拾色器"面板中设置分支的颜色。

> **图案缩放**：设置作为图案的对象的缩放比例。
> **段长度**：指定叶子节点和花朵节点之间的长度。
> **动画图案**：勾选该复选框后，在绘制图案时将创建逐帧动画。
> **帧步骤**：指定生成逐帧动画时每秒横跨的帧数。

步骤 3 单击"绘制效果"卷展栏"树叶"选项右侧的"编辑..."按钮，在打开的"选择元件"对话框中选择"枫叶"图形元件，然后单击"确定"按钮，如图 2-163 所示。

步骤 4 将光标移动到舞台中的正圆图形内并单击进行填充，如图 2-164 所示。至此案例就完成了，按快捷键【Ctrl+Enter】可预览动画的播放效果。

图 2-163　选择作为树叶图案的元件　　　图 2-164　在正圆图形内进行填充

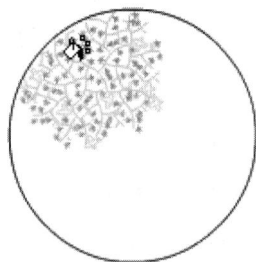

项目总结

本项目主要介绍了 Flash CS6 的绘图和填充工具的使用方法。总的来说，这些工具的使用都很简单，要想绘制出需要的图形，关键是要多观察生活中的事物，多欣赏别人的作品。在本项目的学习中还应注意以下几点。

> 默认情况下，在 Flash 中绘制的矢量图形由轮廓线和填充组成，而且是分散的，这样的好处是方便单独对轮廓线或填充进行调整。

> 在绘制图形轮廓线时，需要注意的是各线条之间一定要交接好，这样才方便使用"颜料桶工具" 为图形的不同封闭区域填充颜色。

> 很多看似简单的工具，只要巧妙应用，便能绘制出生动的图形。例如，"线条工具" 虽然只能绘制直线线条，但通过与"选择工具" 配合使用，几乎可以绘制出任何形状的图形轮廓线。

> 默认情况下，在 Flash 中绘制的线条会在交叉处分成独立线段，从而方便使用"选择工具" 选取不同的线段并删除，或调整图形的形状。

> "颜料桶工具" 用于为图形的封闭或半封闭区域填充纯色、渐变色和位图，而"墨水瓶工具" 用于改变线条属性。

> 选择"颜料桶工具" 后，除了可以利用工具箱和"属性"面板设置纯色填充外，还可在"颜色"面板中设置纯色、线性渐变色、径向渐变色和位图。

➢ 在使用"滴管工具" 🖋 吸取渐变色后,必须取消按下"锁定填充"按钮🔒才能正常填充。此外,使用"滴管工具" 🖋 吸取位图时,必须先将位图分离。

➢ 默认情况下,"喷涂刷工具" 📷 使用当前的填充色作为粒子点颜色进行喷涂,用户也可以将图形元件或影片剪辑作为图案粒子进行喷涂。

➢ 利用"Deco 工具" 🖌 不但可以绘制静态图案,还可以生成动画效果。

课后操作

1. 利用本项目所学的知识绘制如图 2-165 所示的天鹅。本题最终效果可参考本书配套素材"素材与实例" > "项目二"文件夹 > "天鹅.fla"文件。

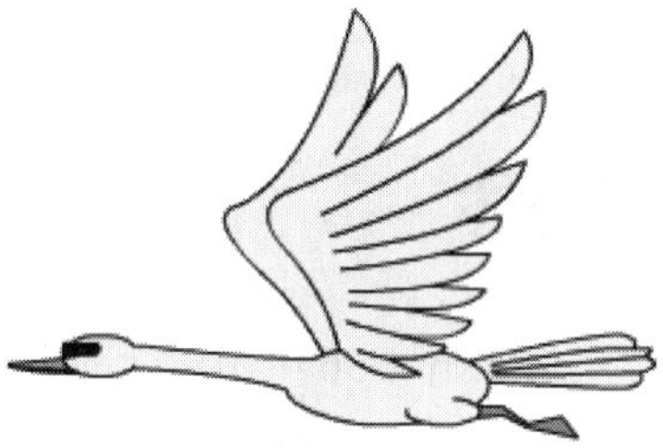

图 2-165 天鹅

提示:鸟类主要由头部、身体、翅膀和尾部 4 部分组成(在绘制像天鹅、仙鹤等鸟类的时候,应注意它们的脖子较长)。绘制天鹅时,首先使用"椭圆工具" ⬭ 绘制天鹅头部和身体的轮廓;然后使用"线条工具" ➲ 和"选择工具" ➤ 绘制天鹅的脖子、尾巴和翅膀,并对天鹅的细部进行调整;最后使用"颜料桶工具" 🖌 为天鹅填充颜色。

2. 利用本项目所学知识为图 2-166(a)所示的小老鼠线稿填充颜色,效果如图 2-166(b)所示。本题最终效果可参考本书配套素材"素材与实例" > "项目二"文件夹 > "填充小老鼠.fla"文件。

(a)　　　　　　　　　　　　(b)

图 2-166 填充小老鼠

提示:使用"颜料桶工具" 🖌 为小老鼠的头部和身体填充藏蓝色(#3399CC),为小老鼠的眼珠和鼻子填充由白色到黑色的放射性渐变,为皮鞋填充由白色到深棕色(#663300)的放射性渐变,为头发填充深红色(#990000),为耳朵填充淡黄色(#FFE0B3),最后为衣服填充位图(见本书配套素材"素材与实例" > "项目二" > "鳞片.jpg")。

项目三 编辑图形与创建文本

项目描述

Flash CS6 具有强大的图形编辑功能，利用这些功能可以使图形的绘制工作变得更加容易和快捷，并可以制作一些特殊效果。此外，利用 Flash CS6 的"文本工具"可以创建各种类型的文本，并可通过为文本设置格式和添加"滤镜"等对其进行美化。本项目将带领读者学习编辑图形以及创建和美化文本的方法。

知识目标

- 掌握对象的基本编辑操作。
- 掌握任意变形工具和"变形"面板的使用方法。
- 掌握 3D 旋转工具和 3D 平移工具的使用方法。
- 掌握"平滑"、"伸直"和"优化"、"扩展填充"和"柔化填充边缘"等命令的用法。
- 掌握创建、编辑文本和设置文本格式，并为文本应用滤镜以及分裂文本的使用方法。

能力目标

- 能够在绘图或制作动画时熟练地移动、复制、群组、分离、排列或对齐对象。
- 能够根据需要对对象进行缩放、旋转、扭曲、倾斜和翻转等变形操作，并使用重置变形功能制作一些特殊图形；还能够在三维空间移动和旋转影片剪辑实例。
- 能够根据需要对图形进行优化和平滑处理，以及扩展图形填充、柔滑图形填充边缘等；还能够将线条转换为填充，并对转换为填充后的线条进行编辑处理。
- 能够根据动画需要创建出各种美观的文本。

任务一 对象的基本编辑

任务说明

在 Flash 中绘制图形或制作动画的过程中，经常需要对舞台上的对象进行选择、移动、复制、组合、分离和排列等操作。本任务将带领读者学习这些操作。

预备知识

一、选择舞台中的对象

对舞台上的对象进行移动、复制、对齐和设置属性等操作时，都需要先选中对象。在工具箱中选择"选择工具" ![] 后，可使用以下方法选择舞台中的对象（读者可打开本书配套素材"素材与实例">"项目三"文件夹>"选择对象.fla"文档进行操作）。

> **选取整体对象**：要选择元件实例、群组、绘制对象和位图等整体对象，只需单击该对象即可，选中整体对象后其外围会出现一个蓝色边框，如图 3-1 所示。
> **选取线条**：单击分散的矢量图形的线条，可以选取某一线段，如图 3-2 所示；双击线条，可以选取相连的所有颜色、样式和粗细一致的线段。
> **选取填充**：单击分散的矢量图形填充区域可选取该填充，如图 3-3 所示；要同时选中填充及其轮廓线，可在填充区域中的任意位置双击鼠标。

分散的矢量
图形被选中
的部分将高
亮显示

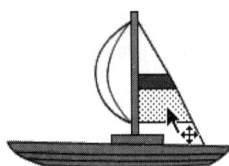

图 3-1 选择整体对象　　图 3-2 单击选取一段线段　　图 3-3 单击选取填充

> **选取多个对象**：按住【Shift】键依次单击希望选择的对象，可同时选中多个对象；在需要选取的对象周围拖出一个方框，释放鼠标后，该方框覆盖的所有对象（或矢量图形的一部分）都将被选中，如图 3-4 所示。此外，单击时间轴上的某一帧（或按快捷键【Ctrl+A】）可选中该帧上的所有对象，如图 3-5 所示。

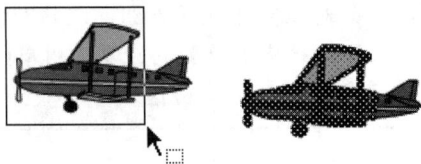

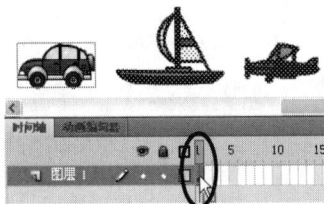

图 3-4 拖动选取　　　　　　　　　　图 3-5 单击关键帧选取

> **提示**　利用"任意变形工具"❋或"部分选取工具"▶也可以选择对象，操作方法与使用"选择工具"▶相似。

二、移动与复制对象

在制作 Flash 动画的过程中，经常需要进行移动和复制对象的操作，方法如下。

➢ **使用鼠标拖动**：使用"选择工具"▶选中对象后，在被选中的对象上按住鼠标左键不放并将其拖到目标位置，释放鼠标后即可移动对象；若在释放鼠标前按住【Alt】键，光标会呈 ▶₊状，此时释放鼠标可复制对象，如图 3-6（a）和 3-6（b）所示。

➢ **使用菜单命令**：选择"编辑"菜单中的"复制"、"剪切"、"粘贴到中心位置"、"粘贴到当前位置"等命令也可移动或复制对象，如图 3-6（c）所示。

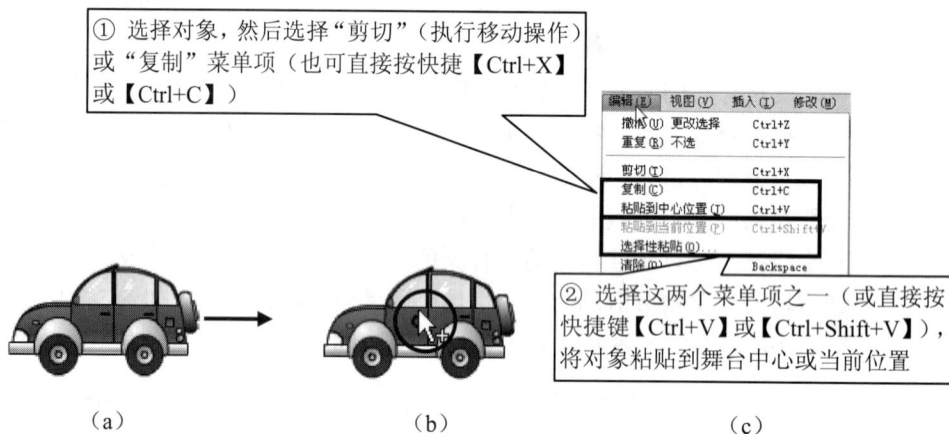

① 选择对象，然后选择"剪切"（执行移动操作）或"复制"菜单项（也可直接按快捷【Ctrl+X】或【Ctrl+C】）

② 选择这两个菜单项之一（或直接按快捷键【Ctrl+V】或【Ctrl+Shift+V】），将对象粘贴到舞台中心或当前位置

（a）　　　　　　（b）　　　　　　（c）

图 3-6　移动与复制对象

三、群组、分离与排列对象

在 Flash 中，当需要对多个对象（包括分散的矢量图形、元件实例、绘制对象、群组对象）进行统一操作时，可以将这些对象组合成一个整体以方便操作，我们将组合后的对象称为群组。选中要群组的对象，然后选择"修改" > "组合"菜单，或按快捷键【Ctrl+G】，即可群组所选对象，如图 3-7 所示。

> **提示**　使用"选择工具"▶双击群组后的对象可进入该群组的编辑状态，此时只能编辑该群组内的对象，群组外的对象不受影响。要退出群组编辑状态，可使用"选择工具"▶双击舞台的其他空白区域。

要分离群组对象、元件实例和绘制对象等整体对象，可选中要分离的对象，然后选择"修改">"分离"菜单，或按快捷键【Ctrl+B】。当要分离的对象是由多个整体对象组合而成时，可执行多次分离操作，直到将对象分离成分散的矢量图形，如图 3-8 所示。

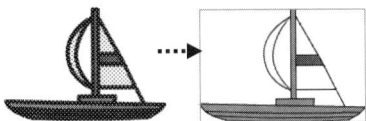

图 3-7　群组对象

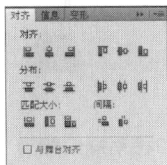

图 3-8　分离对象

在同一图层上，Flash 会根据对象创建的先后顺序层叠放置对象，最后创建的对象将放置在最上面，而最早创建的对象被放置在最下面。若需要改变对象的排列顺序，可选中要排列的对象，然后选择"修改">"排列"菜单下的子菜单项，如图 3-9 所示。

提示　排列对象只对群组对象、绘制对象、元件实例、文字和位图等整体对象起作用，对于分散的对象，我们无法改变它的排列顺序。

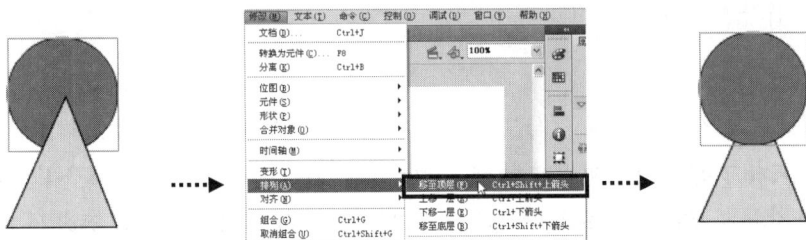

图 3-9　排列对象

四、对齐对象

选择"窗口">"对齐"菜单，或者按快捷键【Ctrl+K】，可打开"对齐"面板，如图 3-10（a）所示。利用该面板中的相应按钮，可以将选中的多个对象沿水平或垂直方向对齐、均匀分布或进行大小匹配等。图 3-10（b）和图 3-10（c）为将所选对象进行右对齐 （使所选对象以最右侧的对象为基准进行对齐）的效果。

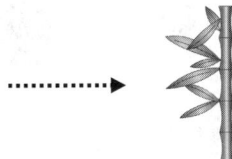

（a）　　　　　　　　（b）　　　　　　　　（c）

图 3-10　对齐对象

> **提示**
>
> 选择对象后，勾选"相对于舞台"复选框，可使对齐、分布、匹配大小、间隔等操作以舞台为基准。

任务实施——制作蝴蝶图形

下面我们将通过移动、复制等图形编辑操作，制作如图 3-11 所示的蝴蝶图形。案例最终效果请参考本书配套素材"素材与实例">"项目三"文件夹>"蝴蝶.fla"文件。

图 3-11　蝴蝶图形

制作思路

打开素材文档后，先使用"选择工具" ➤ 选中蝴蝶的一侧的触须，将其复制一份并水平翻转，然后移动到指定位置，制作出蝴蝶另一侧的触须；接着将蝴蝶一侧的翅膀移动到指定位置，再通过复制和翻转操作，并将其移动到指定位置，制作出蝴蝶另一侧的翅膀。

制作步骤

步骤 1 打开本书配套素材"素材与实例">"项目三"文件夹>"蝴蝶素材.fla"文档，在该文档中有一个蝴蝶身体的图形和一只触须、一只翅膀，如图 3-12 所示。

步骤 2 将视图放大显示，然后选择"选择工具" ➤ ，按住【Shift】键依次在触须的线条和填充上单击，将触须选中，如图 3-13（a）所示。

步骤 3 按快捷键【Ctrl+C】复制选中的触须，然后按快捷键【Ctrl+Shift+V】原位粘贴触须；接着选择"修改">"变形">"水平翻转"菜单，将复制的触须水平翻转，效果如图 3-13（b）所示；按键盘上的向左方向键【←】，将触须向左移动到如图 3-13（c）所示位置，这样便制作出了蝴蝶另一侧的触须。

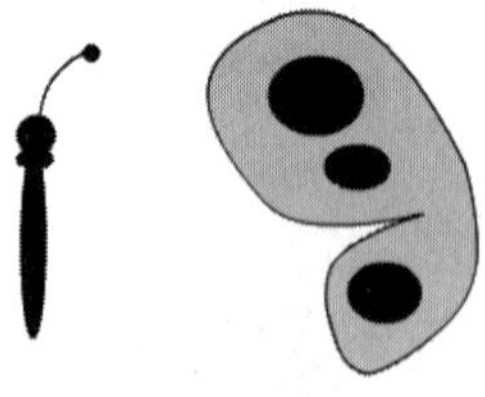

（a）　　　　　　　（b）　　　　　　　（c）

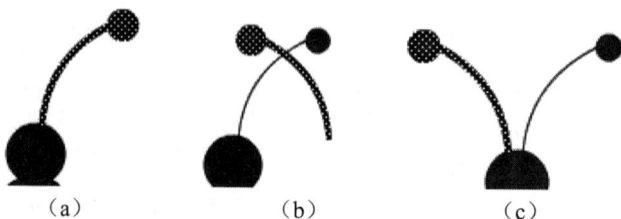

图 3-12　打开素材文档　　　　　图 3-13　选择、复制、翻转和移动蝴蝶触须

步骤 4 使用"选择工具" ➤ 在蝴蝶身体和触须上方拖动鼠标框选图形，然后按快捷键【Ctrl+G】将所选图形组合在一起，如图 3-14 所示。

步骤 5 使用"选择工具" ➤ 在蝴蝶翅膀（素材中已将该图形组合）上单击将其选中，

然后按住鼠标左键不放并将其拖到蝴蝶身体左侧的适当位置，如图 3-15（a）
所示。

步骤 6　选择"修改" > "排列" > "移至顶层"菜单，或按【Ctrl+Shift+↑】快捷键，
将蝴蝶翅膀排列到顶层，效果如图 3-15（b）所示。

图 3-14　组合蝴蝶身体和触须　　　　图 3-15　移动和排列蝴蝶翅膀

步骤 7　在按住【Alt】键的同时使用"选择工具"　向右拖动翅膀，此时光标呈　形状，
松开鼠标后即可复制翅膀，如图 3-16（a）和 3-16（b）所示。

步骤 8　选择"修改" > "变形" > "水平翻转"菜单，将复制的翅膀水平翻转，然后移
动到合适位置，效果如图 3-16（c）所示。最后框选整个蝴蝶图形，然后按快捷
键【Ctrl+G】将它们组合在一起。

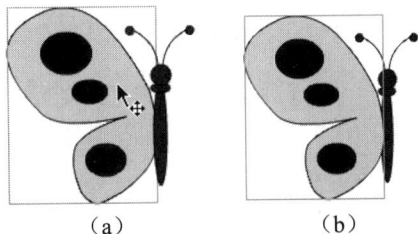

（a）　　　　　　　　　（b）　　　　　　　　　（c）

图 3-16　复制、翻转和移动蝴蝶翅膀

任务二　对象的变形操作

任务说明

在 Flash 中，无论是分散的矢量图形还是整体的元件实例、群组等对象，我们都可
以利用"任意变形工具"　和"变形"面板对其执行缩放、旋转和扭曲等变形操作，
下面分别介绍。

预备知识

一、使用 "任意变形工具"

"任意变形工具" 是 Flash 中使用最多的编辑工具之一，利用它可以旋转、倾斜、缩放和扭曲对象，还可以通过编辑封套对对象的形状进行调整。读者可打开本书配套素材 "素材与实例" > "项目三" 文件夹> "变形对象.fla" 文档进行下面的操作。

在工具箱中单击选择 "任意变形工具" （或者按快捷键【Q】），然后利用该工具选中要变形的对象（也可先利用其他工具选中要变形的对象），此时工具箱选项区会出现 "旋转与倾斜" 按钮、"缩放" 按钮、"扭曲" 按钮和 "封套" 按钮，如图 3-17（a）所示；所选对象四周会出现一个变形框和变形中心点，变形框四周包含 8 个变形控制柄，如图 3-17（b）所示。

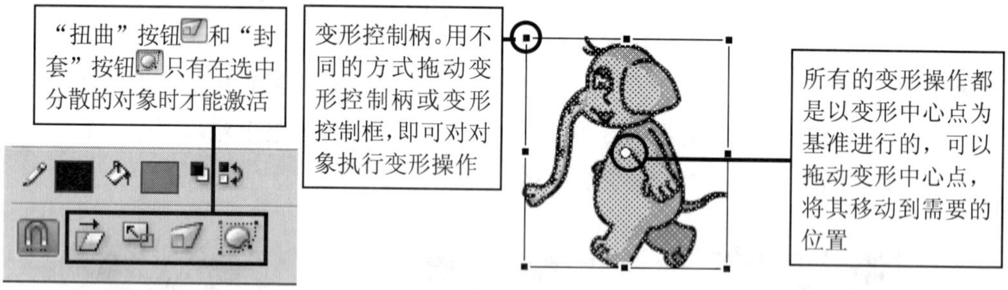

图 3-17 "任意变形工具" 的选项和变形框

> **提示** 在进行一般的变形操作时，通常不需要选择工具选项区的任何按钮，此时除了 "封套" 外的其他变形操作都可以进行。但是对于一些需要特定变形的对象，选中相应的按钮可以防止误操作。

- ➢ **旋转对象**：将变形中心点拖到要作为旋转中心的位置后，将光标移动到变形框 4 个角的控制柄附近，当光标呈↻形状时按住鼠标左键并拖动，即可以变形中心点为基点旋转对象，如图 3-18 所示。

- ➢ **倾斜对象**：将光标移动到变形框的边线上，当光标呈⇌或∥形状时按住鼠标左键并拖动即可倾斜对象，如图 3-19 所示。

- ➢ **缩放对象**：将光标移动到变形框横向或纵向的中间控制柄上，当光标呈↕或↔形状时按住鼠标左键并拖动，可改变对象高度或宽度，如图 3-20（a）所示；将光标移动到变形框 4 个角的控制柄上，光标会呈⬚形状，此时按住鼠标左键并拖动可同时改变对象的高度和宽度，如图 3-20（b）所示。

<table>
<tr><td>图 3-18　旋转对象</td><td>图 3-19　倾斜对象</td></tr>
</table>

小技巧　　若在拖动 4 个角的控制柄时按住【Shift】键，可在缩放对象的同时保持对象的高宽比例。

➤ **扭曲图形**：扭曲变形只能用于分离对象。单击工具箱选项区中的"扭曲"按钮 📐，或者在按住【Ctrl】键的同时将光标移动到变形框的任意一个控制柄上，当光标呈 ▷ 形状时按住鼠标左键并拖动，即可向任意方向扭曲图形（若在拖动控制柄时按住【Shift】键，可对称扭曲图形），如图 3-21 所示。

（a）　　　　　　　　（b）

图 3-20　缩放对象　　　　　　　　　图 3-21　扭曲对象

➤ **封套功能**：使用"任意变形工具" 🔲 选中舞台中的分散图形后，单击工具箱选项区中的"封套"按钮 🔲，此时图形周围会显示一个封套控制框，其上有 8 个方形控制柄，每个控制柄两侧有 2 个切线手柄（其两端为圆形），拖动控制柄可改变图形的大致形状，拖动控制柄两侧的切线手柄可对图形的弧度进行微调，如图 3-22 所示。

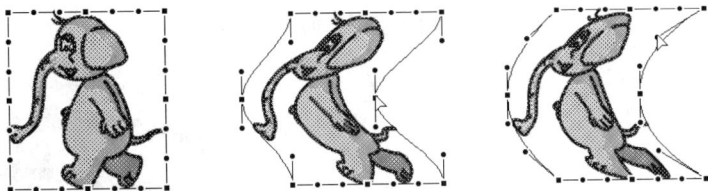

图 3-22　使用封套功能调整对象形状

二、使用“变形”面板

利用“变形”面板可以精确对对象执行旋转、倾斜、缩放和 3D 旋转等变形，还可在变形的同时复制对象，从而制作一些特殊的效果。选择“窗口”>“变形”菜单或按快捷键【Ctrl+T】，可打开“变形”面板，如图 3-23 所示。

由于使用“变形”面板对对象进行变形也是以变形中心点为基准进行的，所以一般会先使用“任意变形工具”选中要变形的对象，设置好变形中心点的位置，然后再使用“变形”面板进行变形。例如，要利用重置选区和变形功能制作一朵花的形状，操作如图 3-24 所示。

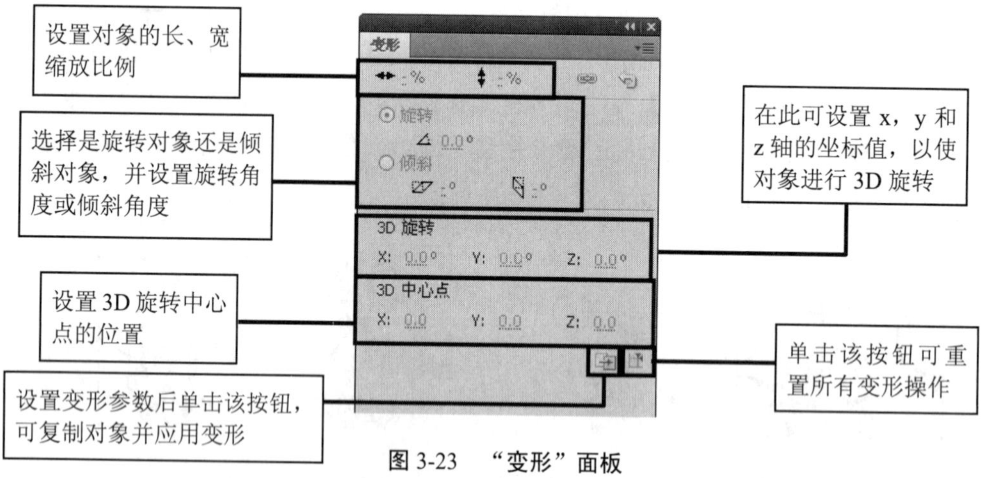
设置对象的长、宽缩放比例
选择是旋转对象还是倾斜对象，并设置旋转角度或倾斜角度
设置 3D 旋转中心点的位置
设置变形参数后单击该按钮，可复制对象并应用变形
变形
旋转
倾斜
3D 旋转
X: 0.0° Y: 0.0° Z: 0.0°
3D 中心点
X: 0.0 Y: 0.0 Z: 0.0
在此可设置 x，y 和 z 轴的坐标值，以使对象进行 3D 旋转
单击该按钮可重置所有变形操作

图 3-23 “变形”面板

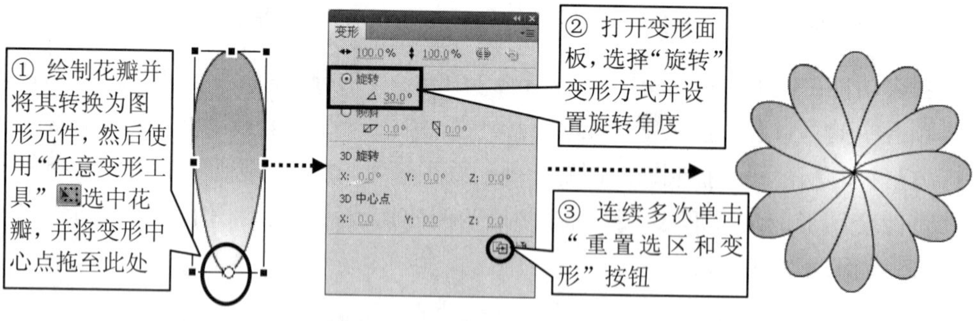
① 绘制花瓣并将其转换为图形元件，然后使用“任意变形工具”选中花瓣，并将变形中心点拖至此处
变形
100.0% 100.0%
旋转
30.0°
倾斜
3D 旋转
3D 中心点
② 打开变形面板，选择“旋转”变形方式并设置旋转角度
③ 连续多次单击“重置选区和变形”按钮

图 3-24 使用“变形”面板制作花朵

任务实施

一、绘制彩虹图形

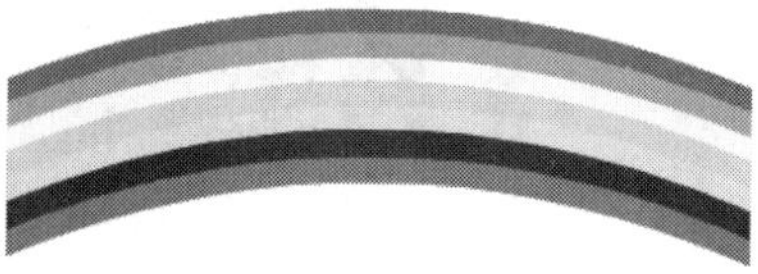

图 3-25 彩虹图形

下面通过制作如图 3-25 所示的彩虹图形，学习“任意变形工具”封套功能的使用。案例最终效果请参考本书配套素材“素材与实例”>

"项目三"文件夹>"彩虹.fla"文件。

制作思路

首先打开素材文档,然后使用"任意变形工具" 框选舞台中的图形,并单击工具箱选项区中的"封套"按钮,然后调整封套控制框中的控制柄和切线手柄,制作彩虹图形。

制作步骤

步骤 1 打开本书配套素材"素材与实例">"项目三"文件夹>"彩虹素材.fla"文档,会看到舞台中有一个填充有 7 种颜色的矩形,如图 3-26 所示。

步骤 2 选择"任意变形工具" ,框选舞台中的图形,然后单击工具箱选项区中的"封套"按钮,此时图形周围会显示一个封套控制框,如图 3-27 所示。

步骤 3 将光标放在控制柄上,当光标呈 形状时按住鼠标左键并拖动,可改变封套的大致形状,封套内的图形也将随之改变,如图 3-28 所示。

图 3-26　打开素材文档　　　图 3-27　封套控制框　　　图 3-28　拖动控制柄

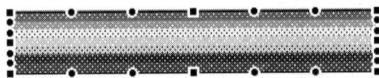

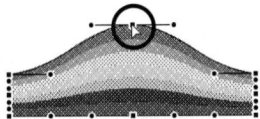

步骤 4 拖动控制柄两侧的切线手柄,可对图形进行微调,如图 3-29 所示。

步骤 5 参考步骤 3~4 的操作调整矩形下方的形状,如图 3-30 所示。

提示 与使用"选择工具" 调整图形不同的是,封套功能是从整体上调整图形的形状,而"选择工具" 调整的是图形的外框形状,如图 3-31 所示。

图 3-29　拖动切线手柄　　图 3-30　调整矩形下方边线形状　　图 3-31　使用"选择工具"调整矩形

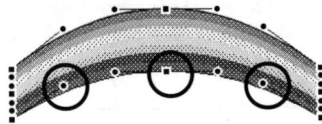

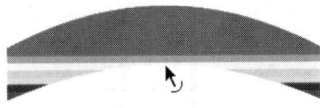

二、绘制风车

下面通过绘制图 3-32 所示的风车图形,学习"变形"面板的使用。任务最终效果请参考本书配套素材"素材与实例">"项目三"文件夹>"风车.fla"文件。

制作思路

首先使用"线条工具" 和"选择工具" 绘

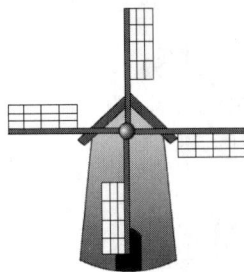

图 3-32　风车图形

制风车的底座；然后为其填充颜色，并将其群组；接着新建图层，并使用"矩形工具" ▣
和"线条工具" ＼ 在新图层上绘制扇叶图形，再利用"变形"面板将扇叶图形旋转复制
一份；最后在扇叶图形的中心处绘制旋转轴，并将扇叶图形转换为图形元件。

制作步骤

步骤 1 新建一个 Flash 文档，然后使用"线条工具" ＼ 和"选择工具" ▶ 在舞台上方
绘制风车底座的顶部，如图 3-33 所示。

步骤 2 使用"线条工具" ＼ 和"选择工具" ▶ 在舞台上绘制风车底部的墙体和门，如
图 3-34 所示。

图 3-33　绘制底座顶部　　　　　　　　图 3-34　绘制底座的墙体和门

步骤 3 选择"颜料桶工具" 🪣，为底座的顶部填充红色（#CC0000），为门填充黑色，为
墙体填充由橙黄色（#FFCC00）到棕色（#996600）的线性渐变，如图 3-35 所示。

步骤 4 单击"图层 1"的第 1 帧，选中该帧上的所有对象，然后按快捷键【Ctrl+G】，
将其群组，然后单击"时间轴"面板左下角的"新建图层"按钮 🗋，在"图层 1"
上方新建"图层 2"，如图 3-36 所示。

提示　　新建的图层默认将成为当前图层，新绘制的图形将位于该图层中。
我们也可以单击某图层名称将其设为当前图层。

步骤 5 选择"矩形工具" ▢，将"填充颜色"设为棕色（#996600），其他参数保持默
认不变，然后在"图层 2"的舞台中绘制一个如图 3-37 所示的矩形。

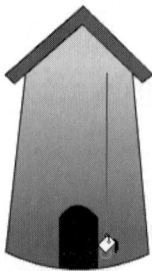

图 3-35　为底座填充颜色　　　图 3-36　新建"图层 2"　　　图 3-37　创建矩形

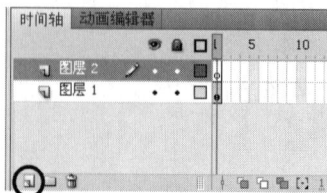

步骤 6　将"填充颜色"设为淡黄色（#FFFF99），在"图层 2"中棕色矩形的左上方再绘制一个矩形，并使用"线条工具" ![线条] 在矩形内部绘制线条，如图 3-38所示。

步骤 7　选中步骤 6 创建的矩形和线条，在按住【Alt】键的同时将其拖到如图 3-39 所示的位置，进行复制。

步骤 8　单击"图层 2"的第 1 帧以选中步骤 5~7 创建的图形，然后按快捷键【Ctrl+T】，在打开的"变形"面板中选择"旋转"单选钮，并在"旋转"编辑框中输入"90"，再单击"重置选区和变形"按钮，如图 3-40 所示。

图 3-38　绘制矩形和线条　　　　　　图 3-39　复制矩形和线条

步骤 9　选择"椭圆工具" ![椭圆] ，在"颜色"面板中将"填充颜色"设为由白色到黑色的径向渐变，然后在按住【Atl+Shift】键的同时，在如图 3-41 所示位置创建一个正圆形，作为扇叶的旋转轴。

步骤 10　单击"图层 2"的第 1 帧以选中该帧上的所有对象，然后按快捷键件【F8】，在弹出的"转换为元件"的"名称"编辑框中输入"扇叶"，在"类型"下拉列表中选择"图形"选项，在"对齐"选项右侧单击中间的小方格，然后单击"确定"按钮，如图 3-42 所示。至此案例就完成了。

图 3-40　旋转并复制对象　　图 3-41　绘制扇叶的旋转轴　　图 3-42　将所选对象转换为图形元件

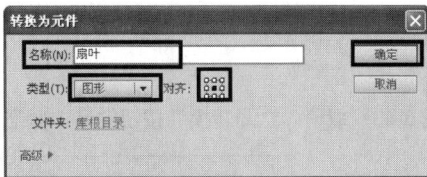

任务三 　在三维空间移动和旋转对象

任务说明

　　利用"3D 旋转工具" 和"3D 平移工具" 可以在 3D 空间中旋转和移动影片剪辑实例（关于影片剪辑实例，请参考本书项目五的内容），从而制作三维动画效果。本任务将带领读者学习这两个工具的使用方法。

预备知识

一、使用"3D 旋转工具"

　　利用"3D 旋转工具" 可以在 3D 空间中旋转影片剪辑实例，具体方法如下。

步骤 1　打开本书配套素材"素材与实例" > "项目三"文件夹> "3D 素材.fla"文档。选择工具箱 3D 转换工具组中的"3D 旋转工具" ，或者按快捷键【W】，然后取消工具箱选项区"全局转换"按钮 的选中状态，如图 3-43 所示。

步骤 2　在要进行 3D 旋转的对象上单击，该对象上会出现如图 3-44 所示的 x 轴控件、y 轴控件、z 轴控件、自由旋转控件和 3D 旋转中心，拖动任一控件即可沿相应轴旋转对象。

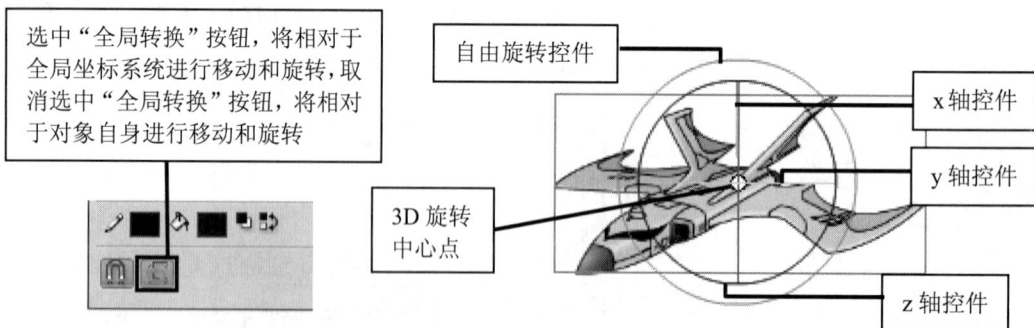

选中"全局转换"按钮，将相对于全局坐标系统进行移动和旋转，取消选中"全局转换"按钮，将相对于对象自身进行移动和旋转

自由旋转控件

x 轴控件

y 轴控件

3D 旋转中心点

z 轴控件

图 3-43 取消"全局转换"按钮的选中状态　　图 3-44 　x 轴控件、y 轴控件、z 轴控件和自由旋转控件

　　3D 旋转使以 3D 旋转中心点为基准进行的，拖动 3D 旋转中心点可移动其位置。此外，双击 3D 旋转中心点，可将旋转中心恢复到所选影片剪辑实例的中间位置；在按住【Shift】键的同时双击影片剪辑实例，可将旋转中心点定位到该影片剪辑实例的中心位置。

二、使用"3D 平移工具"

利用"3D 平移工具" 🔺可以在 3D 空间中移动影片剪辑实例。选择工具箱 3D 转换工具组中的"3D 平移工具" 🔺，或者按快捷键【G】，然后在要进行 3D 移动的对象上单击，该对象上会出现如图 3-45 所示的 x 轴控件、y 轴控件和 z 轴控件，拖动任一控件即可沿相应轴移动对象。

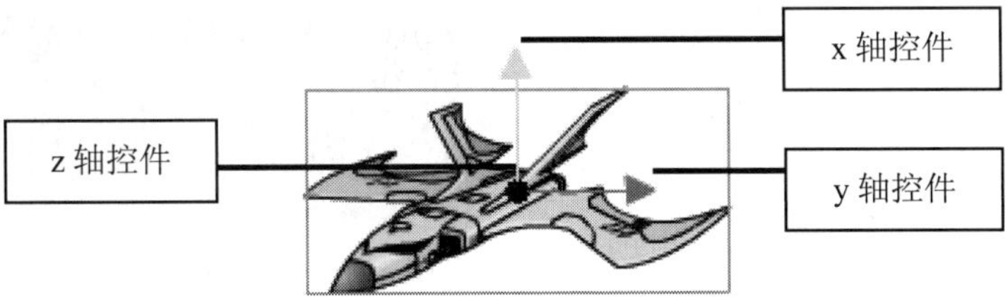

图 3-45　x 轴控件、y 轴控件和 z 轴控件

任务实施——绘制向日葵图形

下面通过制作如图 3-46 所示的向日葵图形，学习"任意变形工具" 🔲、"变形" 面板和"3D 旋转工具" 🔵在实际绘图中的应用。案例最终效果请参考本书配套素材"素材与实例" > "项目三" 文件夹 > "向日葵.fla" 文件。

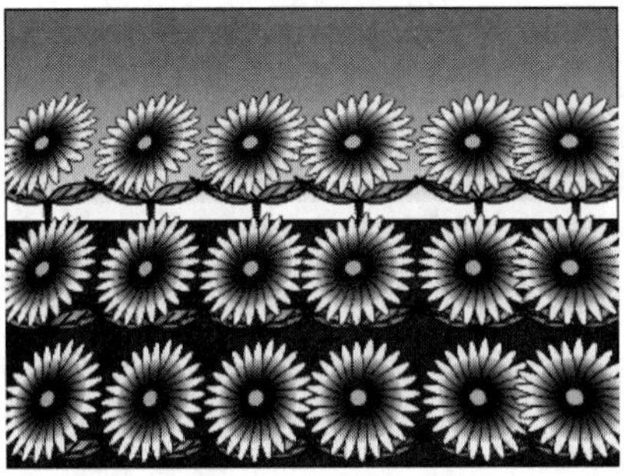

制作思路

首先使用"矩形工具" 🔲绘制土地和天空；然后新建一个图层，使用"线条工具" 🔲和"选择工具" 🔳在新图层上（这样做是为了使图形之间不受干扰）绘制向日葵的叶和茎；接着使用"椭圆工具" 🔵绘制椭圆，并利用"任意变形工具" 🔲和"变形"面板对椭圆进行复制变形操作，制作向日葵花；再将向日葵花转换为影片剪辑，并利用"3D 旋转工

图 3-46　向日葵

具" 🔵对进行旋转；最后将向日葵花移动到叶和茎的上方，并进行群组和复制。

制作步骤

步骤 1　新建一个 Flash 文档，使用"矩形工具" 🔲绘制一个没有填充颜色且覆盖整个舞台的矩形，然后使用"线条工具" 🔲在矩形中绘制一条水平线段，将矩形分为两个部分，如图 3-47 所示。

步骤 2　选择"颜料桶工具" 🔲，为下方矩形填充棕色（#663300）作为土地，为上方矩形填充由白色到天蓝色（#0099FF）的线性渐变作为天空，如图 3-48 所示。

步骤 3 为了使绘制向日葵时不受天空和土地图形的影响，下面我们新建一个图层，并在新图层上绘制向日葵。单击"时间轴"面板左下方的"新建图层"按钮，在"图层1"上方新建图层 2，如图 3-49 所示。

图 3-47　绘制矩形

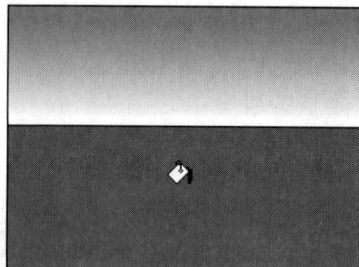

图 3-48　为土地和天空填充颜色

步骤 4 使用"线条工具" 和"选择工具" 在舞台外绘制向日葵的叶子，并为其填充由绿色（#00FF00）到深绿色（#006600）的径向渐变，如图 3-50（a）所示；将绘制好的叶子复制一份，并进行水平翻转，效果如图 3-50（b）所示。

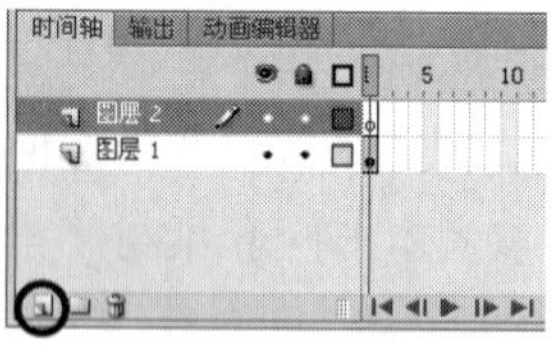

（a）　　　　　　　　　　（b）

图 3-49　新建"图层 2"

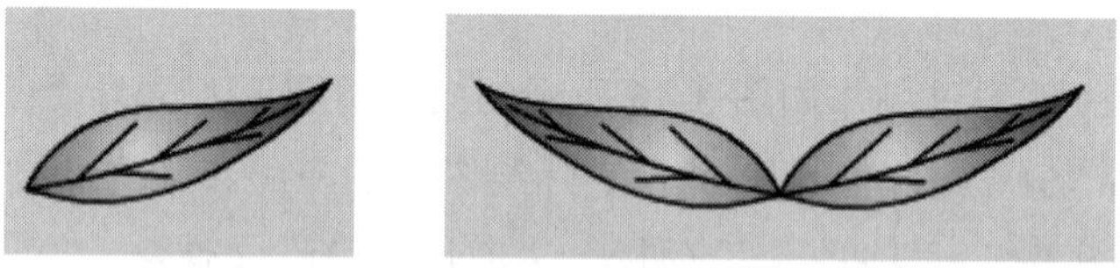

图 3-50　制作向日葵的叶子

步骤 5 使用"线条工具" 和"选择工具" 在叶子的下方绘制向日葵的茎，并为其填充深棕色（#660000），如图 3-51 所示。

步骤 6 使用"椭圆工具" 在舞台外的空白区域绘制一个没有填充颜色的椭圆，然后在"颜色"面板中设置棕色（#310000）到黄色（#FFFF00）的径向渐变，并将右侧的色标向左拖动，如图 3-52（a）所示；设置好填充色后，使用"颜料桶工具" 在椭圆下方单击，为其填充颜色，如图 3-52（b）所示。

（a）　　　　　　　　　　（b）

图 3-51　绘制向日葵的茎

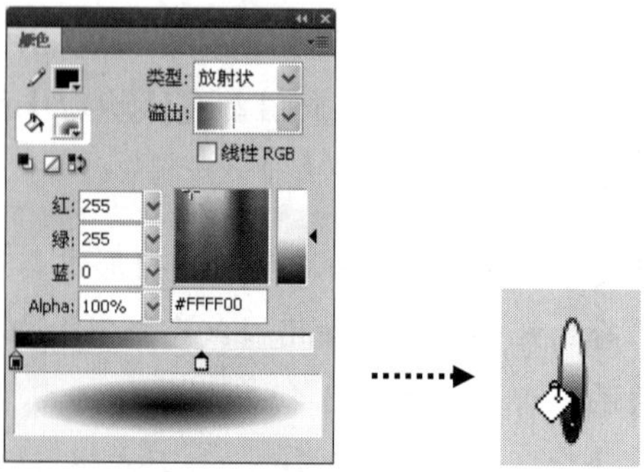

图 3-52　绘制椭圆并为其填充径向渐变

步骤 7 框选刚刚绘制的椭圆，按【F8】键将其转换为名为"花瓣"的图形元件，如图 3-53 所示。

步骤 8 选择"任意变形工具" ，在"花瓣"元件实例上单击，然后将其变形中心点拖到下方的变形框外，如图 3-54 所示。

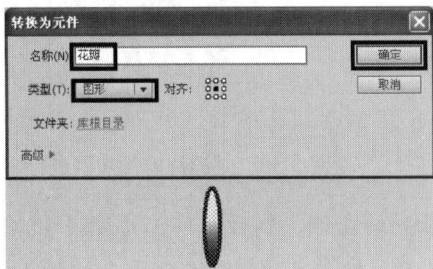

图 3-53 创建"花瓣"图形元件　　　　图 3-54 移动变形中心点

步骤 9 打开"变形"面板，选择"旋转"单选钮，在"旋转"编辑框中输入"15"，如图 3-55（a）所示；然后连续单击 23 次"重制选区和变形按钮" ，制作向日葵花，如图 3-55（b）所示。

步骤 10 选择"椭圆工具" ，并单击工具箱选项区中的"对象绘制"按钮 ，然后将其填充颜色设为橙黄色（#FFCC00），再将光标移到向日葵花的中间位置，在按住【Alt+Shift】键的同时拖动鼠标，绘制一个正圆作为花蕊，如图 3-56 所示。

（a）　　　　　　　　（b）

图 3-55 制作向日葵花　　　　　　图 3-56 绘制花蕊

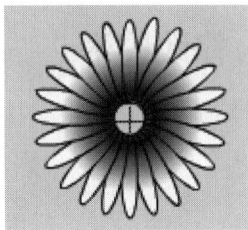

步骤 11 使用"选择工具" 框选向日葵花，然后按【F8】键将其转换为名为"向日葵花"的影片剪辑，如图 3-57 所示。

步骤 12 选择"3D 旋转工具" ，在"向日葵花"影片剪辑实例上单击，然后拖动自由旋转控件，进行 3D 旋转，如图 3-58 所示。

步骤 13 将调整好的"向日葵花"影片剪辑实例移动到向日葵的叶子和茎上方，然后同时选中这 3 个对象，按快捷键【Ctrl+G】将其群组，效果如图 3-59 所示。

图 3-57 将向日葵花转换为影片剪辑　　　　图 3-58 对影片剪辑实例进行 3D 旋转

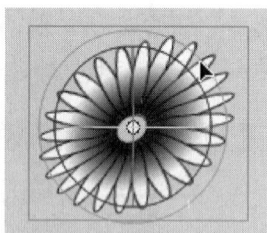

步骤 14 将群组的向日葵移动到舞台偏上位置的左侧，然后在按住【Alt】键的同时拖动向日葵进行复制；重复此操作复制多份向日葵，并移动到合适的位置，如图 3-60 所示。至此案例就完成了。

图 3-59 群组向日葵　　　　　　　　图 3-60 复制向日葵

任务四　修改图形

任务说明

Flash CS6 在"修改">"形状"子菜单中提供了"高级平滑"、"高级伸直"、"优化"、"扩展填充"、"柔化填充边缘"和"将线条转换为填充"等对分散的矢量图形进行特殊处理的命令。本任务将带领读者学习这几个命令的使用方法。

预备知识

一、平滑、伸直和优化图形

绘制好图形后对其进行平滑、伸直和优化操作，可以使图形更加符合我们的需要。

1．平滑图形

平滑图形主要有两个作用：一是使图形轮廓线变得柔和、美观；二是减少图形中的线段数量，从而减少 Flash 文件的体积，并方便使用"选择工具" ![选择工具图标] 调整图形形状。

若要平滑图形，可使用"选择工具" ![图标] 选中要平滑的对象，然后单击工具箱选项区中的"平滑"按钮 ![图标]，反复执行可强化平滑效果，如图 3-61 所示。此外，选择"修改"＞"形状"＞"高级平滑"菜单，或者按快捷键【Ctrl+Alt+Shift+M】，在打开的"高级平滑"对话框中对平滑参数进行设置，单击"确定"按钮也可平滑图形。

2．伸直图形

伸直图形同样可以减少图形中的线段数，与平滑图形的不同的是，伸直后的图形轮廓会趋向于直线。若要伸直图形，可先选中图形，然后单击工具箱选项区的"伸直"按钮 ![图标]，反复单击可强化伸直效果，如图 3-62 所示。此外，选择"修改"＞"形状"＞"高级伸直"菜单，或者按快捷键【Ctrl+Alt+Shift+N】也可伸直图形。

图 3-61　平滑图形 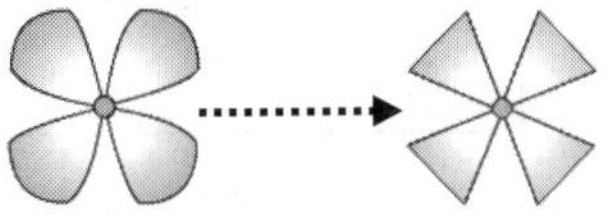　　　　　　　　图 3-62　伸直图形

3．优化图形

使用 Flash 的优化功能也可以使图形轮廓线变得平滑。与平滑功能不同的是，优化图形是通过减少图形线段的数量来实现的（如果只有一条线段，将无法进行优化）。

选中要优化的图形后，选择"修改"＞"形状"＞"优化"菜单，打开"优化曲线"对话框，在"优化强度"编辑框中输入平滑图形的强度，然后单击"确定"按钮，即可得到优化结果，如图 3-63 所示。

图 3-63　优化图形

二、扩展填充

利用"扩展填充"命令可以扩大或缩小图形的填充区域，以制作一些特殊效果。选中要进行扩展填充的对象后，选择"修改"＞"形状"＞"扩展填充"菜单，在打开的"扩展填充"对话框中设置扩展方向和扩展距离，然后单击"确定"按钮即可，如图 3-64 所示。

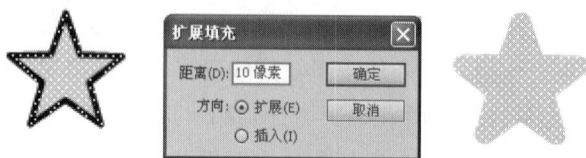

图 3-64　扩展填充对象

三、柔化填充边缘

对图形执行"柔化填充边缘"命令，可以避免图形的填充边缘过于生硬，还可以制作发光、爆炸等效果。选中要进行柔化填充边缘的对象后，选择"修改">"形状">"柔化填充边缘"菜单，在打开的"柔化填充边缘"对话框中设置距离、步长数、填充方向，然后单击"确定"按钮，即可柔化所选对象的填充边缘，如图 3-65 所示。

> **提示**　柔化所选对象的填充边缘后，会根据设置的步长数生成独立的边缘，可以为每个边缘填充不同的颜色，以制作发光或爆炸等效果，如图 3-66 所示。

图 3-65　柔化所选对象的填充边缘　　　　图 3-66　填充边缘

> ➢ "距离"编辑框：用于设置柔化的宽度，单位为像素。
> ➢ "步长数"编辑框：用于设置柔化的边缘数目，数值越大，柔化效果越明显。
> ➢ "方向"编辑框：选择"扩展"单选钮将扩大填充区域，选择"插入"单选钮将缩小填充区域。

四、将线条转换为填充

在 Flash 中绘制的线条，无论如何调整，线条的前后两端都是一样粗细，没有精细变化。因此，在某些情况下，为了获得更好的边线效果，可将线条转变为填充，然后再进行调整。选中要转换为填充的线条后，选择"修改">"形状">"将线条转换为填充"菜单，即可将所选线条转换为填充并进行调整，如图 3-67 所示。

图 3-67　将线条转换为填充并进行调整

任务实施——绘制霓虹灯图形

通过对分散的图形执行"扩展填充"和"柔化填充边缘"命令，可以制作很多特殊效果。下面通过制作如图 3-68 所示的霓虹灯图形，学习这两个命令在实际绘图中的应用。案例最终效果请参考本书配套素材"素材与实例">"项目三"文件夹>"霓虹灯.fla"文件。

制作思路

首先创建一个蓝色矩形，并使用"选择工具" ▶ 调整矩形的形状；然后对调整后的矩形执行"柔化填充边缘"命令，并为其独立的边缘填充不同颜色；再使用"文本工具" T 创建文本，并将文本分离，调整文本的位置；最后对分离的文本执行"扩展填充"命令，制作描边字效果。

图 3-68　霓虹灯

制作步骤

步骤 1　新建一个 Flash 文档，选择"矩形工具" ▢，将其"填充颜色"设为深蓝色（#000066），然后在舞台中绘制一个矩形，并使用"选择工具" ▶ 调整矩形的形状，如图 3-69 所示。

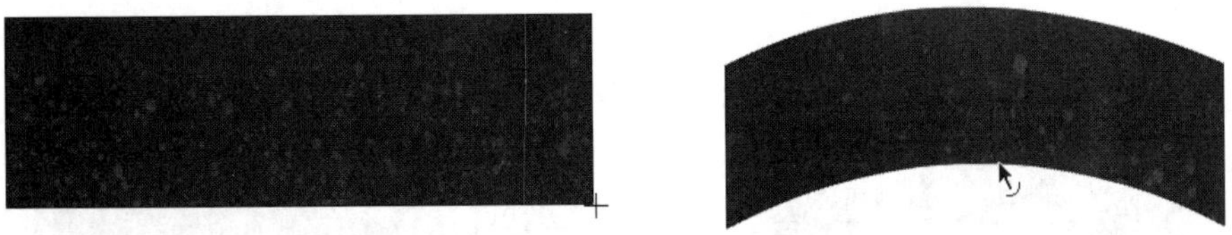

图 3-69　创建矩形并调整其形状

步骤 2　使用"选择工具" ▶ 单击选中舞台中图形的填充色，然后选择"修改">"形状">"柔化填充边缘"菜单，在打开的"柔化填充边缘"对话框中设置如图 3-70 中所示的参数，并单击"确定"按钮，如图 3-70 所示。

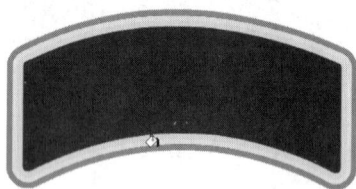

图 3-70　对填充色执行柔化填充边缘操作

步骤 3 选择"颜料桶工具" ，对舞台上图形的边缘由内向外依次填充橙黄色（#FFCC00）、绿色（#00FF00）和红色（#FF0000），效果如图 3-71 所示。

步骤 4 选择"文本工具" ，在"属性"面板中将字体设为"隶书"，字体大小设为"80"，文本（填充）颜色设为红色（#FF0000）（如图 3-72（a）所示），然后在舞台空白位置单击，输入"霓虹灯"，并按【Esc】键结束输入（如图 3-72（b）所示）。

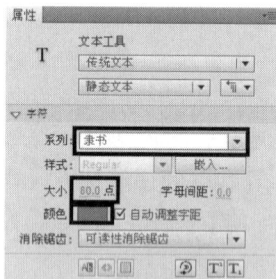

（a）　　　　　　　　　　　（b）

图 3-71　填充边缘　　　　　　　图 3-72　输入文本

步骤 5 选中舞台中的文本，按快捷键【Ctrl+B】执行一次分离，然后将分离成个体的文本移动到如图 3-73 所示位置。

步骤 6 按住【Ctrl】键依次单击一同时选中 3 个分离后的文本，再按快捷键【Ctrl+B】执行一次分离，然后按快捷键【Ctrl+C】，将分离的文本复制到剪贴板，如图 3-74 所示。

图 3-73　将文本分离并调整其位置　　　图 3-74　将文本二次分离并复制到"剪贴板"

步骤 7 保持分离文本的选中状态，选择"修改" > "形状" > "扩展填充"菜单，在打开的"扩展填充"对话框中将"距离"设为"2 像素"，然后单击"确定"按钮，如图 3-75 所示。

步骤 8　参照步骤 7 的操作再对分离文本执行一次扩展填充操作，效果如图 3-76 所示。

图 3-75　对分离文本执行一次扩展填充　　　图 3-76　对分离文本执行两次扩展填充的效果

> **提示**　　在对某些图形，如分离的文字图形应用扩展填充时，"距离"不能设置得过大，否则会导致图形走样。如果需要扩展的填充"距离"较大，可执行多次扩展填充命令。

步骤 9　保持分离文本的选中状态，在工具箱中将"填充颜色"设为橙黄色（#FFCC00）（如图 3-77（a）所示），再按快捷键【Ctrl+Shift+V】，将剪贴板中的分离文本原位粘贴到舞台中，制作描边字效果（如图 3-77（b）所示），至此案例就完成了。

图 3-77　制作描边字效果

任务五　创建和美化文字

任务说明

利用 Flash CS6 提供的"文本工具" T 可以在舞台中创建不同大小、字体和颜色的文本，创建文本后还可以通过为其添加滤镜进行美化，或将文本分离以对其进行精细调整。

预备知识

一、Flash 中文本的类型

在 Flash CS6 中利用"文本工具" T 可以创建"TLF 文本"和"传统文本"两种类型的文本，在制作动画时通常使用"传统文本"。而"传统文本"又可以分为静态文本、动态文本和输入文本 3 种类型。

➢ **静态文本**：静态文本是在制作动画时确定文本的内容和外观，最终出现在动画中的文本与制作动画时进行的设置相同。

➢ **动态文本**：动态文本是在动画播放时可以动态更新的文本，常用在游戏或课件等作品中，它可以根据情况动态改变文本的显示内容及样式等。

➢ **输入文本**：输入文本是在动画播放时可以接受用户输入的文本。

> **提示**　动态文本和输入文本需要通过动作脚本来控制，本书在介绍文本的使用时，若没有特别说明，都是指静态文本。

二、创建文本

选择"文本工具" T 后，可在"属性"面板中设置文本类型、字体、字体大小及文本颜色等属性，如图 3-78 所示。设置好"文本工具" T 的属性后，将光标移动到舞台中并单击，然后输入文字；输入完毕后，选择工具箱中的其他工具或按【Esc】键即可结束输入，此时输入的文字变为一个整体，我们称其为文本，如图 3-79 所示。

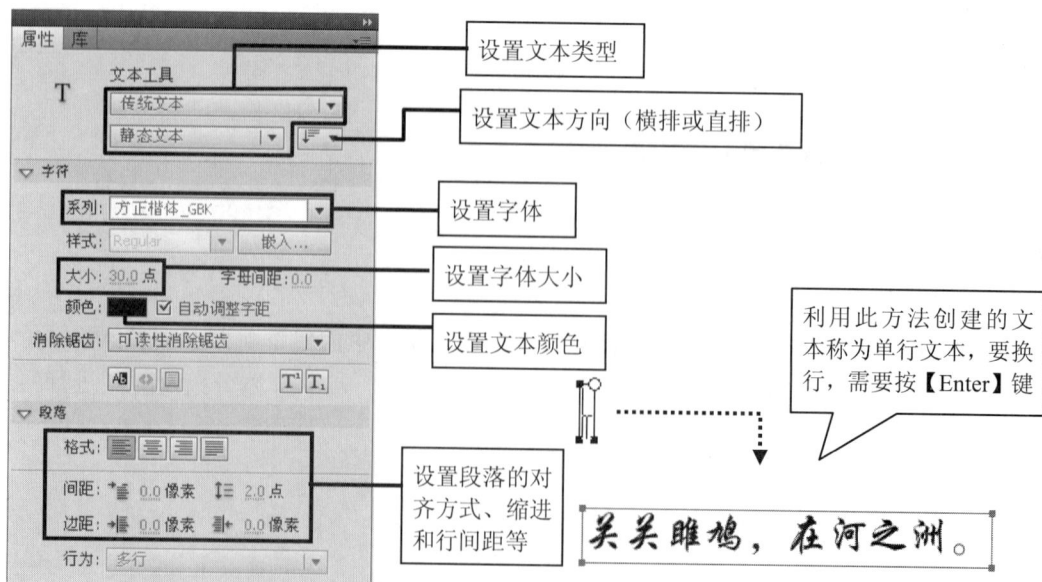

图 3-78　"文本工具"的"属性"面板

图 3-79　单击输入文字

另一种创建文本的方法是：选择"文本工具"$\boxed{T}$并设置好属性后，将光标移动到舞台中，按住鼠标左键并拖动，至合适位置后释放鼠标，创建一个文本框，然后在文本框中输入文字即可，当输入的文字达到文本框边缘时会自动换行，如图 3-80 所示。

提示　也可在输入文本后，利用"选择工具"$\boxed{▶}$选中文本（或利用"文本工具"$\boxed{T}$选中个别文字），然后再利用属性面板设置其字体、字号、颜色，以及段落格式等属性。

双击文本框右上角的小方块，可使文本框中的文本变为单行文本

输入文本时，将光标移动到文本框的 4 个边角上，当光标呈 ↔ 形状时，按住鼠标左键并拖动可改变文本框宽度

关关雎鸠，在河之洲。　窈窕淑女，君子好逑。
参差荇菜，左右流之。　窈窕淑女，寤寐求之。
求之不得，寤寐思服。　悠哉悠哉，辗转反侧。
参差荇菜，左右采之。　窈窕淑女，琴瑟友之。
参差荇菜，左右芼之。　窈窕淑女，钟鼓乐之。

图 3-80　拖出文本框后输入文字

小技巧　选择文本后，在"属性"面板"选项"卷展栏的链接编辑框中输入网址，以后在播放动画时单击该文本，可打开该网址指向的网页。

三、美化文本

创建文本后将其选中，在"属性"面板"滤镜"区中单击"添加滤镜"按钮，然后在弹出的下拉列表中选择一种滤镜，即可为所选文本添加滤镜效果，例如为文本添加"斜角"滤镜，如图 3-81（a）所示；选择滤镜后，还可以在"属性"面板中对其参数进行设置，如图 3-81（b）所示。添加滤镜后的文本效果如图 3-82 所示。

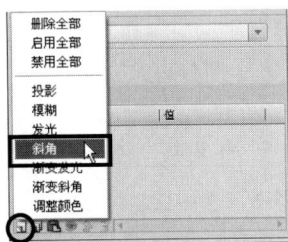

（a）

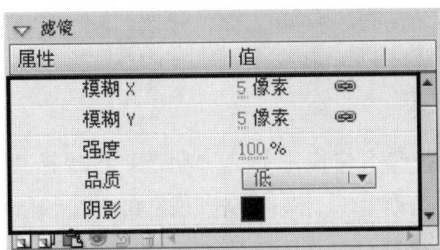

（b）

图 3-81　为文本添加滤镜效果

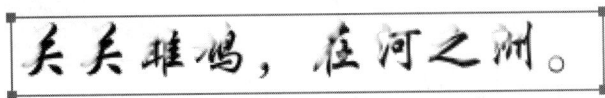

图 3-82　添加滤镜后的文本效果

此外，选中文本后连续按两次快捷键【Ctrl+B】，可将文本分离为矢量图形，此时可以使用"选择工具" ![]对其形状进行任意调整，如图 3-83 所示；也可以为其填充渐变色，如图 3-84 所示。但要注意的是，分离文本后便不能对其字体、字号等属性进行设置。

图 3-83 调整文本形状

图 3-84 为文本填充渐变色

任务实施——制作指示牌

下面通过制作如图 3-85 所示的指示牌，综合练习本项目所学知识。案例最终效果可参考本书配套素材"素材与实例">"项目三"文件夹>"指示牌.fla"文件。

制作思路

首先打开素材文档，利用"扩展填充"命令制

图 3-85 指示牌

作图标，并将图标转换为影片剪辑，使用"3D 旋转工具" ![]对其进行旋转；然后利用"文本工具" ![T]创建文本，并在文本下方绘制两个矩形；接着在所有图形外侧绘制一个没有填充色的矩形，并使用"选择工具" ![]调整其形状，再为其填充颜色；最后将所有图形转换为影片剪辑，并使用"3D 旋转工具" ![]进行旋转。

制作步骤

步骤 1 开本书配套素材"素材与实例">"项目三"文件夹>"鱼.fla"文档，选中舞台中的图形，然后选择"修改">"形状">"扩展填充"菜单，在打开的"扩展填充"对话框中将"距离"设为"2像素"，并选择"插入"单选钮，如图 3-86 所示。

步骤 2 保持舞台中图形的选中状态，然后将"填充颜色"设为黑色，然后选择"修改">"变形">"水平翻转"菜单将图形翻转，如图 3-87 所示。

图 3-86 设置"扩展填充"参数

图 3-87 填充并翻转图形

步骤 3 选中舞台中的图形，然后按【F8】键，将其转换为名为"图标"的影片剪辑，如图 3-88 所示。

步骤 4 将"图标"影片剪辑实例移动到舞台左侧，使用"3D 旋转工具" ⚪ 单击"图标"影片剪辑实例，然后逆时针拖动 z 轴控件，顺时针拖动 y 轴控件，如图 3-89 所示。

图 3-88 将图形转换为影片剪辑　　　　图 3-89 对影片剪辑实例进行 3D 旋转

步骤 5 选择"文本工具" T，将"字体"设为"方正综艺简体"，"字体大小"设为"60"，"文本填充颜色"设为黑色，然后在"图标"影片剪辑实例右侧输入如图 3-90 所示的文字。

步骤 6 选择"矩形工具" ▢，将"笔触颜色"和"填充颜色"都设为黑色，然后在文字下方绘制两个横向的矩形，如图 3-91 所示。

图 3-90 输入文本　　　　　　　　图 3-91 绘制矩形

步骤 7 将"矩形工具" ▢ 的"填充颜色"设为"没有颜色" ▨，然后在舞台中绘制一个覆盖所有对象的矩形，并使用"选择工具" ▶ 调整其右侧的边线弧度，如图 3-92 所示。

步骤 8 使用"颜料桶工具" 🖌 为刚刚绘制的矩形填充浅棕色（#CC9900），然后选中所有对象，将其转换为名为"指示牌"的影片剪辑，如图 3-93 所示。

图 3-92 绘制矩形并调整边线弧度　　　　图 3-93 将所有对象转换为"指示牌"影片剪辑

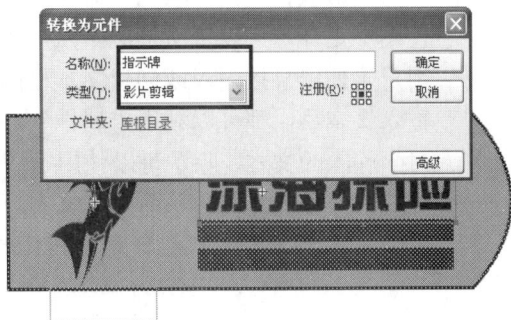

步骤9 使用"3D 旋转工具" ⚪ 单击"指示牌"影片剪辑实例，然后顺时针拖动 y 轴坐标进行旋转，如图 3-94 所示。

步骤10 选中舞台中的"指示牌"影片剪辑实例，在"属性"面板的"滤镜"区域中单击"添加滤镜"按钮□，在弹出的下拉列表中选择"斜角"滤镜，效果如图 3-95 所示，至此任务就完成了。

图 3-94　对影片剪辑实例进行 3D 旋转

图 3-95　为影片剪辑实例添加滤镜

项目总结

本项目主要介绍了 Flash CS6 中编辑工具和编辑命令的应用，以及创建和美化文本的方法。在本项目的学习中应注意以下几点。

> "选择工具" ▶ 是 Flash 中使用最多的工具，用户可以使用它调整图形形状、选择图形、移动和复制图形，以及进入或退出群组、元件等整体对象的内部。在移动分散的矢量图形时，应注意将其全部选中。

> 在绘图时，灵活地应用组合、元件和图层功能，可以使图形之间相互不受干扰；而利用排列功能，可以重新排列对象之间的叠放顺序。

> 在使用"任意变形工具" ▨ 时，用户应注意其变形中心点的作用和设置方法。我们在后面制作动画时对不同关键帧上的对象进行旋转和变形，也是以变形中心点为基点进行的。

> 对图形进行平滑和优化操作不仅可以使图形变得柔和、平滑，还可以减少线段数量，从而方便使用"选择工具" ▶ 调整图形形状。

> 在对图形执行"扩展填充"命令时，最好不要将"距离"值设得过大，否则会使图形走样，可以每次扩展一点，多执行几次扩展操作。

> 用户可使用直接输入或创建文本框两种方式输入文本。选择"文本工具" T 或输入文本后，都可以利用"属性"面板设置文本的字体、字号和颜色等属性。

> 对于输入的文本，除了可以使用"任意变形工具" ▨ 对其进行变形操作外，还可以为其添加滤镜，从而美化文本。此外，还可以将文本分离成矢量图形，然后使用"选择工具" ▶ 任意调整其形状。

课后操作

1. 利用本项目所学的知识绘制如图 3-96 所示的荷花图形。本题最终效果可参考本书配套素材"素材与实例">"项目三"文件夹>"荷花.fla"文件。

提示：（1）新建一个文档并将文档背景颜色设为浅蓝色，然后利用"椭圆工具" 🔘 和"选择工具" ▶ 绘制荷叶，为其填充从浅绿到深绿的径向渐变色，再将绘制的荷叶群组。

图 3-96 荷花图形

（2）利用"线条工具" ✏ 和"选择工具" ▶ 绘制一个荷花的花瓣，为其填充从浅粉红到深粉红的径向渐变色，并将其转换为图形元件。

（3）利用"任意变形工具" ▦ 和"变形"面板的复制并变形功能将花瓣制作成荷花，然后使用"椭圆工具" 🔘 绘制花蕊；最后将荷花群组并放置在荷叶上方，再将绘制好的荷花和荷叶群组、复制并进行缩放。

2. 利用本项目所学知识绘制如图 3-97 所示的图标。本例最终效果可参考本书配套素材"素材与实例">"项目三"文件夹>"图标.fla"。

提示：（1）新建一个 Flash 文档，将文档尺寸设为"500×200"像素，"背景颜色"设为黑色，然后使用"矩形工具" ▢

图 3-97 创建图标

和"选择工具" ▶ 绘制平行四边形，并为其填充由黄色到红色的径向渐变，效果如图 3-98（a）所示。

（2）利用"变形"面板将平行四边形制作为图标，参数设置和效果分别如图 3-98（b）和图 3-98（c）所示，然后将其转换为名为"图标"的影片剪辑，并用"3D 旋转工具" 🔘 进行旋转。

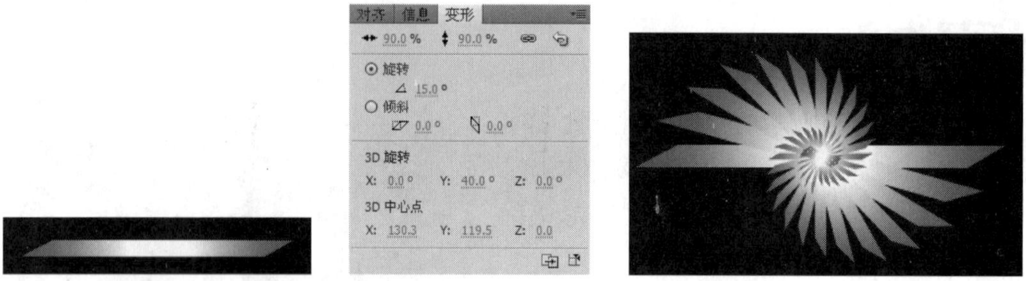

（a）　　　　　　　　　（b）　　　　　　　　　（c）

图 3-98　制作图标

（3）使用"文本工具" T 在图标的右侧输入文本，文本颜色设置为棕色，然后将其分离。按快捷键【Ctrl+C】将分离的文本复制到剪贴板，然后对舞台中的分离文本执行"扩展填充"命令，并为其填充黄色（#FFFF00），然后按快捷键【Ctrl+Shift+V】将剪贴板中的文本原位复制到舞台中，制作描边字。

（4）将舞台中的描边字转换为名为"文字"的影片剪辑，然后使用"3D旋转工具" 对其进行旋转。

项目四　动画基础与逐帧动画

项目描述

　　图层和帧的应用是制作 Flash 动画必须掌握的知识，而逐帧动画是 Flash 中最基础的动画类型。本项目首先带领读者学习图层和帧的基本操作，然后学习 Flash 中的动画类型和逐帧动画的创建方法。

知识目标

- ✍　了解 Flash 中帧的类型，掌握帧的基本操作。
- ✍　了解 Flash 中图层的作用，掌握图层的基本操作。
- ✍　了解 Flash 中动画类型，掌握逐帧动画的创建方法。

能力目标

- ✍　能够根据需要创建普通帧和关键帧，以及对帧进行选择、移动、复制和删除等操作。
- ✍　能够根据需要创建图层，以及对图层进行选择、重命名、隐藏和锁定等操作。
- ✍　能够创建逐帧动画。

任务一　认识和操作帧

任务说明

　　通过项目一的学习我们知道，Flash 动画的基本单位为帧，多个帧上的画面连续播放，便形成了动画。本任务将带领读者学习 Flash 中帧的类型以及帧的各种操作方法。

预备知识

一、帧的类型和创建

Flash 中的帧主要分为关键帧、空白关键帧和普通帧三种类型，如图 4-1 所示。下面分别介绍不同类型的帧的特点和创建方法，用户可打开本书配套素材"素材与实例"＞"项目四"文件夹＞"编辑帧.fla"文件进行本小节以及后面小节的操作。

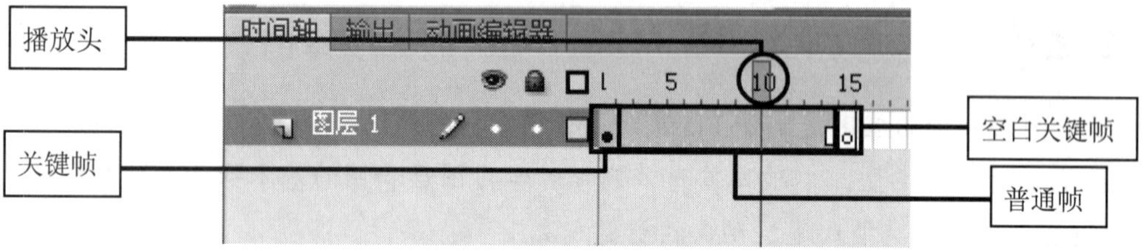

图 4-1　三种类型的帧

步骤 1 关键帧是用来定义动画变化的帧。制作 Flash 动画时，在不同的关键帧上绘制或编辑对象，便能形成动画。要创建关键帧，可在"时间轴"面板中选中（可利用单击或其他方式选择）要插入关键帧的位置，然后按【F6】键或选择"插入"＞"时间轴"＞"关键帧"菜单，便可以在所选帧处插入一个关键帧，如图 4-2 所示。

> 当需要添加或修改关键帧中的内容时，可先在该帧处单击以将播放头转到该帧，然后在舞台上绘制、拖入或修改相关对象即可，如图 4-2 右图所示。
>
> 值得注意的是，创建关键帧后，前一个关键帧中的内容将自动延伸到该关键帧，并且播放头会自动转到该帧处。

步骤 2 普通帧的作用是延伸关键帧上的内容。用户不能直接编辑普通帧上的内容，只能通过编辑其前面的关键帧，或在普通帧上创建关键帧来进行修改。要创建普通帧，可在"时间轴"面板中选中要插入普通帧的位置，然后按【F5】键或选择"插入"＞"时间轴"＞"插入帧"菜单，如图 4-3 所示。

图 4-2　插入关键帧并编辑该关键帧上的对象

图 4-3　插入普通帧

步骤 3 没有内容的关键帧被称为**空白关键帧**，在时间轴上有内容的关键帧用实心圆表示，空白关键帧用空心圆表示。要创建空白关键帧，可先中选中要插入空白关键帧的位置，然后按【F7】键或选择"插入" > "时间轴" > "空白关键帧"菜单。通过在相应位置创建空白关键帧可以终止上一个关键帧中内容的延伸，如图 4-4 所示。

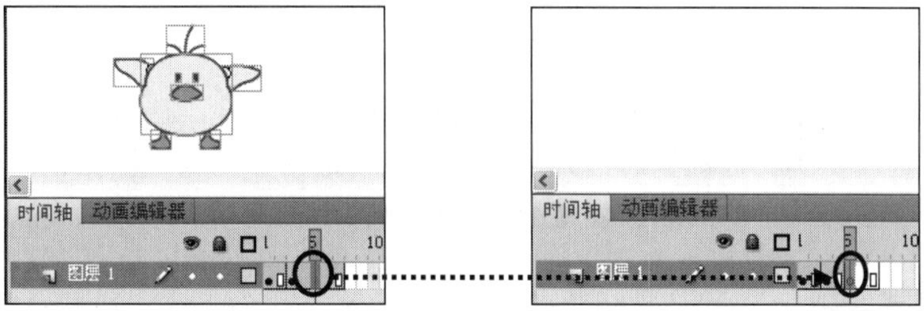

图 4-4　插入空白关键帧

> **知识库**　　在 Flash CS6 中还有一类帧叫属性关键帧，它是创建面向对象的补间动画时使用的帧，我们将在项目六中学习该类帧的创建和操作方法。

二、帧的编辑方法

制作动画时，经常需要进行选择、移动、复制或删除帧等编辑操作，下面分别介绍。

1．选择帧

要对帧进行编辑，必须先选中要编辑的帧，在 Flash CS6 中选择帧方法主要有以下几种。

➤ **选择单个帧**：在时间轴的某帧上单击鼠标左键即可选中该帧。选中帧后，播放头会跳转到该帧，该帧上的所有对象也会被选中。

➤ **选择多个帧**：在按住【Shift】键的同时单击作为起点的帧，然后再单击作为终点的帧，可选中两帧之间的所有帧（包括不同图层上的帧），如图 4-5（a）所示；在按住【Ctrl】键的同时依次单击帧，可同时选中多个不相连的帧，如图 4-5（b）所示。

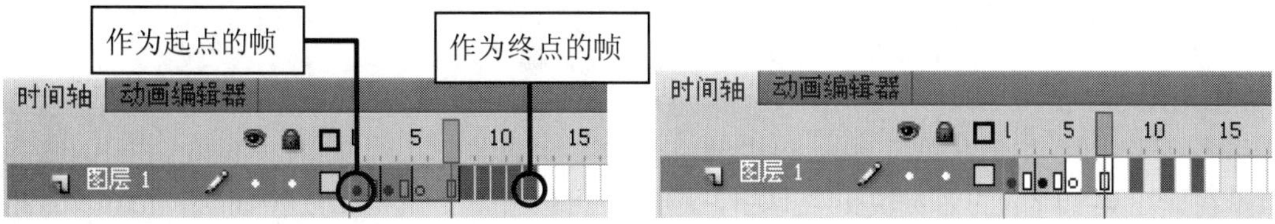

作为起点的帧　　　作为终点的帧

（a）　　　　　　　　　　　　　　（b）

图 4-5　选择多个帧

> **小技巧** 此外，在事先没选中任何帧的情况下，在时间轴上按住鼠标左键不放并拖动，松开鼠标后，拖动轨迹中的帧都会被选中。

2．移动和复制帧

在 Flash 中移动帧后，源帧上的对象都会被移动到目标帧上，且源帧所在位置会变为空白帧；复制帧后，源帧上的所有对象都会被复制到目标帧上，且源帧保持不变。下面是移动和复制帧的常见操作。

- **通过拖动**：选中要移动的帧后（可同时选中多个帧），在所选帧上按住鼠标左键并拖动，到目标位置后松开鼠标即可将所选帧移动到目标位置，如图 4-6 所示；若在移动帧的同时按住【Alt】键，则移动操作变为复制操作。

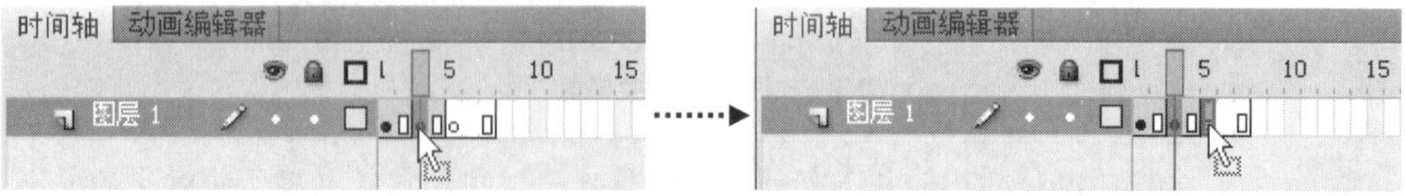

图 4-6　移动帧

- **通过快捷菜单复**：选中要移动或复制的帧后，右击所选帧，在弹出的快捷菜单中选择“剪切帧”（执行移动帧操作）或“复制帧”菜单项，然后右击目标帧，在弹出的快捷菜单中选择“粘贴帧”菜单即可移动或复制选中的帧，如图 4-7 所示。

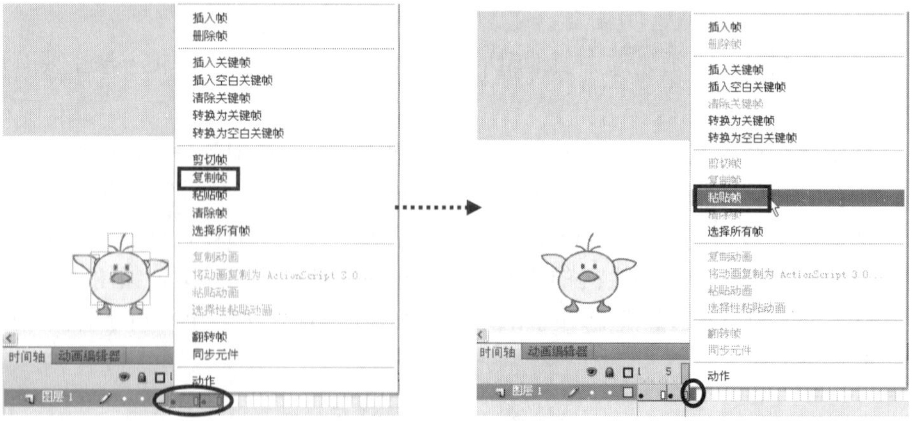

图 4-7　移动或复制帧

3．其他编辑帧的方法

在如图 4-7 所示的右键快捷菜单中，用户还可执行以下一些常用操作。

- **删除帧**：将所选帧，连同其在舞台上的内容一起删除。
- **清除帧**：将所选帧在舞台上的内容清除。对于关键帧来说，该操作将使关键帧变为空白关键帧，但不会删除关键帧。

> **翻转帧**：改变所选帧上动画的播放方向。例如，将由左向右移动的动画，变为由右向左移动。
> **清除关键帧**：将所选的关键帧转换为普通帧。
> **转换为关键帧**：将所选的普通帧转换为关键帧。
> **转换为空白关键帧**：将所选的普通帧转换为空白关键帧。

三、设置帧的显示状态

制作动画时，可根据需要调整"时间轴"面板中帧的显示状态，方法是单击时间轴面板右上角的"帧的视图"按钮，在打开的菜单中选择相应选项，如图 4-8 所示。

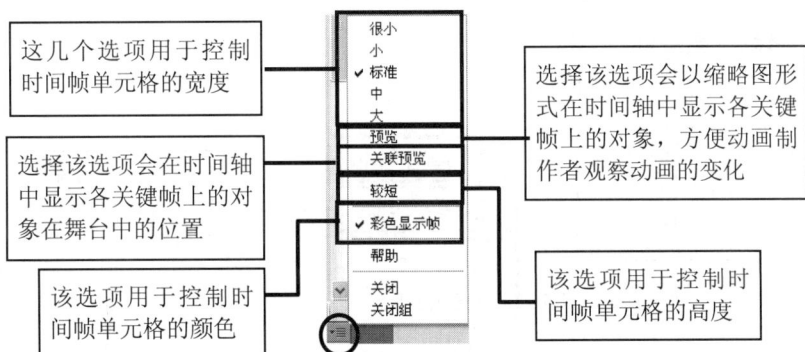

图 4-8　选择帧的显示状态

四、使用绘图纸功能

默认情况下，在舞台中一次只能显示一个帧的内容，而使用绘图纸功能后，可以在舞台中一次查看或编辑多个帧上的内容，图 4-9 为按下"绘图纸外观"按钮后的显示情况。

图 4-9　应用"绘图纸外观"功能显示多个帧中的内容

"时间轴"面板下方与绘图纸功能相关的按钮的作用如下。

➤ **"绘图纸外观"按钮** ▣：按下此按钮后，在时间帧的上方会出现"绘图纸外观标记" ▓▓。拖动外观标记的两端，可以扩大或缩小帧显示范围。此时，当前帧内容在舞台中用实色显示，其他帧（"绘图纸外观标记"内的帧）中的内容以半透明显示，并且只能编辑当前帧的内容。

➤ **"绘图纸外观轮廓"按钮** ▢：按下此按钮后，舞台中将显示多个帧内容的轮廓线，填充色消失。此功能适合观察对象轮廓，还可节省系统资源，加快显示过程。

➤ **"编辑多个帧"按钮** ▣：按下此按钮后可以显示多个关键帧的内容，且所有关键帧的内容都以实色显示，此时可以同时编辑多个关键帧中的内容。

➤ **"修改绘图纸标记"按钮** ▣：按下此按钮后会打开如图 4-10 所示的列表，在该列表中可对绘图纸功能进行设置。

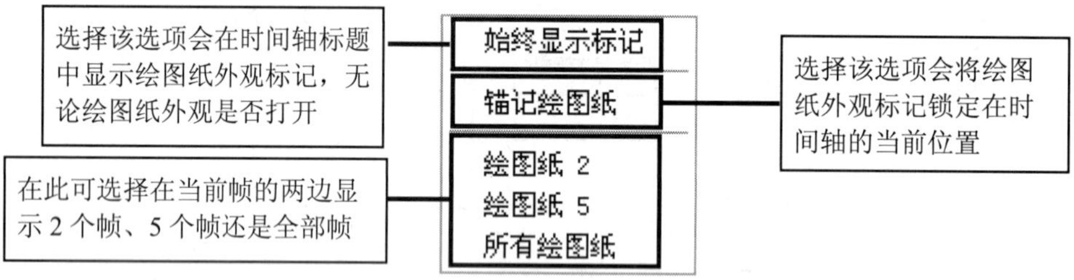

选择该选项会在时间轴标题中显示绘图纸外观标记，无论绘图纸外观是否打开 ——— 始终显示标记

锚记绘图纸 ——— 选择该选项会将绘图纸外观标记锁定在时间轴的当前位置

在此可选择在当前帧的两边显示 2 个帧、5 个帧还是全部帧 ——— 绘图纸 2 / 绘图纸 5 / 所有绘图纸

图 4-10 "修改绘图纸标记"列表

知识库 用户除了可以在设置文档属性时设置帧频外，也可利用"时间轴"面板下方的"帧速率"编辑框 12.00 fps 设置帧频，或利用"运行时间"编辑框 1.1s 设置动画的运行时间。

任务实施——制作飞碟飞行动画

下面制作一个飞碟飞行的动画效果，学习帧的各种编辑方法。案例最终效果请参考本书配套素材"素材与实例">"项目四"文件夹>"飞碟飞行.fla"文件。

制作思路

打开素材文档后，首先设置帧频，并创建传统补间动画；然后创建一个影片剪辑，并将主时间轴上包含动画内容的帧复制到影片剪辑中；对主时间轴中包含动画内容的帧进行翻转帧操作，然后创建第 2 个影片剪辑，并利用剪切帧操作将主时间轴中包含动画内容的帧移动到第 2 个影片剪辑中；最后将创建的 2 个影片剪辑放置到舞台中，并预览动画效果。

制作步骤

步骤 1 打开本书配套素材"素材与实例">"项目四"文件夹>"飞碟素材.fla"文档，会看到舞台中有一个"飞碟"图形元件实例，如图 4-11 所示。

步骤 2 单击时间轴状态栏上的"帧速率"编辑框 24.00 fps，然后输入"12"，将 Flash 动画的帧频设为 12，如图 4-12 所示。

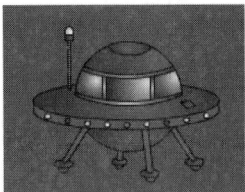

图 4-11　打开素材文档　　　　　　　　图 4-12　设置帧频

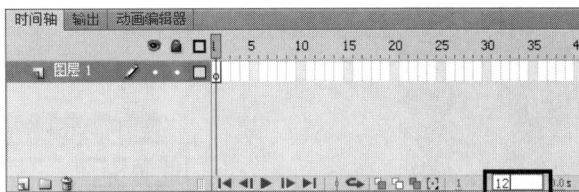

步骤 3 用"选择工具" 将舞台中的"飞碟"元件实例移动到舞台右侧外，如图 4-13 所示。

步骤 4 单击"时间轴"面板"图层 1"的第 60 帧将其选中，然后按【F6】键，在 60 帧处插入一个关键帧，如图 4-14 所示。

图 4-13　移动第 1 帧的飞碟　　　　　　图 4-14　插入关键帧

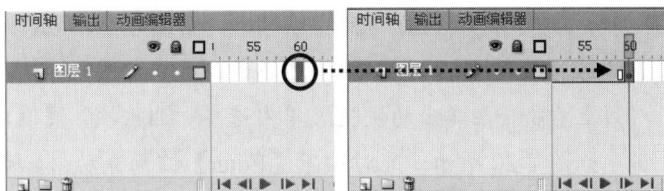

步骤 5 保持播放头在第 60 帧处，使用"选择工具" 将该帧中的"飞碟"元件实例移动到舞台左侧外，如图 4-15 所示。

步骤 6 在"图层 1"第 1 帧与第 60 帧之间任意帧上右击鼠标，在弹出的快捷菜单中选择"创建传统补间"菜单，创建传统补间动画，如图 4-16 所示。此时按下【Enter】键预览动画，会发现飞碟由从右向左运动。

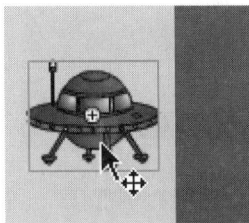

图 4-15　移动第 60 帧的飞碟　　　　　图 4-16　创建传统补间动画

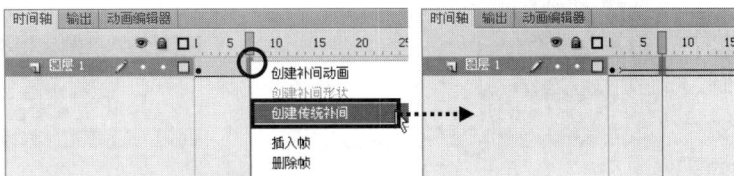

步骤 7 单击选中"图层 1"的第 1 帧，然后在按住【Shift】键的同时单击"图层 1"的第 60 帧，选中"图层 1"第 1 帧至第 60 帧间的所有帧，然后在任一所选帧上右击鼠标，在弹出的快捷菜单中选择"复制帧"菜单，如图 4-17 所示。

步骤 8 按快捷键【Ctrl+F8】，在打开的"创建新元件"对话框的"名称"编辑框中输入"飞行 1"，然后在"类型"下拉列表中选择"影片剪辑"选项，如图 4-18 所示。

图 4-17　复制帧

图 4-18　创建"飞行 1"影片剪辑

步骤 9 单击"创建新元件"对话框中的"确定"按钮进入影片剪辑编辑窗口，在"图层 1"的第 1 帧上右击，在弹出的快捷菜单中选择"粘贴帧"菜单，即可将步骤 7 复制的帧粘贴到影片剪辑中，如图 4-19 所示。

步骤 10 按快捷键【Ctrl+E】返回主场景，选中"图层 1"的第 1~60 帧，然后在所选帧上右击，在弹出的快捷菜单中选择"翻转帧"菜单，从而改变动画的播放方向，如图 4-20 所示。此时按下【Enter】键预览动画，会发现飞碟由从右向左移动，变为从左向右移动。

步骤 11 保持"图层 1"第 1~60 帧的选中状态，然后在所选帧上右击，在弹出的快捷菜单中选择"剪切帧"，如图 4-21 所示。

步骤 12 再次按快捷键【Ctrl+F8】，在打开的"创建新元件"对话框的"名称"编辑框中输入"飞行 2"，如图 4-22 所示。

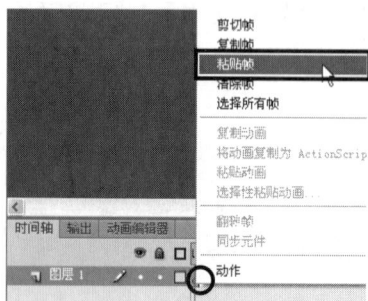

图 4-19　粘贴帧

图 4-20　翻转帧

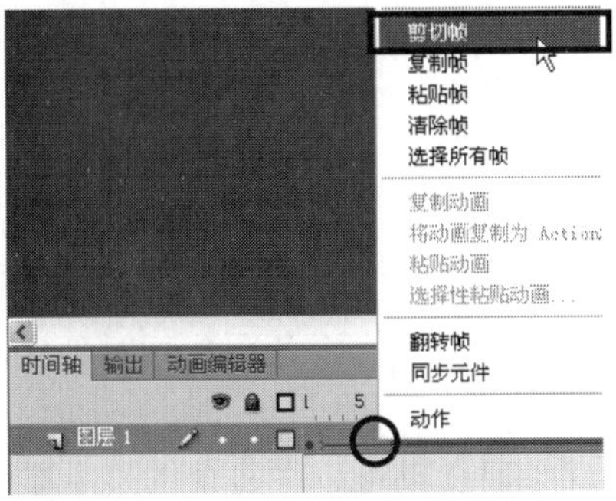

图 4-21 剪切帧

图 4-22 创建"飞行 2"影片剪辑

步骤 13 单击"创建新元件"对话框中的"确定"按钮进入影片剪辑编辑窗口，参照步骤 9 的操作粘贴帧，将步骤 11 剪切的帧粘贴到该处。

步骤 14 按快捷键【Ctrl+E】返回主场景，将光标移动到"图层 1"的第 2 帧，然后按住鼠标左键不放并拖动至第 60 帧，从而选中"图层 1"第 2 帧至第 60 帧之间的所有帧，再在所选帧上右击，在弹出的快捷菜单中选择"删除帧"菜单，删除"图层 1"第 2~60 帧，如图 4-23 所示。

步骤 15 单击舞台右侧面板组中的"库"标签，打开"库"面板，然后将"库"面板中的"飞行 1"影片剪辑拖到"图层 1"第 1 帧的舞台右侧外，如图 4-24（a）所示；再将"飞行 2"影片剪辑拖到"图层 1"第 1 帧的舞台左侧外，如图 4-24（c）所示。

步骤 16 动画制作完成后，按快捷键【Ctrl+Enter】，可观看动画效果。

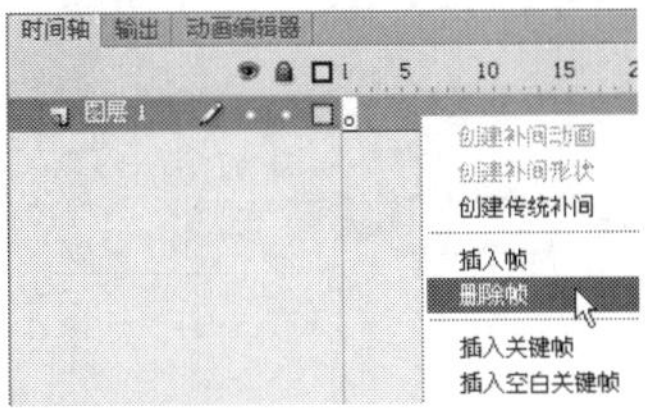

图 4-23 删除帧

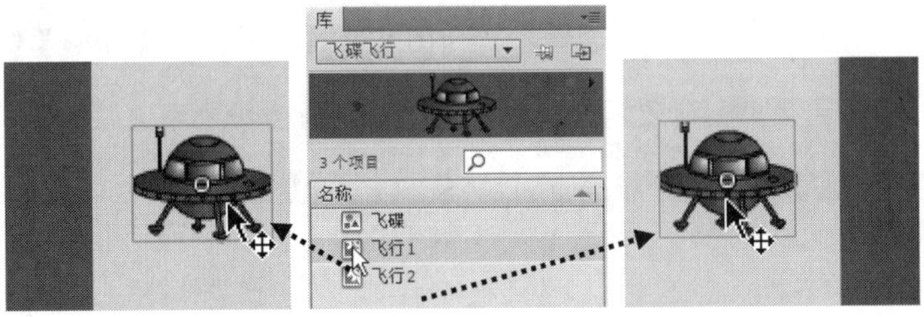

（a）　　　　　　　（b）　　　　　　　（c）

图 4-24 将影片剪辑拖入舞台

任务二 认识和操作图层

任务说明

图层对 Flash 动画的重要性仅次于帧，本任务中将带领读者了解 Flash 中图层的作用，以及掌握操作图层的方法。

预备知识

一、图层的作用

图层在绘图和制作动画时主要有以下几个作用。

➢ 在绘图时，可以在不同的图层上绘制图形的不同部分，由于各图形相对独立，所以可以方便我们进行修改和编辑。

➢ 在制作动画时，由于每个图层都有独立的时间帧，所以可以在每个图层上单独制作动画，这样在播放时就可以形成复杂的动画效果。

➢ 利用遮罩图层、被遮罩图层、引导图层和被引导图层，可以制作特殊效果的动画。

二、图层的创建和编辑

在制作 Flash 动画的过程中经常需要进行创建、重命名、选择和删除图层等操作。请读者打开本书配套素材"素材与实例" > "项目四"文件夹> "编辑图层.fla"文档，我们将通过该文档学习操作图层的方法。

步骤 1 新建 Flash 文档后，默认只包含一个图层。单击"时间轴"面板左下角的"新建图层"按钮，可在当前图层上方新建一个图层，如图 4-25（a）和图 4-25（b）所示。

步骤 2 新建图层后，会自动生成一个名称，如"图层 1"、"图层 2"等。为了方便识别图层中的内容，最好为图层重新取一个与其内容相关的名称。方法是双击要重命名的图层名称，然后输入新的图层名称，并按下【Enter】键即可，如图 4-25（c）所示。

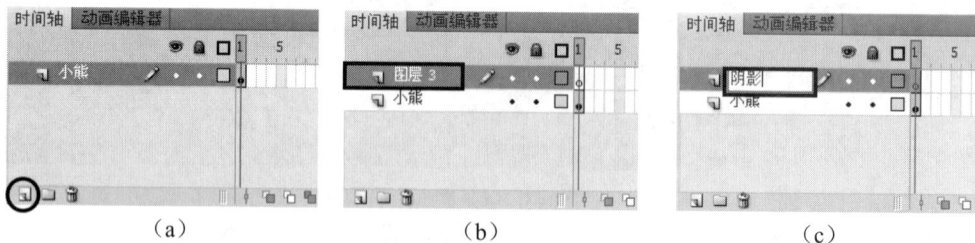

| （a） | （b） | （c） |

图 4-25 新建图层并重命名

步骤 3 当要对图层上的对象进行操作、删除图层或改变图层顺序时，都需要先选中图层。例如，用"选择工具"在舞台中选中阴影（此时阴影所在的图层将自动变为当前图层），如图 4-26（a）所示，按【Ctrl+X】键剪切阴影，然后单击"阴影"图层名称将其置为当前图层，如图 4-26（b）所示，再按快捷键【Ctrl+Shift+V】即可将阴影原位移动到该图层第 1 帧，如图 4-26（c）所示。

（a）　　　　　　　　　　（b）　　　　　　　　　　（c）

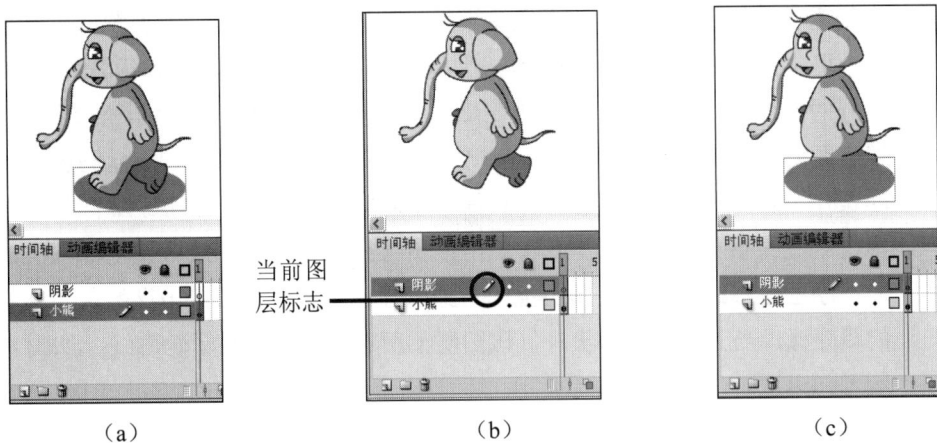

图 4-26　选择图层并移动图层中的对象

除了使用前面介绍的方法外，单击时间轴某一帧可选择该帧所在的图层；按住【Shift】键单击前后两个图层名称可同时选中它们之间的所有图层；按住【Ctrl】键依次单击图层名称可同时选取不连续的图层。

步骤 4　当两个图层中的对象有重叠的部位时，上方图层中的对象的重叠部位会覆盖下方图层中的对象，所以有时为了满足动画制作的要求，需要改变图层顺序。在"时间轴"面板中要改变顺序的图层上按住鼠标左键不放并拖到目标位置，释放鼠标后即可改变该图层的顺序，如图 4-27 所示。

图 4-27　改变图层顺序

步骤 5　当不需要某图层上的全部内容时，可以将该图层删除。选中图层后，单击"时间轴"面板左下角的"删除图层"按钮，即可将所选图层删除。

三、隐藏、锁定图层和显示图层轮廓线

绘制或编辑某一图层上的对象时，为了在操作时不影响其他图层上的对象，可将其他图层隐藏或锁定。此外，还可只显示图层中的对象的轮廓线。

➤ **隐藏图层**：隐藏图层后，舞台上将不显示该图层中的内容。要隐藏或显示某图层，可执行如图 4-28 所示的操作。要隐藏全部图层，可单击"时间轴"面板左上方的 ◉ 图标，所有图层都将被隐藏；再次单击 ◉ 图标，可显示全部图层。

➤ **锁定图层**：锁定图层后，便不能对该图层上的对象进行编辑。锁定与解锁图层的操作与隐藏与显示图层相似，只需单击时间轴面板右上角小锁 🔒 图标下相应图层右侧的小圆点 • 即可；或者单击该小锁 🔒 图标来锁定或解锁全部图层。

➤ **显示图层轮廓线**：想使某图层上的对象只显示轮廓线，可单击该图层名称右侧的 ■ 图标，当其变为 □ 形状时，该图层上所有对象都只显示轮廓线，如图 4-29 所示；再次单击可恢复正常显示。

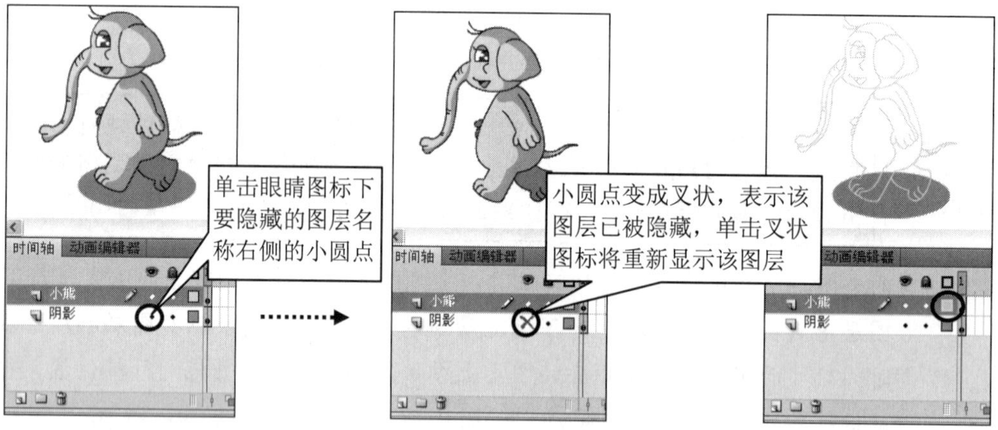

图 4-28　隐藏指定图层　　　　　　　图 4-29　显示图层轮廓线

四、使用图层文件夹

当 Flash 文档中有很多图层时，可以将性质相似的图层放置到一个图层文件夹中，这样不仅方便对图层进行管理，还可使"时间轴"面板显得更加简洁。

打开本书配套素材"素材与实例">"项目四"文件夹>"管理.fla"文档，单击"时间轴"面板左下角的"插入图层文件夹"按钮 ▢，可在当前图层上方创建一个图层文件夹；双击图层文件夹，可对其进行重命名，如图 4-30（a）所示；将所选图层拖到图层文件夹下方，即可将图层放置到图层文件夹中，如图 4-30（b）和图 4-30（c）所示。

（a）　　　　　　　（b）　　　　　　　（c）

图 4-30　使用图层文件夹

此外，单击图层文件夹左侧的 ▼ 按钮，可折叠图层文件夹中的图层；此时 ▼ 按钮会变为 ▶ 按钮，单击 ▶ 按钮可展开图层文件夹中的图层。删除图层文件夹时，图层文件夹中的所有图层也会被删除；若要使图层与图层文件夹分离，只需将其拖出文件夹即可。

任务实施——绘制山中行车背景

下面通过绘制一幅如图 4-31 所示的山中行车画面，学习图层的各种编辑方法。案例最终效果请参考本书配套素材"素材与实例"＞"项目四"文件夹＞"山中行车.fla"文件。

图 4-31　山中行车

制作思路

打开素材文档后，首先新建两个图层并重命名；然后在"天空"图层中绘制天空图形，绘制好后将该图层锁定并只显示轮廓线，在"山"图层中绘制山图形，绘制好后将该图层隐藏，在"路面"图层绘制路面，绘制好后取消其他图层的隐藏、锁定和只显示轮廓线状态，并调整图层顺序；最后创建一个图层文件夹，并将所有包含背景的图层放入图层文件夹中。

制作步骤

步骤 1　打开本书配套素材"素材与实例"＞"项目四"文件夹＞"汽车素材.fla"文档，会看到"时间轴"面板中有两个图层，并且在"图层 1"中有一个小汽车图形。

步骤 2　选中"时间轴"面板中的"图层 2"，然后连续单击"时间轴"面板左下角的"新建图层"按钮 ⬚ 两次，创建两个图层，如图 4-32 所示。

步骤 3　由下向上依次将图层重命名为"汽车"、"天空"、"山"和"路面"，如图 4-33 所示。

步骤 4　单击选中"天空"图层将其设为当前图层；然后选择"矩形工具" ⬚，在"属性"面板中将其"笔触颜色"设为黑色，"填充颜色"设为"无色" ⬚，"笔触样式"设为实线，"笔触高度"设为"1"；设置好后绘制一个覆盖整个舞台的矩形轮廓线，如图 4-34 所示。

图 4-32　新建图层

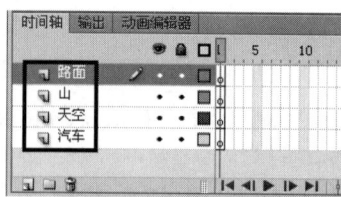

图 4-33　重命名图层

步骤 5　选择"颜料桶工具" ，在"颜色"面板中将填充颜色设为由白色到天蓝色（#0099FF）的线性渐变，然后由下向上拖动填充矩形，如图 4-35 所示。

图 4-34　绘制天空轮廓线

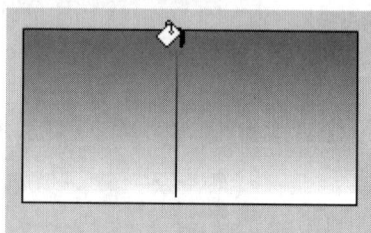

图 4-35　填充天空

步骤 6　单击"时间轴"面板图层区 图标下"天空"图层名称右侧的小黑点 •，将该图层锁定，再单击"天空"图层右侧的 ■ 图标，将该图层中的图形以轮廓线的形式显示，如图 4-36 所示。

步骤 7　单击选中"山"图层，然后使用"线条工具" 、"铅笔工具" 和"选择工具" 在该图层上绘制山的轮廓线，如图 4-37 所示。

图 4-36　锁定"天空"图层并只显示轮廓线

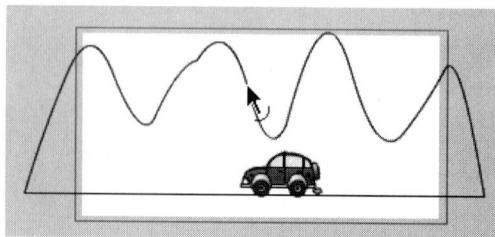

图 4-37　绘制山的轮廓线

步骤 8　在"颜色"面板中将填充颜色设为由藏青色（#333366）到青色（#336666）的线性渐变，然后使用"颜料桶工具" 由下向上拖动对山进行填充，如图 4-38 所示。

步骤 9 分别单击"时间轴"面板 👁 图标下"山"图层和"汽车"图层名称右侧的 ● 图标，将这两个图层隐藏，然后单击选中"路面"图层，使用"矩形工具" 🔲 在舞台下方绘制一个没有填充色的矩形，如图 4-39 所示。

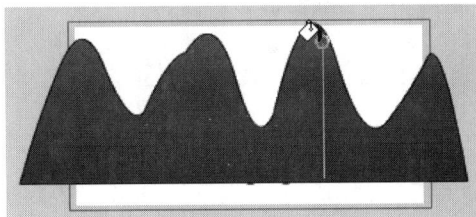

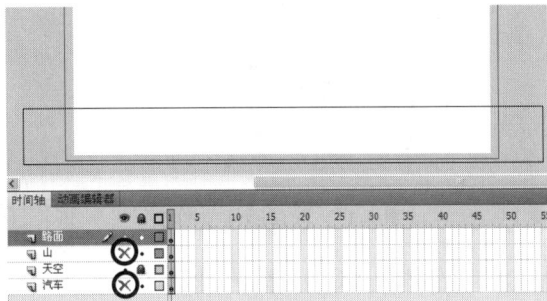

图 4-38　填充山　　　　　　　　　　　图 4-39　绘制道路和灌木的轮廓线

步骤 10 使用"颜料桶工具" 🪣 为矩形由下向上填充由橘黄色（#FFCC00）到棕色（#996600）的线性渐变，如图 4-40 所示。

图 4-40　填充路面

步骤 11 将"天空"图层解锁，并取消显示轮廓线状态，再重新显示"汽车"和"山"图层，此时汽车被路面和灌木覆盖。在按住【Shift】键的同时依次单击"天空"和"路面"图层，然后在所选图层上按住鼠标左键不放，将其拖到"汽车"图层下方，如图 4-41 所示。

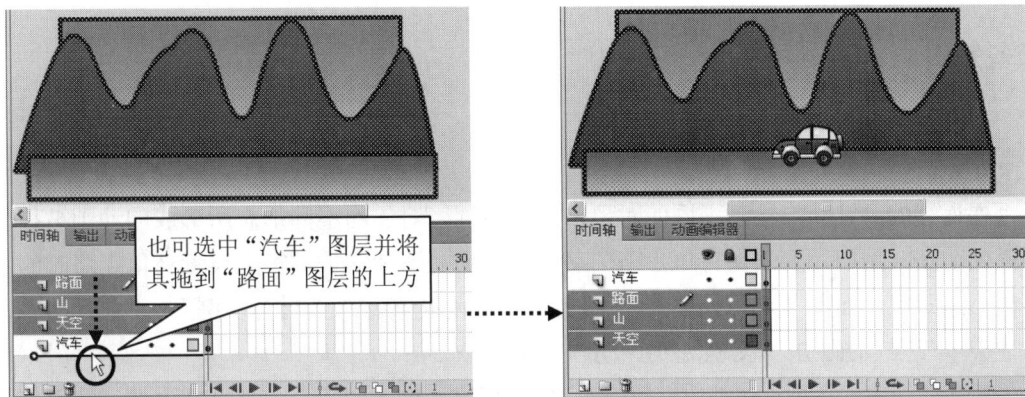

也可选中"汽车"图层并将其拖到"路面"图层的上方

图 4-41　改变图层排列顺序

步骤 12 单击"时间轴"面板左下角的"新建文件夹"按钮🗀，创建一个图层文件夹（如图 4-42 所示）；然后双击图层文件夹的名称，将其重命名为"背景"，如图 4-43 所示。

图 4-42　创建图层文件夹　　　　　　图 4-43　重命名图层文件夹

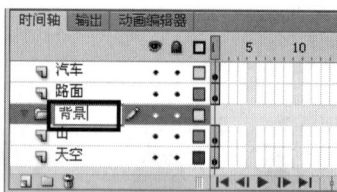

步骤 13 在按住【Ctrl】键的同时依次单击选中"天空"、"山"和"路面"图层，然后将这些图层拖到"背景"图层文件夹上，释放鼠标后即可将这些图层放置到"背景"图层文件夹中，如图 4-44 所示。

图 4-44　将图层拖入图层文件夹

任务三　动画类型及逐帧动画的创建

任务说明

制作 Flash 动画时，通过对同一图层上的帧进行设置，可生成逐帧动画和补间动画两种最基本的动画类型。下面将带领读者两种动画类型的区别，以及掌握逐帧动画的创建方法。

预备知识

一、逐帧动画

在连续的关键帧中绘制不同的对象，或编辑同一对象的不同形态所形成的动画被称为逐帧动画。例如，要制作乌龟走路的动画，只需在连续的关键帧上设置乌龟走路时的不同形态即可，如图 4-45 所示。读者可打开本书配套素材"素材与实例" > "项目四"文件夹 > "逐帧动画.fla"文档观察该动画效果。

逐帧动画的优点是动作细腻、流畅，适合制作人物或动物行走、跑步等动画；缺点是每个帧上的内容都需要用户绘制或设置，制作比较麻烦，而且最终输出的文件容量较大。

图 4-45　逐帧动画

二、补间动画

补间动画是在制作好前后两个关键帧上的内容后，由 Flash 自动生成中间各帧的内容，使得画面从一个关键帧过渡到另一个关键帧所形成的动画。

打开本书配套素材"素材与实例" > "项目四"文件夹> "补间动画.fla"文档，再到文档的"图层 1"第 1 帧中的元件实例位于舞台右侧，第 40 帧中的元件实例位于舞台左侧，并在这两个关键帧之间创建了传统补间动画。按【Enter】键预览动画，会发现 Flash 根据两个关键帧中元件实例位置的不同，自动生成了中间过渡，如图 4-46 所示。

图 4-46　补间动画

> **提示**
>
> 　　Flash CS6 中的补间动画分为基于对象的补间动画、传统补间动画和形状补间动画三种类型，本书将在项目六详细介绍它们的区别和制作方法。

三、逐帧动画的创建方法

创建逐帧动画的方法有多种，常见的有以下几种。

- ➤ **绘制矢量图形**：通过在连续的关键帧中绘制矢量图形来制作逐帧动画。
- ➤ **导入静态图片**：将自己或别人绘制的 jpg，png 等格式的静态图片导入到 Flash 的不同帧中，制作逐帧动画。
- ➤ **导入序列图像**：利用导入 GIF 序列图像、swf 动画文件或者利用第三方软件（如 Swish、Swift 3D 等）制作的动画序列来创建逐帧动画。

任务实施

一、制作仙鹤飞翔动画

下面通过制作如图 4-47 所示的仙鹤飞翔动画，学习通过导入序列图像来创建逐帧动画的具体方法。案例最终效果请参考本书配套素材"素材与实例">"项目四"文件夹>"仙鹤飞翔.fla"文件。

图 4-47　仙鹤飞翔

制作思路

首先新建一个 Flash 文档，然后将序列图像导入到舞台中，制作仙鹤飞翔的动画效果。

制作步骤

步骤 1　新建一个 Flash 文档，选择"文件">"导入">"导入到舞台"菜单，或者按快捷键【Ctrl+R】，在打开的"导入"对话框中选择本书配套素材"素材与实例">"项目四">"GIF 序列"文件夹>"仙鹤 001.gif"，如图 4-48 所示。

步骤 2　单击"打开"按钮后，系统会弹出一个对话框，询问是否导入序列中的所有图像，如图 4-49 所示。

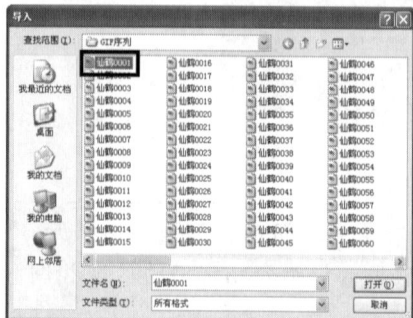

图 4-48　选择要导入的序列图像

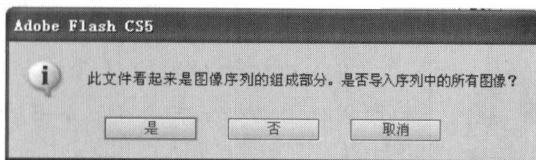

图 4-49　选择是否导入序列中的所有图像

步骤3　单击"是"按钮后，Flash 会导入序列中的所有图像，并自动将图像分配到时间轴上的不同帧中，如图 4-50 所示。

步骤4　导入图像后按快捷键【Ctrl+Enter】，即可观看动画的播放效果。

图 4-50　导入图像并分配到不同帧中

二、制作小熊走路动画

下面介绍制作图 4-51 所示的小熊走路的逐帧动画。案例最终效果可参考本书配套素材"素材与实例" > "项目四"文件夹> "小熊走路.swf"。

图 4-51　小熊走路

制作思路

首先打开素材文档，并使用"任意变形工具" 调整小熊身体不同部位的位置和角度，然后依次插入关键帧和普通帧，并调整各帧中小熊身体各部位的角度和位置，制作小熊走路的动画效果。

制作步骤

步骤1　打开本书配套素材"素材与实例" > "项目四"文件夹> "小熊素材.fla"文档，

会看到舞台中有一个身体各部位已经分别转换为图形元件的小熊造型，如图 4-52（a）所示；小熊的各部位分别位于以相关名称命名的图层上，如图 4-52（b）所示。

（a）　　　　　　　　　　（b）

图 4-52　打开素材文档

步骤 2　在"时间轴"面板中拖动鼠标选中所有图层的第 4 帧，然后按【F6】键插入关键帧，如图 4-53 所示。

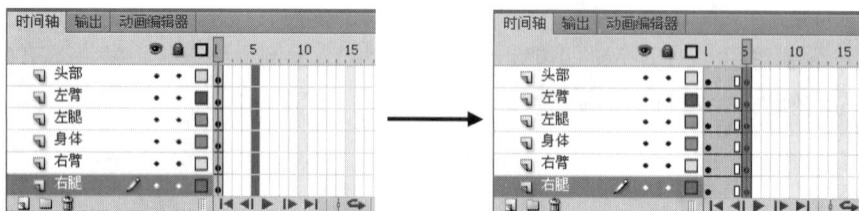

图 4-53　插入关键帧

步骤 3　使用"任意变形工具" 选中"左腿"图层第 4 帧中的大腿和小腿，然后将变形中心点拖到腰部并进行旋转；再单独选中小腿，将变形中心点移动到膝盖位置，并进行旋转，制作右腿的动作（可按下"绘图纸外观"按钮以第 1 帧中的对象作为参考），如图 4-54 所示。

步骤 4　使用"任意变形工具" 选中"右腿"图层第 4 帧中的大腿和小腿，然后参照步骤 2 的操作制作右腿的动作，如图 4-55 所示。

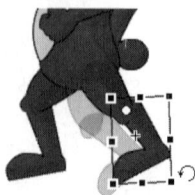
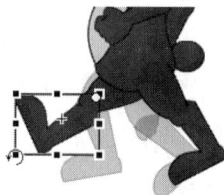

图 4-54　调整左腿动作　　　　　　　　图 4-55　调整右腿动作

步骤5　使用"任意变形工具"⊞选中"左臂"图层第4帧中的左臂，然后将变形中心点拖到肩部并进行旋转，如图4-56所示。

步骤6　使用"任意变形工具"⊞选中"右臂"图层第4帧中的右臂，然后将变形中心点拖到肩部并进行旋转，如图4-57所示。

步骤7　调整完成后，小熊的第2个走路动作便制作好了，如图4-58所示。

图4-56　调整左臂动作　　　　图4-57　调整右臂动作　　　　图4-58　第2个走路动作

步骤8　参照前面的操作，分别在所有图层第7，10，13，16，19和22帧处插入关键帧，在第24帧插入普通帧，然后使用"任意变形工具"⊞调整各关键帧中小熊身体的不同部分，制作其他走路动作，如图4-59所示。

第7帧　　　　第10帧　　　　第13帧　　　　第16帧　　　　第19帧　　　　第22帧

图4-59　其他关键帧中的走路动作

步骤9　选择"视图">"标尺"菜单显示标尺，然后从水平标尺拖出一条辅助线，使其位于第1帧小熊的左脚下方；以辅助线为标准，调整各帧中小熊的位置，制作走路时的起伏效果，如图4-60所示。至此，实例就完成了，按快捷键【Ctrl+Enter】可测试动画效果。

图 4-60　调整各关键帧中小熊的位置

项目总结

本项目主要介绍了帧和图层的基本操作、Flash 中动画的类型以及逐帧动画的特点和创建方法。在本项目的学习中应注意以下几方面：

> Flash 中的帧分为关键帧、空白关键帧和普通帧 3 种类型，在制作动画的过程中，不同类型的帧作用也不相同。

> 每个图层都拥有独立的时间轴，可以在不同的图层上制作动画的不同部分。

> Flash 中的动画分为逐帧动画和补间动画两种类型，逐帧动画具有动作细腻、流畅的优点，但也具有制作复杂、输出文件容量较大的缺点。

课后操作

1．利用本项目所学的知识制作如图 4-61 所示的骏马奔腾动画效果。本题最终效果可参考本书配套素材"素材与实例">"项目四"文件夹>"骏马奔腾.swf"文件。

图 4-61　骏马奔腾

提示：新建一个 Flash 文档，将文档尺寸设为"300×200"像素，"背景颜色"设为黑色，然后选择"文件">"导入">"导入到舞台"菜单，或按快捷键【Ctrl+R】，在打开的"导入"对话框中选择本书配套素材"素材与实例">"项目四">"操作题素材 1"文件夹>"马 1.jpg"图像文件，并单击"打开"按钮，再在弹出的对话框中单击"是"按钮，即可完成案例。

2．利用本项目所学的知识制作如图 4-62 所示的木偶跑步动画。本题最终效果可参考本书配套素材"素材与实例">"项目四"文件夹>"木偶跑步.swf"文件。

图 4-62　木偶跑步

提示：打开本书配套素材"素材与实例">"项目四"文件夹>"操作题素材 2.fla"文件，首先使用"任意变形工具" 调整第 1 帧木偶身体各部分的位置和角度，然后依次在第 2～8 帧插入关键帧，并使用"任意变形工具" 调整各帧中木偶身体各部位的角度和位置，即可完成木偶跑步动画的制作。

项目五　使用元件、实例与库

项目描述

　　元件是 Flash 动画的重要组成元素，在前几个项目的学习中我们已经多次使用了元件，本项目将带领读者系统地学习创建、编辑和使用元件及元件实例的方法。此外，还将学习如何在"库"面板中管理元件，以及使用"公用库"中素材的方法。

知识目标

- 了解元件的作用和不同类型元件的特点。
- 掌握创建和编辑元件及元件实例的方法。
- 掌握使用"库"面板管理元件及其他素材的方法。

能力目标

- 能够根据动画需要创建图形元件、影片剪辑元件和按钮元件。
- 能够使用"库"面板对元件进行管理，以及使用公用库中的素材。

任务一　元件的类型与创建

任务说明

　　本任务将带领读者了解 Flash 中元件的类型，以及掌握创建和应用元件的方法。

预备知识

一、元件的作用

　　Flash 中的元件主要有以下几个作用。

　　（1）制作动画时如果需要反复使用某个对象（如图形），可以将此对象转换为元件或新建一个元件，并在元件内部创建需要的对象。以后便可以重复使用该元件，而不会增加 Flash 文件大小。

（2）元件本身也可以是一个小动画，此外，元件内部还可以包含元件，所以通过几个元件合成，可以使复杂的动画制作变得简单。

例如，要制作一个小蜜蜂飞行的动画，可以将小蜜蜂挥翅的动作和身体制成元件，然后在主时间轴中使该元件实例向右运动。如此一来，小蜜蜂向右运动同翅膀的煽动互不影响，便形成了一个合成动画，如图 5-1 所示。用户可打开本书配套素材"素材与实例"＞"项目五"文件夹＞"蜜蜂飞翔.fla"查看该动画。

> **提示**　主时间轴是相对于元件内部的时间轴而言的，位于元件外的时间轴便是主时间轴，或称为主场景。

图 5-1　元件的作用

（3）在制作某些交互动画时，需要使用按钮元件。

二、元件的类型

Flash 中的元件分为三种类型，分别是图形元件、影片剪辑元件和按钮元件。

> **图形元件**：用于制作可重复使用的静态图像，以及附属于主时间轴的可重复使用的动画片段。要注意的是，不能在图形元件内添加声音和动作脚本，也不能将动作脚本添加在图形元件实例上。

> **影片剪辑元件**：用来制作可重复使用的、独立于主时间轴的动画片段。可以在影片剪辑内添加声音和动作脚本，也可以将动作脚本添加在影片剪辑实例上。

> **按钮元件**：用于创建响应鼠标单击、滑过或其他动作的交互按钮。

三、创建和应用元件

用户可打开本书配套素材"素材与实例"＞"项目五"文件夹＞"创建元件.fla"文档，我们将以该文档为例，介绍创建元件与应用元件的方法。

1. 创建元件

元件的创建方法有两种：一种是将现有对象转换成元件；另一种是直接创建元件，然后在元件内部绘制、导入或修改对象。

步骤 1 要转换元件，可选中舞台上需要转换的对象，如选中"背景"图层中的所有对象，然后选择"修改" > "转换为元件"菜单项，或按快捷键【F8】，在弹出的"转换为元件"对话框中输入元件名称、选择元件类型、设置对齐点后，单击"确定"按钮，即可将所选对象转换为元件，如图 5-2 所示。

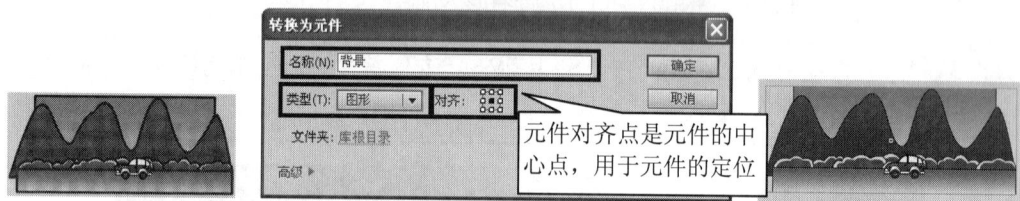

图 5-2 将所选对象转换为元件

步骤 2 选中舞台中的汽车图形，按快捷键【Ctrl+X】将其剪切到剪贴板中。要新建元件，可选择"插入" > "新建元件"菜单，或按快捷键【Ctrl+F8】，在打开的"创建新元件"对话框中输入元件名称、选择元件类型，然后单击"确定"按钮，如图 5-3（a）所示，即可新建一个空白元件，并进入该元件的编辑状态。

步骤 3 在元件中绘制图形、导入对象或制作动画片段等，如将前面复制的汽车图形粘贴到元件内部，如图 5-3（b）所示；然后单击舞台左上角的 场景 1 按钮，或按快捷键【Ctrl+E】退出元件的编辑状态。创建的元件均会保存在"库"面板中，如图 5-3（c）所示。

（a）　　　　　　　　　　（b）　　　　　　　　　　（c）

图 5-3 新建元件

2. 应用元件

元件只是用于保存图形或动画片段等的载体，它无法直接用于动画制作，要使用元件，还需要在舞台中创建该元件的实例。元件实例是对元件的引用，一个元件可以有多个实例。

在创建元件时，若是将舞台中的对象转换成元件，则系统会自动在舞台中生成一个元件实例；若新建元件，则系统不会自动生成元件实例，要生成新建元件的实例，需将其从"库"面板拖到舞台，如图 5-4 所示；反复执行此操作可为同一元件创建多个实例。

任务实施——制作蜜蜂飞翔动画

下面我们通过制作如图 5-1 所示的蜜蜂飞翔的动画效果，学习创建元件和元件实例的操作。案例最终效果请参考本书配套素材"素材与实例">"项目五"文件夹>"蜜蜂飞翔.swf"。

图 5-4 将"库"面板中的元件拖到舞台中以生成元件实例

制作思路

首先打开素材文件，将背景转换为图形元件，然后创建一个影片剪辑元件，并在元件内部制作蜜蜂煽动翅膀的动画效果，最后在主时间轴上制作蜜蜂向右运动的动画。

制作步骤

步骤 1 打开本书配套素材"素材与实例">"项目五"文件夹>"蜜蜂素材.fla"文档，该文档中有两个图层，其中"背景"图层中是一幅位图背景，"蜜蜂"图层中是一只翅膀和身体分别群组的蜜蜂图形。

步骤 2 选中舞台上的位图背景，如图 5-5（a）所示，按快捷键【F8】，打开"转换为元件"对话框，在该对话框中选择"图形"单选钮，输入元件名称"背景"（如图 5-5（b）所示），单击"确定"按钮，将所选对象转换为元件。

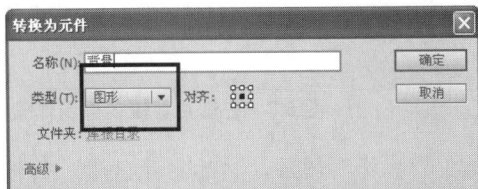

（a）　　　　　　　　　　　　　　　（b）

图 5-5 转换元件

步骤 3 同时选中舞台上的小蜜蜂身体和两只翅膀（如图 5-6（a）所示），按【Ctrl+X】将其剪切到剪贴板中。

步骤 4 按快捷键【Ctrl+F8】，在打开的"创建新元件"对话框中选择"影片剪辑"单选钮，在"名称"编辑框中输入元件名称"蜜蜂"，如图 5-6（b）所示。

步骤 5 单击"确定"按钮后，在打开的元件编辑窗口中按快捷键【Ctrl+V】，将剪贴板中的蜜蜂图形复制到元件中，如图 5-6（c）所示。

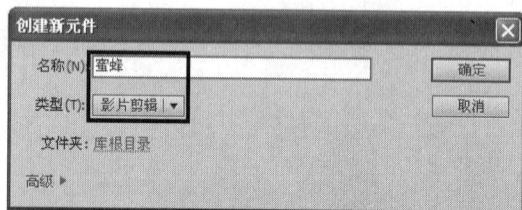

（a）　　　　　　　　　　　　（b）　　　　　　　　　　　　（c）

图 5-6　新建影片剪辑元件

步骤 6 在"图层 1"第 3 帧插入关键帧，选择"任意变形工具"，单击蜜蜂左边的翅膀，然后将变形中心点移置变形框左下角位置，并适当向下缩放该翅膀，如图 5-7（a）和图 5-7（b）所示。用同样的方法缩放另一只翅膀，如图 5-7（c）所示。最后按快捷键【Ctrl+E】退出元件编辑状态，返回主场景。

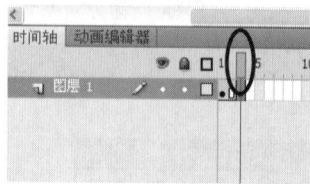
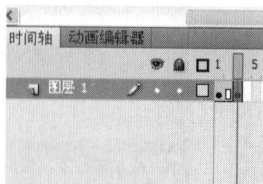
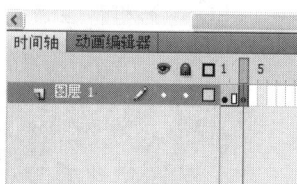

（a）　　　　　　　　　　　　（b）　　　　　　　　　　　　（c）

图 5-7　在影片剪辑内部制作蜜蜂煽动翅膀的动画

步骤 7 选中"蜜蜂"图层，然后打开"库"面板，将"蜜蜂"影片剪辑拖到舞台左侧外偏上位置，并使用"任意变形工具"适当缩小，如图 5-8 所示；接着在所有图层第 50 帧插入普通帧，如图 5-9 所示。

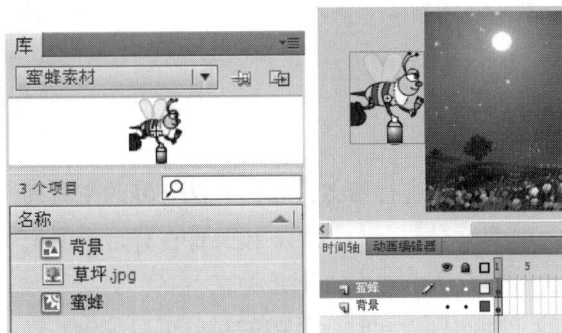

图 5-8　将影片剪辑拖入舞台并设置位置和大小　　图 5-9　在所有图层第 50 帧插入普通帧

步骤 8　单击蜜蜂图层第 1 帧，然后右击舞台上的蜜蜂影片剪辑实例，从弹出的快捷菜单中选择"创建补间动画"，创建补一个基于对象的补间动画，如图 5-10（a）所示。

步骤 9　单击"蜜蜂"图层第 50 帧将播放头转到该帧，然后将"蜜蜂"影片剪辑实例移动到舞台右侧外，如图 5-10（b）所示。此时会在舞台中显示蜜蜂运动的轨迹线，使用"选择工具" 将其调整为图 5-10（c）所示的形状（调整方法与调整普通线条相同）。

步骤 10　按【Ctrl+Enter】键预览动画，会发现蜜蜂煽动翅膀从左飞到右。

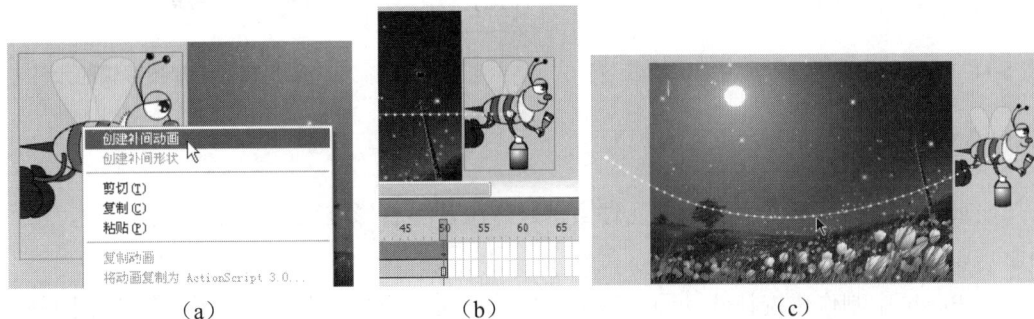

（a）　　　　　　　　　　（b）　　　　　　　　　　（c）

图 5-10　制作蜜蜂运动效果

任务二　编辑元件和元件实例

任务说明

创建了元件与元件实例后，还可根据动画制作需要对它们进行编辑和修改。本任务将带领读者学习编辑元件和元件实例的方法。

预备知识

一、编辑元件

创建好元件后，用户可进入元件的编辑状态对其进行修改，修改方法与修改主时间轴中的对象相同（也可在元件内部创建动画）。对元件进行修改后，该元件在舞台上的所有元件实例也会随之改变。进入元件编辑状态的方法主要有以下几种。

➢ 使用"选择工具" ▶ 双击舞台中的元件实例，此时元件中的对象可以编辑，舞台中其他对象不能编辑并以高光显示，如图 5-11 所示。

➢ 双击"库"面板中的元件。

➢ 单击编辑区上方的"编辑元件"按钮 ⬟，在弹出的下拉列表中选择要编辑的元件，如图 5-12 所示。

无论是以哪种方式进入元件编辑状态，修改完毕后，单击编辑窗口左上角的 场景1 按钮，或按下快捷键【Ctrl+E】，都可退出元件编辑状态，返回主场景。

可编辑的对象正常显示，不能编辑的对象以高光显示

图 5-11 双击元件实例进入元件编辑状态

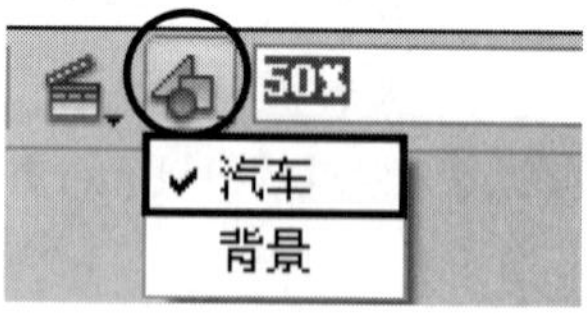

图 5-12 选择要编辑的元件

二、编辑元件实例

编辑元件实例只对当前编辑的元件实例起作用，不会影响元件本身，也就是说，不会影响该元件的其他实例。

在 Flash 中制作传统补间动画和基于对象的补间动画时，大多数是通过编辑不同关键帧上的元件实例实现的。用户除了可以对舞台上的元件实例进行移动、复制、删除，以及使用"任意变形工具" ▦ 进行缩放、旋转和倾斜等操作外，还可进行以下操作。

➢ **设置色彩效果**：使用"选择工具" ▶ 选中元件实例后，可利用"属性"面板的"色彩效果"区设置实例的色调、亮度或 Alpha（透明度）属性，从而制作渐隐渐显、变色和发光等动画效果。如图 5-13 所示，在"样式"下拉列表中选择要设置的效果后，可通过下方的滑块或编辑框设置色调强度、亮度或Alpha 值。

选择"色调"选项后，可单击此色块设置色调的颜色，或通过输入"红"、"绿"、"蓝"3原色值来设置颜色

选择"色调"选项后，可在该处设置色调强度

原图　　亮度为50%　　色调为50%红色　　透明度为50%

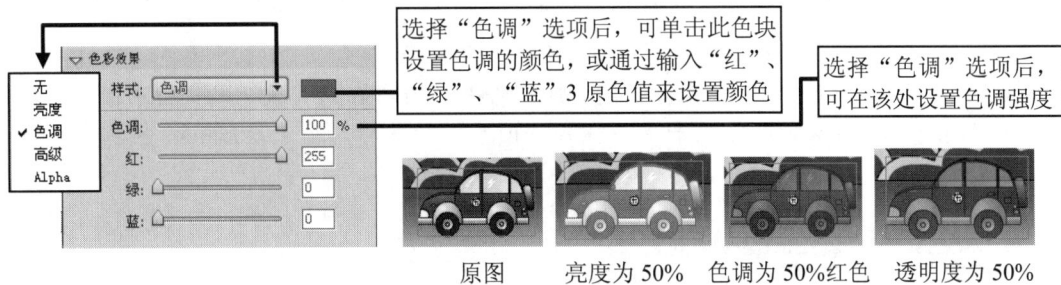

图 5-13　设置元件实例的色彩效果

> **设置显示效果**：使用"选择工具" 选中影片剪辑或按钮元件实例后（注意不能设置图形元件实例的显示效果），可利用"属性"面板"显示"区的"混合"下拉列表中的选项设置实例与排列在其下方对象的融合效果，如图 5-14 所示。

图 5-14　设置影片剪辑实例的混合效果

> **添加滤镜**：使用"选择工具" 选中影片剪辑或按钮元件实例后，可利用"属性"面板的"滤镜"区为所选对象添加滤镜。

> **设置对象在三维空间的位置**：使用"选择工具" 选中影片剪辑实例后，可利用"属性"面板的"3D 定位和查看"区设置所选对象在三维空间中的位置。

任务实施——制作闪烁的文字动画

下面通过制作一个文字标志闪烁的动画效果，学习元件的相关操作。案例最终效果请参考本书配套素材"素材与实例">"项目五"文件夹>"闪烁的文字标志.swf"文件。

制作思路

新建一个 Flash 文档并设置文档属性，然后创建一个图形元件，并使用"文本工具"T 在元件内部创建文本，接着将元件拖入舞台生成元件实例，最后插入关键帧并改变元件实例的亮度，制作闪烁动画效果。

制作步骤

步骤 1　新建一个 Flash 文档，然后单击"属性"面板中的"编辑文档属性"按钮 ，

在打开的"文档设置"对话框中将文档尺寸设为"500×200"像素,"背景颜色"设为黑色,"帧频"设为"12",如图 5-15 所示。

步骤 2 按快捷键【Ctrl+F8】,在弹出的"新建元件"对话框的"名称"编辑框中输入"文字",在"类型"下拉列表中选择"图形"单选钮,单击"确定"按钮,如图 5-16 所示。

图 5-15　设置文档属性　　　　　　　　图 5-16　创建"文字"图形元件

步骤 3 此时进入"文字"元件的编辑状态,选择"文本工具" T ,在"属性"面板中将"字体系列"设为"Britannic Bold",将"字体大小"设为"100",将"字体颜色"设为橘黄色(#FF6600),然后在舞台中输入"Flash CS6",如图 5-17 所示。

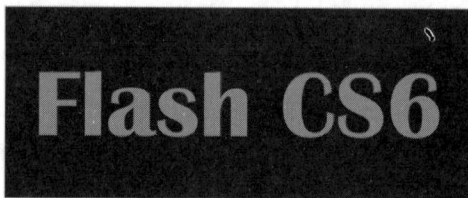

图 5-17　在元件内输入文本

步骤 4 按快捷键【Ctrl+E】返回主场景,然后按快捷键【F11】打开"库"面板,将其中的"文字"图形元件拖到舞台中,生成该元件的元件实例,如图 5-18 所示。

图 5-18　创建"文字"元件实例

步骤 5 在"时间轴"面板的第 15 帧插入普通帧，在第 3、5、7、9 帧插入关键帧，如图 5-19 所示。

步骤 6 使用"选择工具" 选中第 3 帧舞台中的"文字"元件实例，在"属性"面板"色彩效果"卷展栏中的"样式"下拉列表中选择"亮度"选项，并在下方的编辑框中将亮度设为 100%，如图 5-20 所示。

步骤 7 参照步骤 6 的操作，将第 7 帧舞台中的"文字"元件实例的亮度也设为 100%。至此任务就完成了，按快捷键【Ctrl+Enter】可预览动画播放效果。

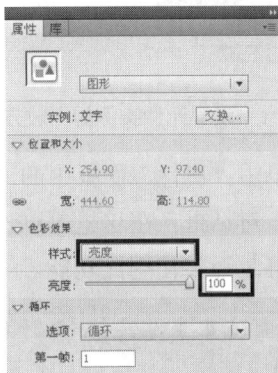

图 5-19　插入帧　　　　　图 5-20　设置"文字"元件实例的亮度

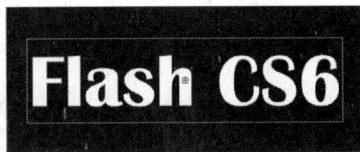

任务三　元件应用技巧

任务说明

在前面的任务中我们已经学习了元件的创建、编辑和使用方法。虽然元件的创建和编辑很简单，但要完全掌握其使用技巧也不是一件容易的事。本任务将带领读者解决这些问题。

预备知识

一、图形元件应用技巧

因为图形元件中的时间轴是与主场景的时间轴同步的，所以图形元件具有下列特点和应用技巧。

➤ 在 Flash 中按下【Enter】键预览动画时，可以看到图形元件实例内的动画效果。

> 将带有动画片段的图形元件实例放在主场景的舞台上时，需要在主时间轴上插入与动画片段等长的普通帧，否则无法完整播放。

> 选中舞台上的图形元件实例后，可以通过在"属性"面板的"图形选项"下拉列表中选择相应选项，使图形元件中的动画循环播放或暂停播放，还可以设置元件中动画播放的起始帧，如图 5-21 所示。

在此可设置图形元件中的动画从哪一帧开始播放

"循环"表示在主时间轴的时间帧允许的情况下，实例内的动画不停地循环播放；"播放一次"表示实例内的动画只播放一次；"单帧"表示不播放动画

图 5-21　设置元件实例的播放方式

> 选中图形元件实例后，单击"属性"面板中的"交换"按钮，会打开如图 5-22 所示的"交换元件"对话框，在这里可以选择需要在舞台相同位置交换的元件。在为动画添加字幕时经常使用此功能。

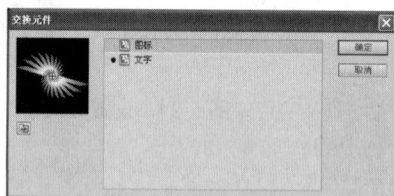

图 5-22　"交换元件"对话框

二、影片剪辑应用技巧

因为影片剪辑拥有独立的时间轴，所以影片剪辑具有以下特点和应用技巧。

> 无法在主时间轴上预览影片剪辑实例内的动画效果，在舞台上只能看到影片剪辑第 1 帧的内容。若要欣赏影片剪辑内的完整动画，须按快捷键【Ctrl+Enter】测试影片。

> 由于影片剪辑具有独立的时间轴，所以即使主时间轴只有 1 帧，也可以完整的播放影片剪辑中的动画。

三、按钮元件应用技巧

Flash 中的按钮元件可用来制作响应鼠标事件或其他动作的交互按钮，它经常被用来控制影片的播放进程或制作一些特殊效果。按钮元件具有以下特点和应用技巧。

> 按钮元件的时间轴与影片剪辑一样，是相对独立的，但只有前 4 帧有作用，其他帧在播放时不起作用，如图 5-23 所示。

➢ 按钮元件内可以包含 Flash 支持的所有元素，如图形元件实例、影片剪辑实例、位图、组合、分散的矢量图形、动态文本和输入文本等。
➢ 可以在按钮元件内部的时间帧上添加声音，但不能添加动作脚本。
➢ 要让按钮发生作用，需要为舞台上的按钮实例添加动作脚本。

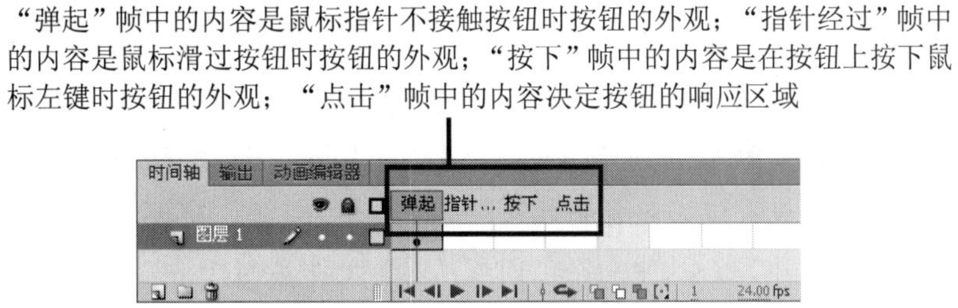
“弹起”帧中的内容是鼠标指针不接触按钮时按钮的外观；“指针经过”帧中的内容是鼠标滑过按钮时按钮的外观；“按下”帧中的内容是在按钮上按下鼠标左键时按钮的外观；“点击”帧中的内容决定按钮的响应区域
时间轴
输出
动画编辑器
弹起
指针...
按下
点击
图层 1
24.00 fps

图 5-23　按钮元件的时间轴

任务实施

一、制作闪闪星光动画

下面通过制作一个如图 5-24 所示的闪烁星光的动画效果，学习图形元件在制作 Flash 动画时的应用。案例最终效果请参考本书配套素材“素材与实例”>“项目五”文件夹>“闪烁星光.swf ”文件。

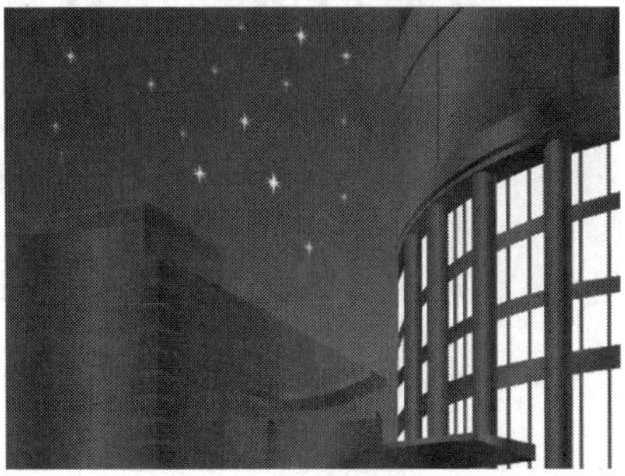

图 5-24　闪烁星光

制作思路

打开素材文档后，将“库”面板中的“闪烁星星”图形元件拖入多次到舞台中，为该元件创建多个实例，然后在“属性”面板中设置图形元件实例内动画的播放方式，制作满天星光的动画效果。

制作步骤

步骤 1　打开本书配套素材“素材与实例”>“项目五”文件夹>“星空素材.fla”文件。该文档中，有一个“星星”图形元件和一个“闪烁星星”图形元件，其中“闪烁星星”图形元件中包含一个 20 帧的星星闪烁动画，如图 5-25 所示。

步骤 2　将“闪烁星星”图形元件拖到主时间轴“星星”图层的舞台中，此时按【Ctrl+Enter】键预览动画，会发现星星没有闪烁。在主时间轴“星星”、“背景”图层第 20 帧插入普通帧（如图 5-26 所示），再次预览动画，会发现星星开始闪烁了。

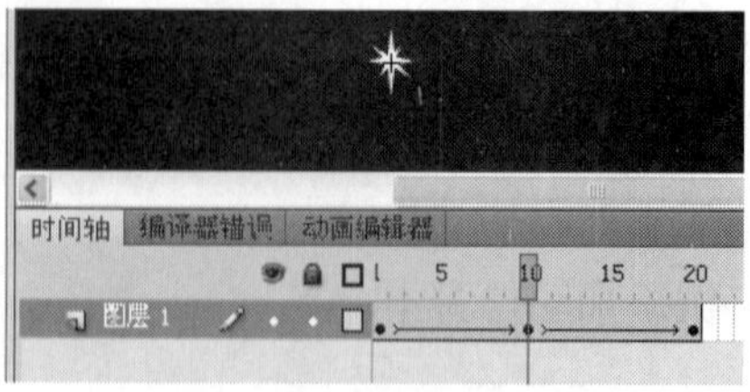

图 5-25　查看"闪烁星星"元件

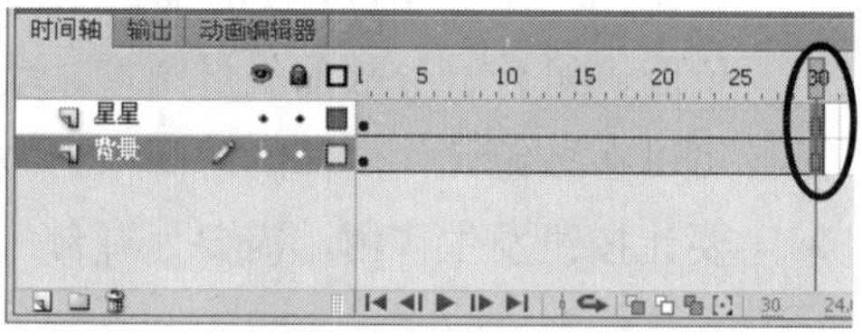

图 5-26　在主时间轴第 20 帧插入普通帧

步骤 3　将"库"面板中的"闪烁星星"图形元件拖出多份，并适当缩放大小，分布在天空背景中，如图 5-27 所示。此时按【Ctrl+Enter】键预览动画，会发现所有星星同时闪烁，没有满天星光的效果。

步骤 4　使用"选择工具" ![选择工具图标] 选中一个"闪烁星星"元件实例，在"属性"面板"循环"卷展栏下的"第一帧"文本框中输入 6（表示实例内的动画从第 6 帧开始播放），如图 5-28 所示。使用同样的方法将其他"星星闪烁"元件实例的"第一帧"设置为 1 至 20 的不同的数值，再按【Ctrl+Enter】键预览动画，会发现所有星星的闪烁彼此起伏。

图 5-27　将"闪烁星星"元件实例分布在天空背景中

图 5-28　设置元件实例内的动画播放效果

二、制作林间漫步动画

下面通过制作图 5-29 所示的小熊林间漫步动画效果，使读者进一步掌握图形元件和影片剪辑元件在 Flash 动画中的应用。案例最终效果请参考本书配套素材"素材与实例">"项目五"文件夹>"林间漫步.swf"文件。

图 5-29　林间漫步

制作思路

首先打开素材文档，将背景图形转换为名为"森林"的图形元件，然后将小熊走路的动画转换为名为"小熊"的影片剪辑，并将"小熊"影片剪辑拖入舞台，最后利用"森林"图形元件创建背景随小熊漫步而逐渐后退的补间动画。

制作步骤

步骤 1 打开本书配套素材"素材与实例">"项目五"文件夹>"林间小路素材.fla"和"小熊走路素材.fla"文件,单击"林间小路素材.fla"文件"图层 1"的第 1 帧,选中舞台中的所有图层,然后按快捷键【Ctrl+C】和【Ctrl+Shift+V】,将选中的图形原位复制一份并向左移动,使复制图形的右侧与原图形的左侧对齐,再删除两个图形间的线段,效果如图 5-30 所示。

步骤 2 单击"图层 1"的第 1 帧选中舞台中的所有图形,然后按【F8】键将其转换为名为"森林"的图形元件,如图 5-31 所示。

图 5-30 通过复制操作增加背景图形的长度

图 5-31 创建"森林"图形元件

步骤 3 切换到"小熊走路素材.fla"文件,选中主时间轴上所有包含内容的帧,然后在所选帧上右击鼠标,在弹出的快捷菜单中选择"复制帧"菜单,如图 5-32 所示。

步骤 4 切换到"林间小路素材.fla"文件,按快捷键【Ctrl+F8】创建一个名为"小熊"的影片剪辑,如图 5-33 所示。

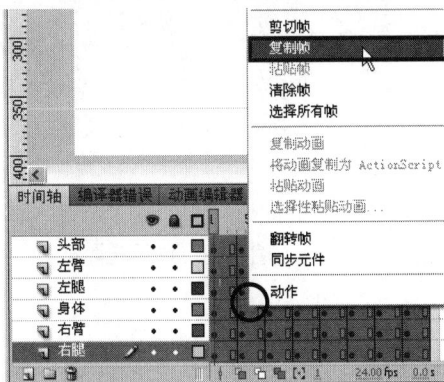

图 5-32 复制帧

图 5-33 创建"小熊"影片剪辑

步骤 5 单击"确定"按钮,进入"小熊"影片剪辑内部,在"图层 1"的第 1 帧上右击鼠标,在弹出的快捷菜单中选择"粘贴帧"菜单,如图 5-34 所示。

步骤 6 单击 场景1 按钮返回主场景,在"图层 1"上方新建 1 个图层,并将图层分别命名为"背景"和"小熊",如图 5-35 所示。

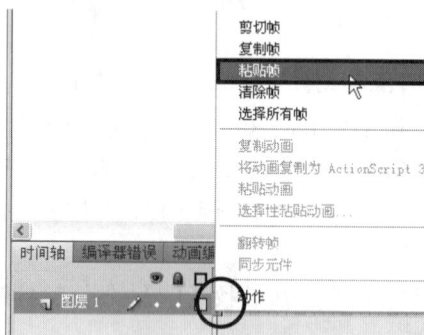

图 5-34　粘贴帧

图 5-35　新建并重命名图层

步骤 7　按【F11】键打开"库"面板，将"小熊"影片剪辑拖入"小熊"图层的适当位置，并使用"任意变形工具" 适当调整其大小，如图 5-36 所示。

步骤 8　在所有图层的第 90 帧处插入普通帧，然后在"背景"图层第 1 帧的"森林"元件实例上右击，在弹出的快捷菜单中选择"创建补间动画"菜单，如图 5-37 所示。

步骤 9　将播放头移到第 90 帧，然后将"背景"图层第 90 帧中的"背景"元件实例向右拖动，使其左侧边缘与舞台的左侧边缘对齐，如图 5-38 所示。至此实例就完成了，按【Ctrl+Enter】键预览动画效果。

图 5-36　拖入"小熊"影片剪辑

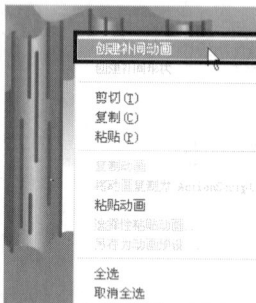

图 5-37　创建补间动画

图 5-38　拖动元件实例

三、制作播放按钮

下面通过制作一个播放按钮，学习创建按钮元件的操作。案例最终效果请参考本书配套素材"素材与实例">"项目五"文件夹>"播放按钮.swf"文件。

制作思路

首先创建一个按钮元件，然后在按钮元件的编辑状态中分别绘制或设置"弹起"帧、"指针经过"帧、"按下"帧和"点击"帧的内容，完成实例制作。

制作步骤

步骤 1 新建一个 Flash 文档，然后按快捷键【Ctrl+F8】，在打开的"创建新元件"对话框的"名称"编辑框中输入"播放"，在"类型"下拉列表中选择"按钮"选项，如图 5-39 所示。

步骤 2 单击"确定"按钮，进入按钮元件内部，使用"椭圆工具" ◯ 在"弹起帧"中绘制一个没有填充色的正圆，然后使用"线条工具" ＼ 在正圆的中间位置绘制一条水平线段，再使用"选择工具" ↖ 调整线段的弧度，如图 5-40 所示。

图 5-39　创建"播放"按钮元件　　　　　　图 5-40　绘制按钮轮廓

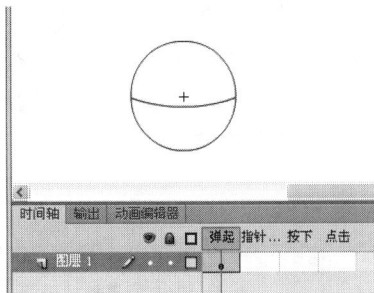

步骤 3 使用"颜料桶工具" ◁ 为正圆的上半部填充由白色到深绿色（#006600）再到绿色（#00CC00）的径向渐变，并使用"渐变变形工具" ▤ 调整渐变色的高度，如图 5-41 所示。

步骤 4 在"颜色"面板中将"填充色"调整为由白色到绿色（#00CC00）的径向渐变，并将绿色色标拖到渐变条中间位置，然后使用"颜料桶工具" ◁ 填充正圆的下半部，如图 5-42 所示。

步骤 5 将正圆的轮廓线删除，然后选中正圆，按快捷键【Ctrl+C】将其复制到"剪贴板"；将填充色改为深灰色（#666666），再按快捷键【Shift+Ctrl+V】将"剪贴板"中的正圆原位复制到舞台上，并向上略微移动，效果如图 5-33 所示。

图 5-41　填充并调整上方渐变色　　　图 5-42　填充下方渐变色　　　图 5-43　制作阴影

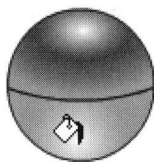

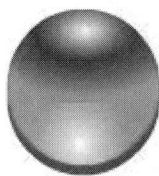

步骤 6 在"指针经过"帧、"按下"帧和"点击"帧插入关键帧，然后在"图层 1"上方新建"图层 2"，如图 5-44 所示。

步骤 7 使用"线条工具" ＼ 在"图层 2"中绘制一个向右的箭头，并为其填充"黑色"，然后删除箭头的轮廓线，如图 5-45 所示。

步骤 8 将"图层 1"的"指针经过"帧中的正圆上半部填充色改为由白色到橘红色（#FF6600）再到橘黄色（#FF9900）的径向渐变，将下半部填充色改为由白色到橘黄色（#FF9900）的径向渐变，如图 5-46 所示。

步骤 9 返回主场景并将按钮元件拖入舞台，按【Ctrl+Enter】键预览按钮，会发现将鼠标指针指向按钮，或按下按钮时按钮的颜色都不相同。

> **提示** 若在"弹起"帧、"指针经过"帧和"按下"帧中都不添加内容，只在"点击"帧中放置对象，则可以制作出一个透明按钮。该按钮在舞台中表现为一个半透明的蓝色色块，其形状与"点击"帧中的对象一致，而在播放影片时，该按钮是看不到的。

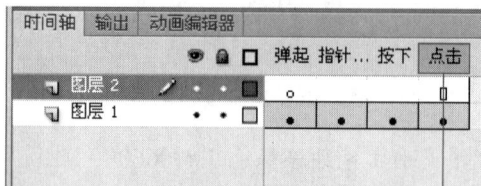

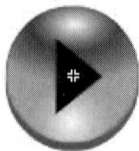

图 5-44 新建图层 　　　 图 5-45 绘制箭头 　　 图 5-46 改变正圆填充色

任务四 使用"库"面板与公用库

任务说明

在 Flash 中创建的元件，以及从外部导入的图像、视频和音频等都存放在"库"面板中。此外，Flash CS6 为用户提供了很多有用的素材，这些素材被放置在公用库中。本任务将带领读者学习使用"库"面板管理元件，以及使用"公用库"中素材的方法。

预备知识

一、使用"库"面板

"库"面板默认位于舞台右侧的面板组中（如果没有打开，用户可按快捷键【Ctrl+L】打开），它是 Flash 中保存元件和其他素材的"仓库"，如图 5-47（a）所示。当需要在动画中使用"库"面板中的素材时，只需选择相应的关键帧并从"库"面板中将素材拖到舞台即可。

使用"库"面板可以方便地管理动画中使用的素材。例如,在"库"面板中双击某个元件名称可对其进行重命名;对于不需要的元件,可选中元件,然后单击面板底部的"删除"按钮将其删除;右击所选元件,从弹出的快捷菜单中选择相应的菜单项目,可对元件执行复制、剪切、粘贴和直接复制等操作,如图5-47(b)所示。

此外,我们还可单击面板底部的"新建文件夹"按钮,创建元件文件夹,然后将相关元件拖到元件文件夹中,以便对元件进行分类管理。

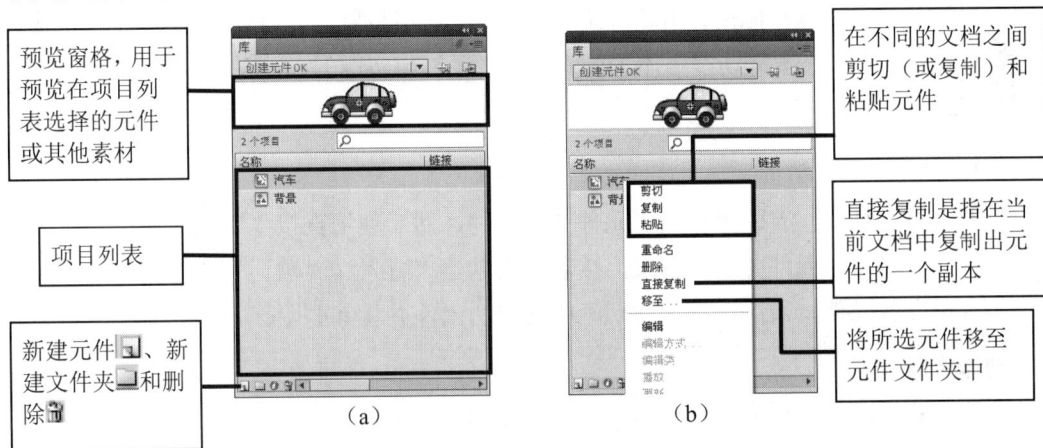

预览窗格,用于预览在项目列表选择的元件或其他素材

项目列表

新建元件、新建文件夹和删除

在不同的文档之间剪切(或复制)和粘贴元件

直接复制是指在当前文档中复制出元件的一个副本

将所选元件移至元件文件夹中

(a)　　　　(b)

图5-47　使用"库"面板管理元件

二、使用公用库

Flash CS6中的公用库被分为"学习交互"、"按钮"和"类"三种类型。下面通过使用公用库中的按钮元件为例,介绍使用公用库中素材的方法。

步骤1 选择"窗口">"公用库"菜单,在打开的子菜单中可选择要打开的公用库类型,本例选择"按钮"菜单,如图5-48所示。

步骤2 打开按钮的公用库后,会看到很多元件文件夹,双击展开元件文件夹可以看到Flash提供的各种按钮,选择需要的按钮,将其拖入舞台即可,如图5-49所示。

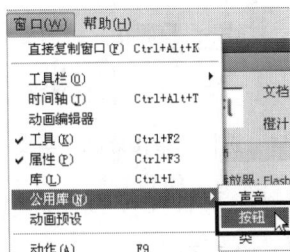

图5-48　选择"公用库"的类型　　　图5-49　使用"公用库"中的按钮

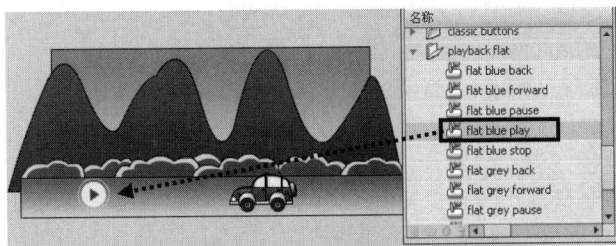

> **提示**
>
> 　　将"公用库"中的按钮拖入舞台后，按钮元件会复制到当前文档的"库"面板中。如果按钮不符合要求，可双击舞台上的按钮实例，进入按钮元件的编辑窗口进行修改。修改按钮元件并不影响公用库中的按钮，但会改变当前文档"库"面板中的按钮元件。

任务实施——管理元件

　　下面将通过对"咪咪流浪记.fla"文件中的元件进行管理，学习使用"库"面板管理元件的方法。案例最终效果请参考本书配套素材"素材与实例" > "项目五"文件夹 > "管理元件.fla"文件。

制作思路

　　打开素材文档后，首先重命名"元件 2"元件，然后使用直接复制元件法在当前文档中复制"字幕 1"元件并进行修改，接着分别创建"背景"、"歌词"和"雪"元件文件夹来分类存放元件，最后选中未在动画中使用的元件并将其删除。

制作步骤

步骤 1　打开本书配套素材"素材与实例" > "项目五"文件夹 > "咪咪流浪记.fla"文档，然后打开"库"面板，双击"元件 2"元件的名称，使其进入编辑状态，然后输入"松树"并按【Enter】键，对元件进行重命名，如图 5-50 所示。

步骤 2　右击"字幕 1"元件，在弹出的快捷菜单中选择"直接复制"菜单，如图 5-51 所示。

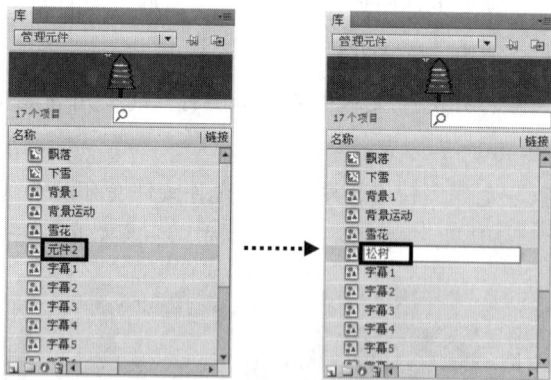

图 5-50　重命名元件

图 5-51　选择"直接复制"菜单

步骤 3　在打开的直接复制元件对话框中的"名称"编辑框中输入"字幕 11"，单击"确定"按钮，即可将"字幕 1"元件复制为"字幕 11"如图 5-52（a）和图 5-52（b）所示。

步骤 4　双击复制的"字幕 11"元件进入元件编辑状态，然后将文字改为"什么都不怕"，如图 5-52（c）所示，再按快捷键【Ctrl+E】返回主场景。

步骤 5 单击"库"面板底部的"创建文件夹"按钮□新建一个元件文件夹,此时元件文件夹的名称处于可编辑状态,为其输入名称"背景"(注意,元件文件夹的名称不能与已有元件名称相同),如图 5-53 所示。

步骤 6 在按住【Ctrl】键的同时依次单击"背景"、"背景运动"和"松树"元件将它们同时选中,然后在所选元件上按住鼠标左键不放并拖动至"背景"元件文件夹上,松开鼠标后即可将这些元件放置到元件文件夹中,如图 5-54 所示。此时单击元件文件夹右侧的▶和▼按钮可展开和折叠元件文件夹,如图 5-55 所示。

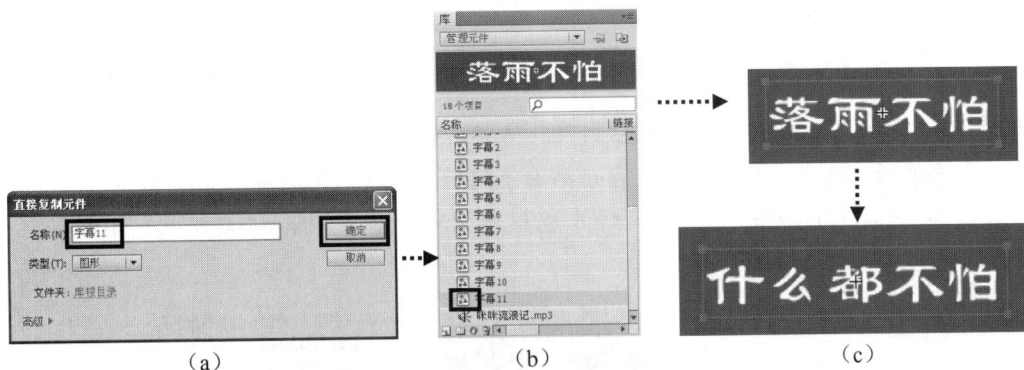

(a)　　　　　　　(b)　　　　　　　(c)

图 5-52　在当前文档中复制元件并进行修改

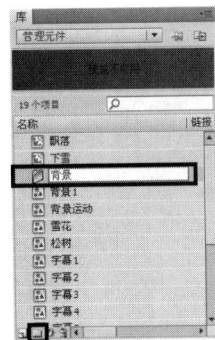

图 5-53　创建元件文件夹　　　图 5-54　将元件拖入元件文件夹中　　　图 5-55　展开元件文件夹

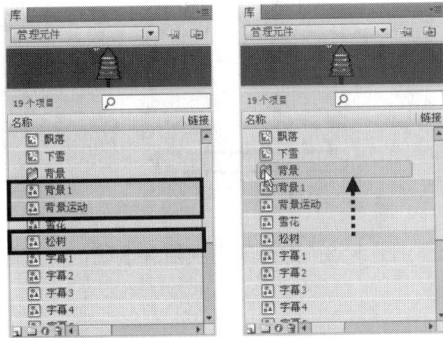

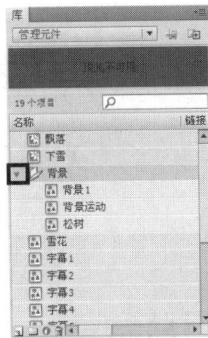

步骤 7 在按住【Shift】键的同时分别单击"字幕 1"和"字幕 11"元件,将这两个元件之间的所有元件都同时选中,然后在所选元件上右击鼠标,在弹出的快捷菜单中选择"移至…"菜单,如图 5-56(a)所示。

步骤 8 在打开的"移至文件夹"对话框中选择"新建文件夹"单选钮,再在右侧的编辑框中输入"字幕",然后单击"选择"按钮,即可新建一个元件文件夹,并将所选元件移至这个元件文件夹中,如图 5-56(b)和图 5-56(c)所示。使用相同的方法,将"飘落"、"下雪"和"雪花"元件保存在"雪"元件文件夹中,如图 5-57 所示。

图 5-56　使用"移至"命令创建元件文件夹　　　　图 5-57　创建其他元件文件夹

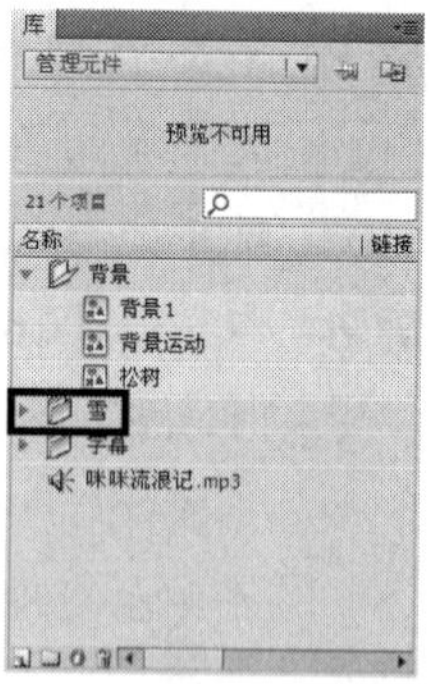

步骤 9　右击"库"面板项目列表的空白处，从弹出的快捷菜单中选择"选择未用项目"菜单项，此时可自动选中未在动画中使用的元件或其他素材，如图 5-58（a）和图 5-58（b）所示，再单击"库"面板底部的"删除"按钮将所选元件删除。到此案例就完成了。

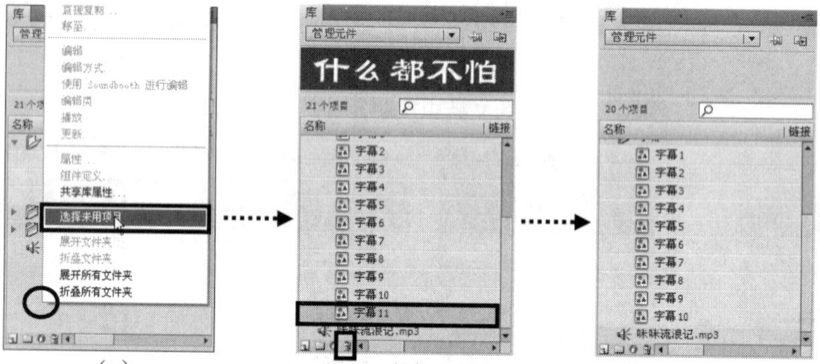

图 5-58　选择未用项目并删除

项目总结

本项目主要介绍了图形元件、影片剪辑、按钮元件的特点与创建方法，以及如何使用"库"面板对元件进行管理。在学习本项目知识时，应重点注意以下几点。

➢ 可以将舞台上的对象转换为元件，也可以直接新建元件，然后编辑元件内容。元件实例是元件在舞台上的应用，编辑元件将影响与其链接的所有元件实例，而设置元件实例的属性将只影响元件实例本身。

➢ 图形元件中的时间轴是附属于主时间轴的，并与主时间轴同步，因此，将带有动画片段的图形元件实例放在主场景的舞台上时，必须在主时间轴上插入与动画片段等长的普通帧，才能完整播放动画；而影片剪辑中的时间轴是独立的，即使主时间轴只有 1 帧，也可以完整播放其中的内容。

➤ 按钮元件的时间轴与影片剪辑一样，是相对独立的，但只有前 4 帧有作用，包括"弹起"帧、"指针经过"帧、"按下"帧和"点击"帧，其中前 3 个帧用来设置在不同的鼠标事件下按钮的外观，最后 1 个帧用来设置该按钮的响应区域。

➤ 在 Flash 中创建的元件，以及从外部导入的图像、视频和音频等都存放在"库"面板中，用户可利用"库"面板对这些素材进行复制、重命名、删除和排序等操作，还可以通过创建元件文件夹来分类存放这些素材。

课后操作

1. 利用本项目所学的知识制作如图 5-59 所示的天鹅飞翔动画。本题最终效果请参考本书配套素材"素材与实例">"项目五"文件夹>"天鹅飞翔.swf"文件。

提示：

（1）新建一个 Flash 文档，在文档中绘制一个与舞台等大的矩形，并为其填充黄色（FFFF00）到"深黄"（FF6600）的线性渐变色，然后将该矩形转换为名为"背景"的图形元件。

（2）新建一个名为"天鹅"的影片剪辑，然后打开本书配套素材"素材与实例">"项目五"文件夹>"操作题素材.fla"文档，将该文档"图层 1"的第 1 至第 8 帧复制到影片剪辑内部。

（3）返回主场景，新建一个图层，从"库"面板中将"天鹅"影片剪辑拖入舞台，然后在两个图层第 100 帧插入普通帧，并参考本项目"任务一""任务实施"中的步骤 8～步骤 10，制作天鹅从舞台左下角外飞到右上角外的动画效果。

2. 利用本项目所学知识制作如图 5-60 所示的停止按钮。本题最终效果请参考本书配套素材"素材与实例">"项目五"文件夹>"停止按钮.swf"文件。

图 5-59　天鹅飞翔　　　　　　　　图 5-60　停止按钮

提示：新建一个文档，然后打开本项目任务三创建的"播放按钮.fla"文档，将其中"播放"按钮元件复制到新文档中并重命名为"停止"，然后进入"停止"按钮元件内部对其进行修改。

项目六　创建补间动画

项目描述

在 Flash CS6 中补间动画分为基于对象的补间动画、传统补间动画和形状补间动画三种类型，本项目将带领读者学习这三类动画的特点及创建方法。

知识目标

- ☒ 掌握创建传统补间动画的基本操作。
- ☒ 掌握创建基于对象的补间动画的基本操作。
- ☒ 掌握创建形状补间动画的基本操作。

能力目标

- ☒ 能够根据需要创建传统补间动画，并能够设置动画的属性。
- ☒ 能够根据需要创建基于对象的补间动画，并编辑动画的属性关键帧，以及利用"动画编辑器"查看和编辑补间动画各帧中对象属性。
- ☒ 能够根据需要创建形状补间动画，并使用形状提示约束形状补间动画。
- ☒ 能够综合应用以上三种动画制作手法制作出精彩的 Flash 动画。

任务一　创建传统补间动画

任务说明

传统补间动画是指在同一图层的前后两个关键帧中放置同一元件实例，用户只需对这两个关键帧中元件实例的位置、角度、大小、色调和透明度等进行设置，然后由 Flash 自动生成中间各帧上的对象所形成的动画。本任务将带领读者学习创建传统补间动画的方法。

预备知识

下面通过一个小实例介绍创建传统补间动画的方法。

步骤 1　打开本书配套素材"素材与实例">"项目六"文件夹>"传统补间动画素材.fla"

文档，然后在"背景"图层的第 80 帧插入普通帧，在"火车头"图层的第 80 帧插入关键帧，如图 6-1 所示。

步骤 2 单击"时间轴"面板"火车头"图层第 1 帧将播放头移至该处，然后使用"选择工具" 将该帧上"火车头"元件实例拖到舞台右侧外，如图 6-2（a）所示；再将"火车头"图层第 80 帧上的"火车头"元件实例拖到舞台左侧外，如图 6-2（b）所示。

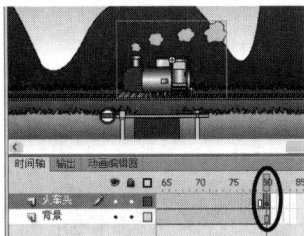

（a）　　　　　　（b）

图 6-1　打开素材文档并插入帧　　　图 6-2　移动关键帧上的元件实例

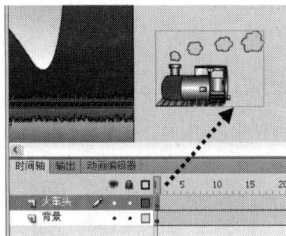

步骤 3 在"火车头"图层第 1 帧和第 80 帧之间的任一帧上右击，在弹出的快捷菜单中选择"创建传统补间"菜单。创建传统补间动画后，两个关键帧之间的背景会变为淡紫色，在起始帧和结束帧之间会出现一个长箭头，如图 6-3 所示。

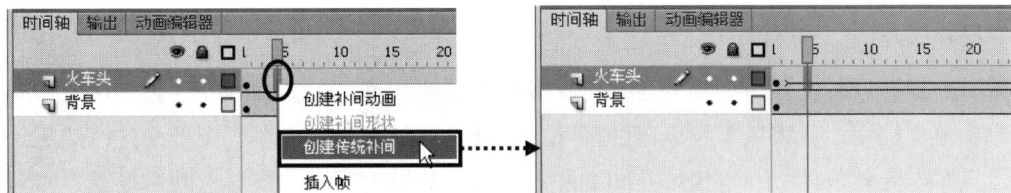

图 6-3　创建传统补间动画

步骤 4 选择"火车头"图层第 1 帧至第 80 帧（不包括第 80 帧）之间的任意一帧，在"属性"面板的"补间"卷展栏中可设置传统补间动画的参数，本例保持默认不变，如图 6-4 所示。

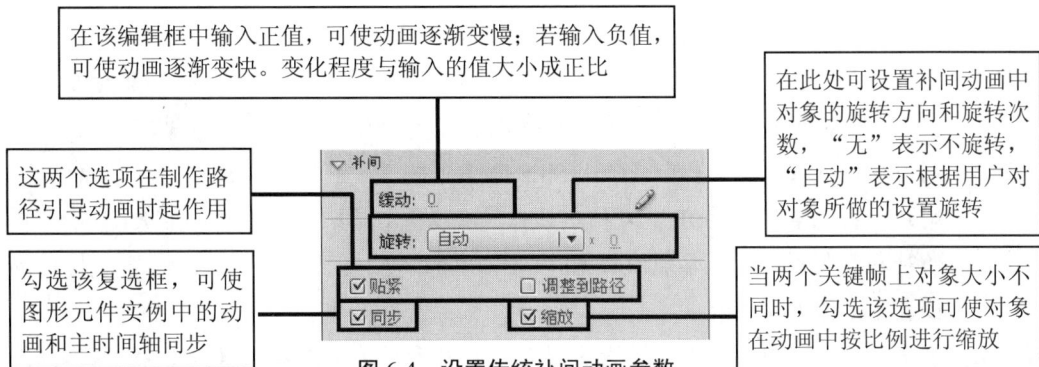

在该编辑框中输入正值，可使动画逐渐变慢；若输入负值，可使动画逐渐变快。变化程度与输入的值大小成正比

在此处可设置补间动画中对象的旋转方向和旋转次数，"无"表示不旋转，"自动"表示根据用户对对象所做的设置旋转

这两个选项在制作路径引导动画时起作用

勾选该复选框，可使图形元件实例中的动画和主时间轴同步

当两个关键帧上对象大小不同时，勾选该选项可使对象在动画中按比例进行缩放

图 6-4　设置传统补间动画参数

> 提示
> 若开始帧与结束帧之间不是箭头而是虚线，说明补间没有成功，原因可能是在开始帧或结束帧上有分离的对象或者一个以上的元件实例。

步骤 5 创建传统补间动画后，可按快捷键【Ctrl+Enter】预览动画效果。本例最终效果可参考本书配套素材"素材与实例" > "项目六"文件夹> "传统补间动画.swf"。

任务实施——制作日夜交替动画

下面通过制作如图 6-5 所示的日夜轮换动画，学习传统补间动画的应用。案例最终效果请参考本书配套素材"素材与实例" > "项目六"文件夹> "日夜交替.swf"文件。

图 6-5　日夜轮换动画

制作思路

首先打开素材文档，在"填充草原线稿.fla"文档中新建并重命名图层，将所有素材复制到该文档中，并将风车和风车的扇叶，以及背景转换为"风车"图形元件；然后进入"风车"元件内部，利用传统补间动画制作扇叶旋转的动画；最后返回主场景，将两个天空图形分别转换为图形元件，并利用改变元件实例亮度和透明度的方法制作日夜交替的动画效果。

制作步骤

步骤 1 打开本书配套素材"素材与实例" > "项目二"文件夹> "填充草原线稿.fla"，"项目三"文件夹> "风车.fla"，以及"项目六"文件夹> "夜空.fla"文档。

步骤 2 将"填充草原线稿.fla"文档中的图层重命名为"天空 1"和"风车"，然后在"天空 1"图层上方新建一个图层，并将其命名为"天空 2"。

步骤 3 利用快捷键【Ctrl+C】和【Ctrl+Shift+V】，将"夜空.fla"文档中的对象原位复制到"填充草原线稿.fla"文档中的"天空 2"图层中，再将"风车.fla"文档中的对象复制到"填充草原线稿.fla"文档中的"风车"图层中，并调整其大小和位置，如图 6-6 所示。

步骤 4 单击"风车"图层的第 1 帧选中风车、扇叶和草地，然后按【F8】键，将其转换为名为"风车"的图形元件，如图 6-7 所示。

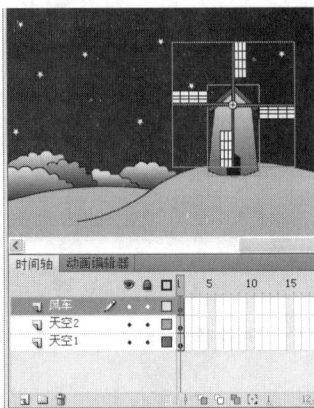

图 6-6　准备素材　　　　图 6-7　将风车、扇叶和草地转换为图形元件

步骤 5　双击"风车"元件实例进入其编辑状态，将"图层 1"重命名为"草地"，然后在"草地"图层上方新建一个图层，并重命名为"扇叶"，利用快捷键【Ctrl+X】和【Ctrl+Shift+V】，将"草地"图层中的"扇叶"元件实例原位剪切到"扇叶"图层中，如图 6-8 所示。

步骤 6　在"草地"图层的第 200 帧处插入普通帧，在"扇叶"图层的第 200 帧处插入关键帧，然后在"扇叶"图层第 1 帧与第 200 帧之间创建传统补间动画，如图 6-9 所示。

步骤 7　单击选中"扇叶"图层的第 1 帧，然后打开"属性"面板，在"补间"卷展栏中的"旋转"下拉列表中选择"顺时针"，在其右侧的编辑框中输入"1"，表示顺时针旋转 1 次，如图 6-10 所示。

图 6-8　在元件内进行编辑　　　图 6-9　创建传统补间动画　　　图 6-10　设置旋转的方向和次数

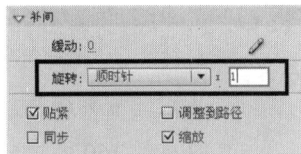

步骤 8　按快捷键【Ctrl+E】返回主场景，分别将"天空 1"图层和"天空 2"图层中的天空背景转换为名为"天空 1"和"天空 2"的图形元件。

步骤 9　在所有图层的第 200 帧插入普通帧，然后将"天空 2"图层的第 1 帧拖到第 40

帧处，如图 6-11 所示。

步骤 10 在 "风车" 图层第 40，80，120，160 帧处插入关键帧，然后分别在第 40 和第 80 帧之间以及第 120 和第 160 帧之间创建传统补间动画，如图 6-12 所示。

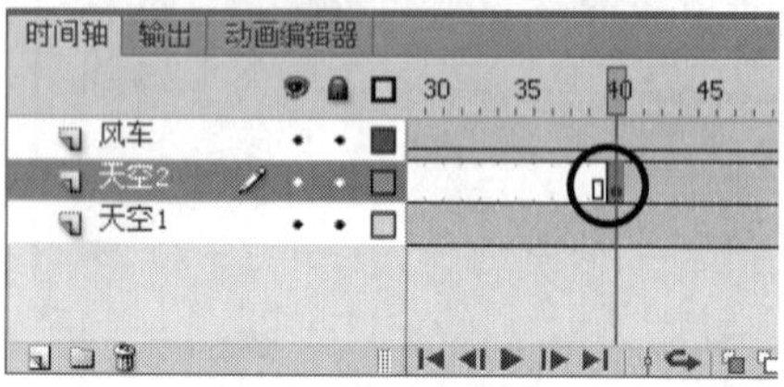

图 6-11　拖动关键帧

图 6-12　创建传统补间动画

步骤 11 单击选中 "风车" 图层第 80 帧中的 "风车" 元件实例，然后打开 "属性" 面板，在 "色彩效果" 卷展栏中的 "样式" 下拉列表中选择 "亮度" 选项，并在其下方的编辑框中输入 "-100"，如图 6-13 所示。用同样的操作将 "风车" 图层第 120 帧中的 "风车" 元件实例的亮度设为 "-100"。

步骤 12 在 "天空 2" 图层第 80，120，160 帧处插入关键帧，然后分别在第 40 和第 80 帧之间以及第 120 和第 160 帧之间创建传统补间动画，如图 6-14 所示。

图 6-13　设置元件实例的亮度

图 6-14　创建传统补间动画

步骤 13 单击选中 "天空 2" 图层第 40 帧中的 "天空 2" 元件实例，然后打开 "属性" 面板，在 "色彩效果" 卷展栏中的 "样式" 下拉列表中选择 "Alpha" 选项，并在其下方的编辑框中输入 "0"，如图 6-15 所示。用同样的操作将 "天空 2" 图层第 160 帧中的 "天空 2" 元件实例的透明度设为 "0"。至此案例就完成了，按快捷键【Ctrl+Enter】可观看动画效果。

图 6-15 设置元件实例透明度

任务二 创建基于对象的补间动画

任务说明

基于对象的补间动画（也可直接将其称为补间动画）是自 Flash CS6 开始新增的功能，与传统的补间动画不同的是，该补间动画是基于对象创建的，具有创建方式更加灵活，创建过程更加简单和容易的特点。本任务将带领读者学习该类补间动画的创建方法。

预备知识

一、创建补间动画

可以创建基于对象的补间动画的对象包括元件实例和文本对象。其创建流程通常为：

① 为要创建补间动画的对象添加与动画播放时间等长的普通帧（也可以在创建动画后再设置动画的播放时间）。

② 在舞台上右击要创建动画的对象，从弹出的快捷菜单中选择"创建补间动画"菜单。

③ 将播放头移动到时间轴的不同帧处，并设置不同帧上的对象的位置、旋转、缩放、倾斜、颜色或滤镜等属性（关于设置这些元件实例属性的方法，请参考项目五内容），Flash 会自动在相应的帧上生成属性关键帧，并在这些属性关键帧之间生成动画。此外，我们也可以先插入属性关键帧，然后再设置属性关键帧上的对象属性。

> **提示**　对于通过改变对象位置生成的补间动画，我们还可设置对象的运动路径。此外，通过设置对象在三维空间中的位置和旋转属性，可制作三维动画效果。

④ 创建好补间动画后，还可利用动画编辑器对创建的动画进行调整，使动画更加精彩。

下面通过一个简单实例，介绍补间动画的创建方法。

步骤 1 打开本书配套素材"素材与实例" > "项目六"文件夹 > "补间素材.fla"文档，会看到舞台中有一幅位图背景，如图 6-16 所示。

步骤 2 在"背景"图层上方新建一个图层，并将其命名为"蝴蝶"，然后将"库"面板中的"蝴蝶"影片剪辑拖到"蝴蝶"图层的舞台右上方，如图 6-17 所示。

图 6-16　打开素材文档 　　　　　　图 6-17　拖入影片剪辑

步骤 3 在所有图层的第 50 帧处插入普通帧，然后在舞台中的"蝴蝶"影片剪辑实例上右击，在弹出的快捷菜单中选择"创建补间动画"选项（如图 6-18（a）所示），此时"蝴蝶"图层会变为补间图层，其图层图标变为 形状。

步骤 4 单击"蝴蝶"图层的第 50 帧将播放头跳转到该帧，然后将"蝴蝶"图层第 50 帧中的"蝴蝶"影片剪辑实例移动到舞台左下方，此时系统会自动在"蝴蝶"图层第 50 帧处插入一个属性关键帧，以及生成一条运动路径，如图 6-18（b）所示。

> **知识库**
>
> 　　用户也可以在补间图层中手动插入属性关键帧，只需右击补间图层中要插入属性关键帧的位置，从弹出的快捷菜单中选择"插入关键帧"，在弹出的子菜单中选择要插入的属性关键帧即可，如图 6-19 所示。创建属性关键帧后，用户可设置该帧上对象的位置、角度、透明度和色调等属性，从而生成动画。

（a）　　　　　　　　　　　（b）

图 6-18　创建补间动画　　　　　　图 6-19　手动插入属性关键帧

步骤5　我们可以使用"选择工具" ![选择工具图标] 调整对象的运动路径，调整方法与前面项目介绍的相同，本例将其调整为如图 6-20 所示的形状。

步骤6　选择"任意变形工具" ![任意变形工具图标] ，调整"蝴蝶"图层第 1 帧和第 50 帧中"蝴蝶"影片剪辑实例的角度，如图 6-21 所示。

步骤7　至此实例就完成了，按快捷键【Ctrl+Enter】即可观看动画的播放效果。本例最终效果可参考本书配套素材"素材与实例"＞"项目六"文件夹＞"补间动画.swf"。

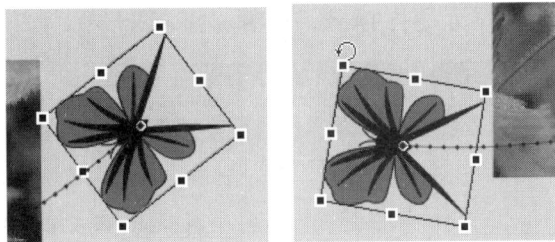

图 6-20　调整运动路径　　　　　图 6-21　调整各属性关键帧上元件实例的角度

二、编辑补间动画的帧

补间动画中用来设置对象属性的帧被称为属性关键帧，其编辑方法与传统的帧不同。下面通过操作上一节制作的动画，为读者介绍编辑补间动画中的帧的方法。

步骤1　打开本书配套素材"素材与实例"＞"项目六"文件夹＞"补间动画.fla"文档。

步骤2　补间动画在时间轴中的表现形式为具有蓝色背景的一组帧，称为补间范围。补间范围默认将作为单个对象存在，我们可将其从时间轴中的一个位置拖到另一个位置，包括拖到另一个图层。例如，将"蝴蝶"图层的补间范围向右拖动 15 帧，如图 6-22 所示。

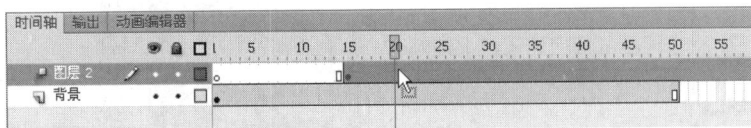

图 6-22　拖动补间范围

步骤3　要延长或缩短补间范围，从而延长或缩短动画，可将鼠标光标移动到补间范围的末端或开端处，当光标变为双向箭头时向左或向右拖动。例如，将"蝴蝶"图层的补间范围末端向左拖动 15 帧，如图 6-23 所示。如果补间中有多个属性关键帧，延长或缩短补间范围时将均匀地分布这些关键帧。

图 6-23　调整补间范围

步骤 4 如果仅希望延长补间动画的最后一个属性关键帧的内容，可按住【Shift】键向右拖动补间范围的末端。例如，将"蝴蝶"图层的最后一个属性关键帧内容向右延长 10 帧，如图 6-24 所示。

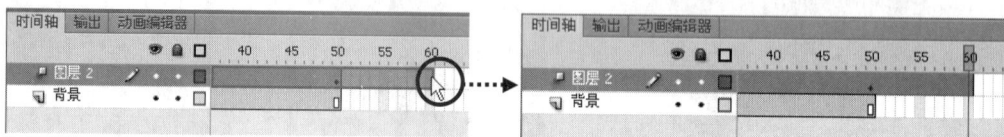

图 6-24　延长属性关键帧内容

步骤 5 当在时间轴上单击某个帧时，会选中整个补间范围。如果只希望选中某个属性关键帧，可按住【Ctrl】键并单击该属性关键帧，如图 6-25 所示。此时便可以对该关键帧进行移动或复制等操作了，方法与项目四中介绍的相同。

步骤 6 要在时间轴面板中显示、隐藏或清除属性关键帧，可右击补间范围，然后从弹出的快捷菜单中选择"查看关键帧"和"清除关键帧"菜单中的相应子菜单，如图 6-26 所示。如果只希望对单个属性关键帧进行操作，可先利用步骤 5 的方法单独选中该属性关键帧。

取消某个属性的勾选状态，即可在时间轴面板中隐藏相应的属性关键帧，反之显示。当为一个属性关键帧中的对象设置了多种属性后，需要同时取消这些属性的勾选状态，才能隐藏相应的属性关键帧

选择某个属性即可清除为对象设置的相应属性

图 6-25　选择单个属性关键帧

图 6-26　查看或清除属性关键帧

步骤 7 在时间轴面板中选中补间范围后，可在"属性"面板中像传统补间动画一样设置动画的缓动、旋转等选项，还可设置路径的位置和大小，如图 6-27 所示。

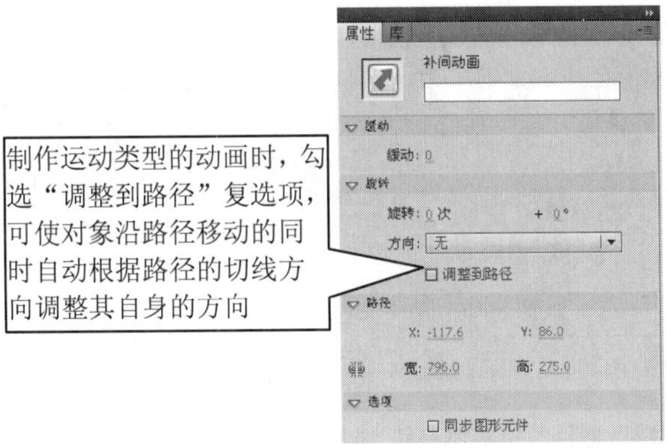

制作运动类型的动画时，勾选"调整到路径"复选项，可使对象沿路径移动的同时自动根据路径的切线方向调整其自身的方向

图 6-27 设置补间动画属性

三、动画编辑器的应用

利用"动画编辑器"面板可查看和编辑补间动画各帧中对象的属性，从而对补间动画进行精细调整。下面通过调整前面制作的补间动画，学习动画编辑器的使用方法。

步骤1 打开本书配套素材"素材与实例" > "项目六"文件夹> "补间动画.fla"文档，使用"选择工具" ▶ 选中第 1 帧舞台中的"蝴蝶"影片剪辑实例。

步骤2 单击"动画编辑器"标签，或选择"窗口" > "动画编辑器"菜单，打开"动画编辑器"面板，如图 6-28 所示。

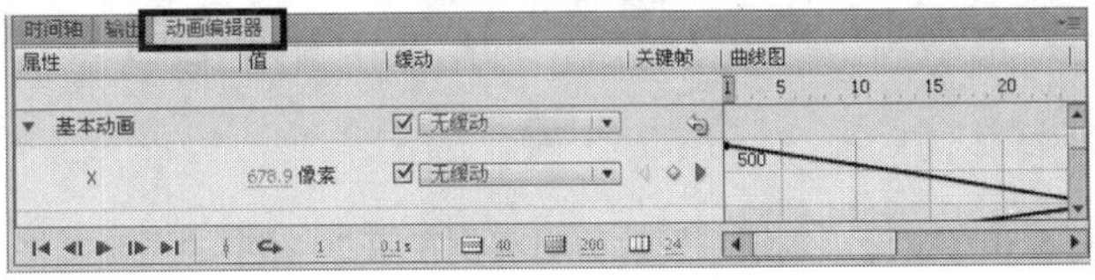

图 6-28 "动画编辑器"面板

步骤3 在"动画编辑器"面板的左侧选择需要设置的对象属性，这里先设置所选"蝴蝶"影片剪辑实例的缩放属性。单击"转换"栏目左侧的 ▶ 按钮展开该栏目，再单击右侧"曲线图"设置区顶部第 20 帧处，将播放头转到该帧（表示设置该帧上的对象属性），然后分别在 X 轴和 Y 轴的"缩放宽度"编辑框中输入"60"，表示将第 10 帧上的对象等比例缩小 60%，此时将自动在该帧处插入属性关键帧，如图 6-29 所示。

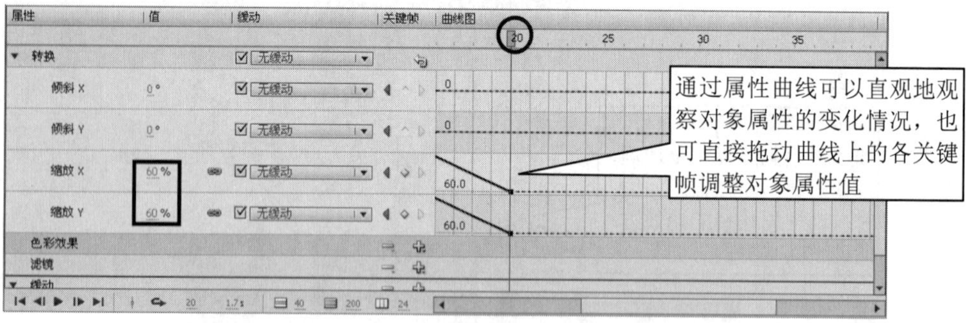

通过属性曲线可以直观地观察对象属性的变化情况，也可直接拖动曲线上的各关键帧调整对象属性值

图 6-29　设置"蝴蝶"影片剪辑实例在第 20 帧中的缩放属性

> 利用面板底部的"可查看的帧"编辑框 □ 50 可设置在"曲线图"区显示的帧数（当然，对于隐藏的帧，也可拖动面板底部的滚动条显示）；利用"图形大小"编辑框 □ 30 可设置在左侧列出的每种属性的高度；利用"扩展图形的大小"编辑框 □ 50 可设置所选属性的高度。

步骤 4　保持播放头的位置不变，单击"色彩效果"栏目右侧的 ➕ 按钮，在展开的列表中选择"Alpha"选项，然后在"Alpha 数量"编辑框中输入"50"，表示将第 20 帧中"蝴蝶"影片剪辑实例的透明度设为 50%，如图 6-30 所示。

图 6-30　设置"蝴蝶"影片剪辑实例在第 20 帧中的透明属性

步骤 5　单击"曲线图"设置区顶部第 30 帧将播放头转到该帧，然后分别单击"关键帧"设置区"缩放 X"属性和"Alpha 数量"属性中的"添加或删除关键帧"按钮 ◇，在"缩放 X"、"缩放 Y"和"Alpha"属性的第 30 帧处添加关键帧，如图 6-31 所示。这样一来，对象在第 20 帧到第 30 帧都缩放 60%，并且透明度为"50%"，无变化。

> 再次单击"添加或删除关键帧"按钮 ◇ 可删除播放头所在位置的关键帧。此外，也可直接更改对象属性，此时系统将自动在播放头所在位置插入一个关键帧。
>
> 设置对象在 X 和 Y 轴上的缩放百分比时，若打开了"链接 X 和 Y 属性值" ⊂⊃ 开关（默认为打开），则设置"缩放 X"属性时，也将同时自动设置"缩放 Y"属性。若希望将"缩放 X"和"缩放 Y"属性设为不同值，可单击取消该按钮，使其变为 ⊃⊂ 状态（再次单击可将其选中）。

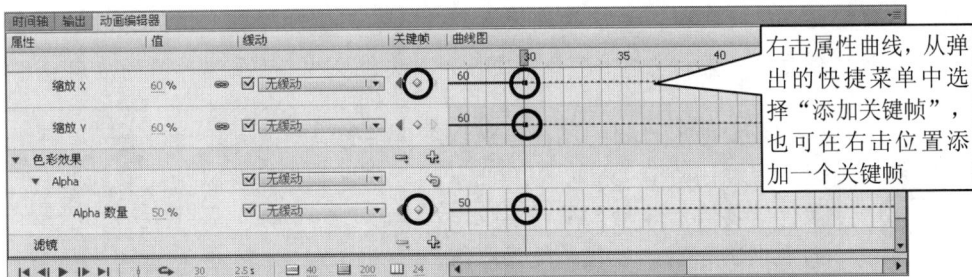

图 6-31 第 30 帧处添加关键帧

步骤 6 单击"曲线图"设置区顶部第 50 帧将播放头转到该帧，然后在"缩放宽度"编辑框中输入"30"，"Alpha 数量"编辑框中输入"20"，如图 6-32 所示。

图 6-32 设置"蝴蝶"影片剪辑实例在第 50 帧中的属性

步骤 7 下面通过编辑属性曲线制作透明度变化的缓动效果（缓动是指补间动画变化的方式。例如，使补间动画加速或减速变化）。在"Alpha 数量"属性的第 10 帧处插入一个关键帧，然后右击该关键帧，从弹出的快捷菜单中选择"平滑点"，添加一个平滑点，如图 6-33（a）所示。

(a)　　　　　　　　　　　　　　　　(b)

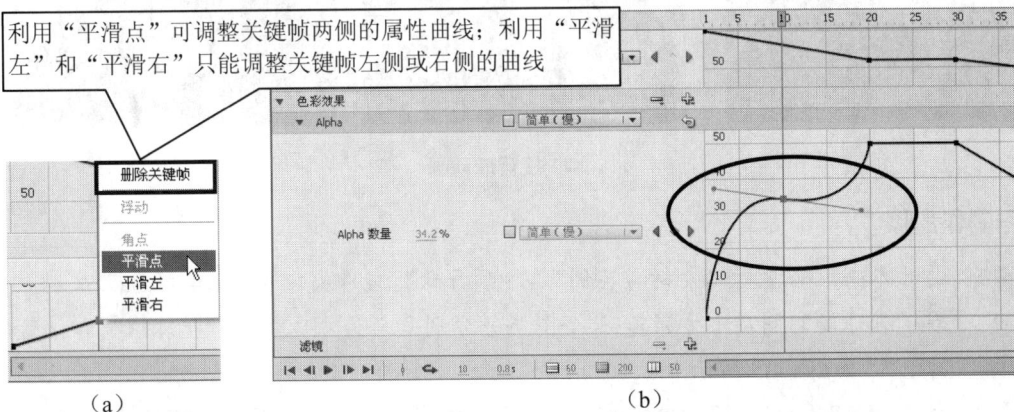

图 6-33 制作透明度变化的缓动效果

步骤 8 向右下方拖动平滑点右侧的控制柄，将第 1 帧到第 20 帧之间的属性曲线调整为如图 6-33（b）所示的形状。如此一来，在第 1 帧到 20 帧之间对象透明度属性的变化将从慢到快，再从快到慢。到此，本例便制作好了，最终效果可参考本书配套素材"素材与实例">"项目六"文件夹>"动画编辑器的应用.swf"。

> **提示**　我们也可为相关属性添加系统提供的缓动效果，方法是：单击"缓动"栏右侧的 ➕ 按钮，在弹出的列表中加载系统提供的缓动效果，然后展开需要添加缓动效果的属性，在"已选的缓动" [无缓动 ▼] 下拉列表中选择刚才加载的缓动效果。

任务实施——制作接篮球动画

下面通过制作一个如图 6-34 所示的接篮球动画效果，进一步学习补间动画的应用。案例最终效果请参考本书配套素材"素材与实例">"项目六"文件夹>"接篮球.swf"文件。

制作思路

打开素材文档后插入普通帧，然后新建并重命名图层；接着在"球员"图层中拖入"球员1"图形元件，再在"球员"图层的第9帧插入关键帧，并利用"交换"按钮交换舞台中的对象；利用补间动画在"篮球1"图层中创建篮球飞来的动画效果，在"篮球2"图层中创建篮球落地的动画效果；最后通过在"动画编辑器"中调整参数，制作篮球落地后弹起的动画效果。

图 6-34　接篮球动画

制作步骤

步骤 1　打开本书配套素材"素材与实例">"项目六"文件夹>"篮球素材.fla"文档，在"篮球场"图层上方新建3个图层并分别命名为"球员"、"篮球1"和"篮球2"，如图 6-35 所示。

步骤 2　打开"库"面板，将"球员1"图形元件拖到"球员"图层第1帧的舞台中，如图 6-36 所示。

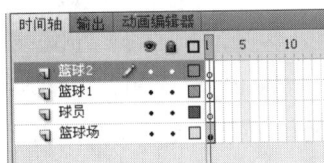

图 6-35　新建并重命名图层

图 6-36　拖入"球员 1"图形元件

步骤 3　在"篮球场"和"球员"图层的第 30 帧插入普通帧，再在"球员"图层的第 9 帧处插入关键帧，如图 6-37 所示。

步骤 4　使用"选择工具" ![箭头] 选中"球员"图层第 9 帧上的"球员 1"元件实例，然后单击"属性"面板中的"交换"按钮 交换... ，在打开的"交换元件"对话框中选择"球员 2"图形元件，并单击"确定"按钮，如图 6-38 所示。

图 6-37　插入关键帧

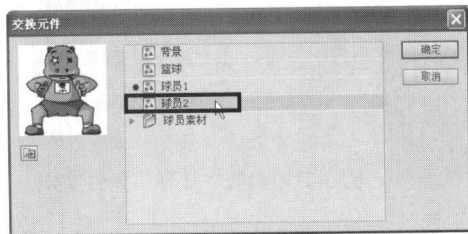

图 6-38　交换元件

步骤 5　在"篮球 1"图层的第 5 帧插入关键帧，第 15 帧插入普通帧，然后将"库"面板中的"篮球"图形元件拖到"篮球"图层第 5 帧的舞台下方，如图 6-39 所示。

步骤 6　右击舞台中的"篮球"元件实例，在弹出的快捷菜单中选择"创建补间动画"菜单，如图 6-40 所示。

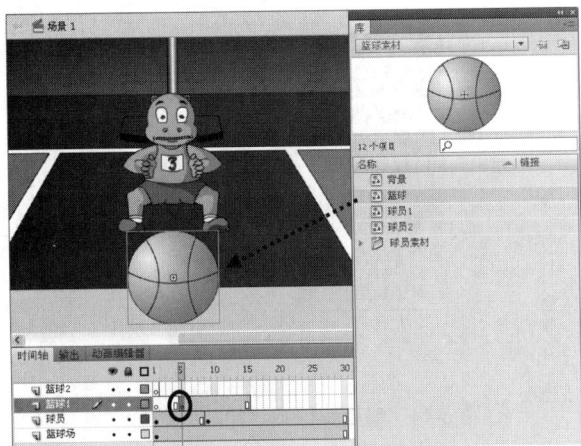

图 6-39　将"篮球"图形元件拖入舞台

图 6-40　创建补间动画

步骤 7　单击选中"篮球 1"图层的第 9 帧，将播放头跳转到该帧，然后将"篮球"元件实例向上移动，并使用"任意变形工具" 适当缩小，如图 6-41（a）所示；使用"选择工具" 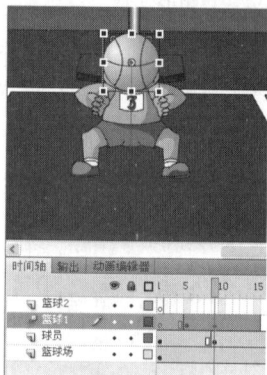调整"篮球"元件实例的运动路径，如图 6-41（b）所示。

步骤 8　在按住【Ctrl】键的同时分别选中"篮球 1"图层的第 10 和 11 帧，并插入关键帧，然后使用"任意变形工具" 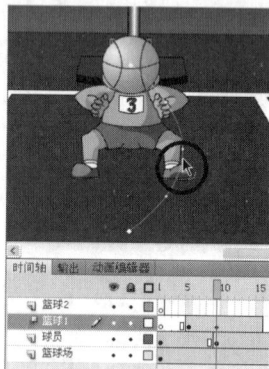对第 10 帧中的"篮球"元件实例进行拉伸，如图 6-42 所示。

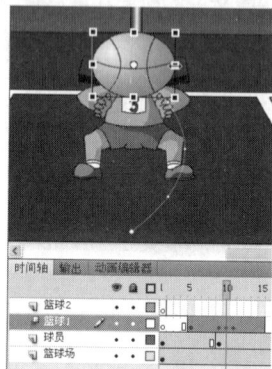

（a）　　　　　　　　　　　（b）

图 6-41　调整"篮球"元件实例　　　　图 6-42　拉伸"篮球"元件实例

步骤 9　在"篮球 2"图层的第 16 帧插入关键帧第 30 帧插入普通帧，然后利用快捷键【Ctrl+C】和【Ctrl+Shift+V】，将"篮球 1"图层第 15 帧中的"篮球"元件实例原位复制到"篮球 2"图层的第 16 帧中，如图 6-43 所示。

步骤 10　右击"篮球 2"图层第 16 帧中的"篮球"元件实例，在弹出的快捷菜单中选择"创建补间动画"菜单，再将"篮球 2"图层第 30 帧中的"篮球"元件实例向下移动，如图 6-44 所示。

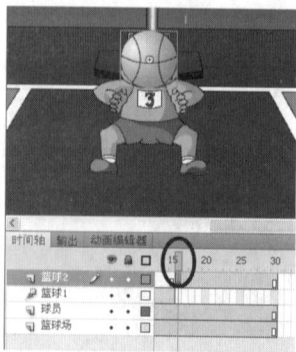

图 6-43　原位复制"篮球"元件实例　　　图 6-44　创建篮球下移的补间动画

步骤 11　使用"选择工具" 选中"篮球 2"图层第 16 帧中的"篮球"元件实例，然

后单击"动画编辑器"面板"缓动"卷展栏中的"添加颜色、滤镜或缓动"按钮 ，在展开的下拉列表中选择"回弹"选项，如图 6-45（a）所示。

步骤 12 在"动画编辑器"面板"基本动画"卷展栏下"Y"选项右侧的缓动下拉列表中选择"2-回弹"选项，如图 6-45（b）所示。至此实例就完成了，按快捷键【Ctrl+Enter】可预览动画效果。

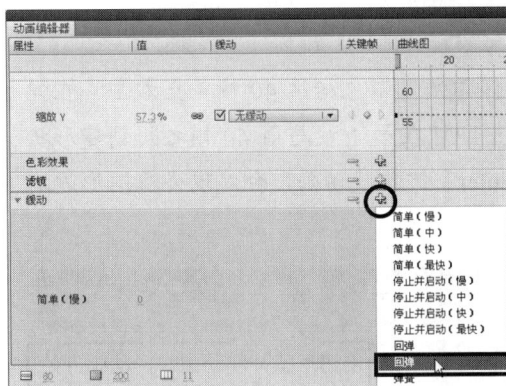
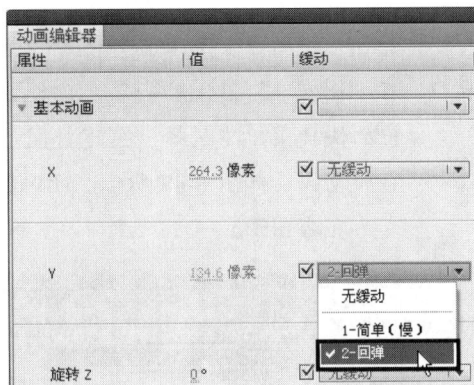

（a）　　　　　　　　　　　　　　（b）

图 6-45　为篮球的 Y 轴添加"回弹"缓动效果

任务三　创建形状补间动画

任务说明

与传统补间动画和基于对象的补间动画不同，形状补间动画主要是针对形状的变化创建过渡动画。本任务将带领读者学习形状补间动画的创建方法以及形状提示的应用。

预备知识

一、创建形状补间动画

要创建形状补间动画，必须保证两个关键帧上的对象都是分离的图形，如果要使用元件实例、文字、组合的图形等对象创建形状补间动画，需要先将它们分离。下面以制作一个公鸡变凤凰的动画效果为例，介绍形状补间动画的创建方法。

步骤 1 打开本书配套素材"素材与实例">"项目六"文件夹>"形状补间素材.fla"文档，在该文档"图层 1"第 1 帧中有一个公鸡图形，第 40 帧有一只孔雀图形，如图 6-46 所示。

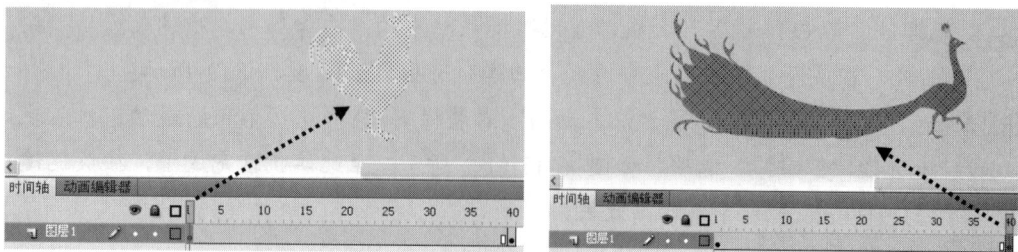

图 6-46 素材文档

步骤 2 在"图层 1"第 1 帧与第 40 帧之间的任意帧（不包括第 40 帧）上右击，在弹出的快捷菜单中选择"创建补间形状"，即可在第 1 帧与第 40 帧之间创建形状补间动画，如图 6-47 所示。此时按【Enter】键预览动画，会发现公鸡图形逐渐变为孔雀图形。

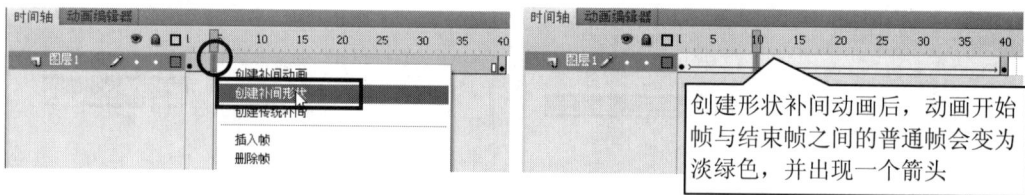

创建形状补间动画后，动画开始帧与结束帧之间的普通帧会变为淡绿色，并出现一个箭头

图 6-47 创建形状补间动画

> 选中创建形状补间动画的帧后，可在"属性"面板"补间"栏中设置动画的混合模式，如图 6-48 所示。其中选择"分布式"选项，则动画中形状的过渡会比较平滑和不规则；选择"角形"选项，动画中形状的过渡会保留明显的角和直线，适合于具有锐化转角和直线的形状变化。

二、使用形状提示

在创建形状补间动画的时候，图形的变化是随机的，有时并不符合我们的要求。使用形状提示功能可以控制形状的变化过程，使其按照我们希望的方式变化。下面通过为上一节创建的形状补间动画添加形状提示，介绍形状提示的使用方法。

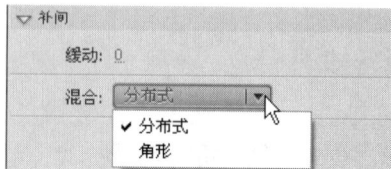

图 6-48 设置形状补间动画的混合模式

步骤 1 在上一节制作的动画文档中按【Enter】键预览动画效果时，会发现公鸡变孔雀的变形效果不是很理想，需要添加形状提示。

步骤 2 选中"图层 1"的第 1 帧，然后选择"修改" > "形状" > "添加形状提示"菜单或按快捷键【Ctrl+Shift+H】，在舞台中添加一个形状提示，如图 6-49（a）所示。

步骤 3 连续按快捷键【Ctrl+Shift+H】4 次，在舞台中再添加 4 个形状提示，然后按照形状提示上的字母顺序将形状提示拖到如图 6-49(b)所示的公鸡图形相应位置。

步骤 4　将播放头转到第 40 帧，会发现该帧上的孔雀图形上也出现了 4 个形状提示，将这几个形状提示按照字母顺序拖放到如图 6-49（c）所示的孔雀图形相应位置。此时第 40 帧中的形状提示会变为绿色，第 1 帧中的形状提示会变为黄色，表示形状提示在同一条曲线上。此时再预览动画，会发现形状的变化很有规则。

> **提示**　第 1 帧上的形状提示 a 所在的位置将过渡到第 40 帧上的形状提示 a 所在的位置，以此类推。

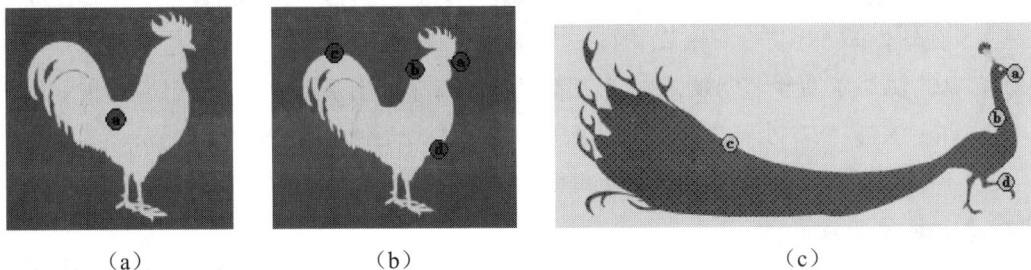

(a)　　　　　　　　(b)　　　　　　　　(c)

图 6-49　添加形状提示

形状提示若使用不当，不但无法使形状补间动画的过渡达到预期效果，反而会适得其反，所以在使用形状提示时应注意以下几点。

➢ 形状补间动画开始帧与结束帧上的形状提示是一一对应的，如动画开始处形状提示 "a" 的所在位置，会变化到动画结束处形状提示 "a" 的所在位置。

➢ 按逆时针顺序从对象的左上角开始放置形状提示，可使过渡达到最佳效果。

➢ 形状提示必须在形状的边缘才能起作用，在调整形状提示的位置前，可按下工具箱中的 "贴紧至对象" 按钮，这样形状提示会自动吸附到图形边缘上。

➢ 要删除所有的形状提示，可将播放头跳转到形状补间动画的开始帧，然后选择 "修改" > "形状" > "删除所有提示" 菜单；要删除单个形状提示，可右击要删除的形状提示，在弹出的快捷菜单中选择 "删除提示" 菜单。

任务实施

一、制作节日贺卡动画

下面通过创建一个如图 6-50 所示的节日贺卡，学习形状补间动画和基于对象的补间动画的应用。案例最终效果请参考本书配套素材 "素材与实例" > "项目六" 文件夹 > "节日贺卡.swf" 文件。

图 6-50　节日贺卡

制作思路

首先打开素材文档并新建一个图层，然后将"库"面板中的元件拖入舞台，并利用补间动画制作开幕动画，最后利用形状补间动画制作闪光变为文字的动画。

制作步骤

步骤 1 打开本书配套素材"素材与实例">"项目六"文件夹>"贺卡素材.fla"文档，打开"库"面板，会发现"库"面板中有两个图形元件和一个位图图像，如图6-51 所示。

步骤 2 将"图层1"重命名为"背景"，然后在"背景"图层上方再新建3个图层，分别命名为"灯笼"、"帷幕1"和"帷幕2"，如图6-52所示。

步骤 3 从"库"面板中将"夜景.jpg"图像拖入"背景"图层，并在"属性"面板中将其"X"、"Y"坐标设为"0"；将"灯笼"图形元件拖入"灯笼"图层，然后复制3份"灯笼"元件实例，适当缩放后放置在如图6-53所示的位置。

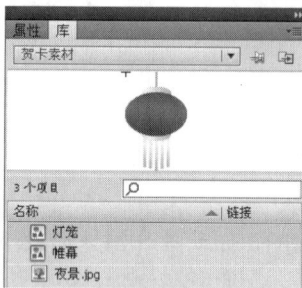

图 6-51 "库"面板中的元件　　图 6-52 新建并重命名图层　　图 6-53 拖入位图和灯笼

步骤 4 将"帷幕"图形元件分别拖入"帷幕1"、"帷幕2"图层，并调整位置，使"帷幕1"图层上的元件实例覆盖舞台右半侧，"帷幕2"图层上的元件实例覆盖舞台左半侧，如图6-54所示。

步骤 5 在所有图层的第70帧处插入普通帧，然后在"帷幕1"和"帷幕2"图层的第10帧处插入关键帧。

步骤 6 分别在"帷幕1"和"帷幕2"图层的第10帧上右击，创建补间动画，然后将"帷幕1"图层第30帧上的"帷幕"元件实例移至舞台右侧外，将"帷幕2"图层第30帧上的"帷幕"元件实例移至舞台左侧外，如图6-55所示。

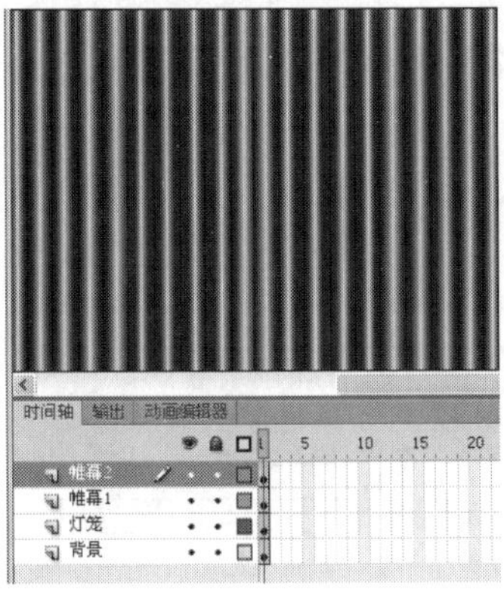

图 6-54　拖入"帷幕"元件

图 6-55　创建开幕动画

步骤 7　在"灯笼"图层上方新建 4 个图层，分别命名为"节"、"日"、"快"和"乐"，如图 6-56 所示。

步骤 8　在"节"图层的第 30 帧处插入关键帧，然后在舞台左下方绘制一个没有填充色的正圆，并为其填充由白色到"Alpha"值为"30%"的白色的径向渐变，将其边线删除，从而制作一个闪光效果，如图 6-57 所示。

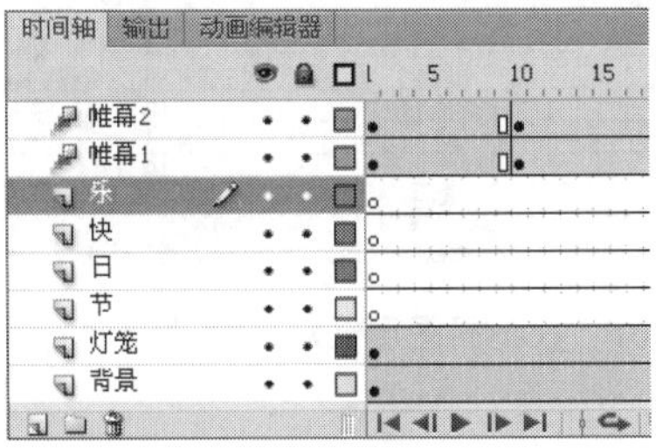

图 6-56　新建图层

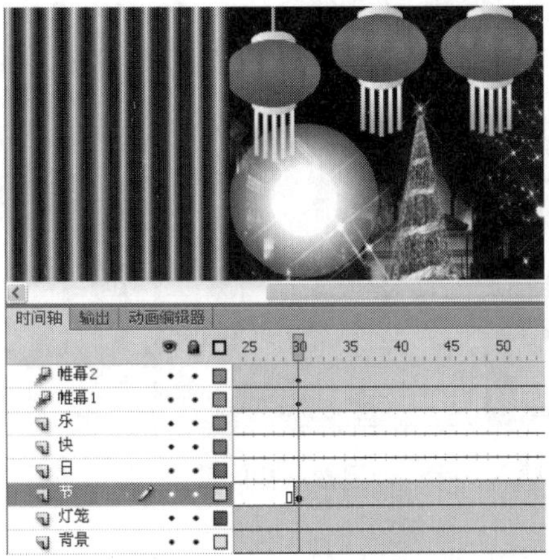

图 6-57　绘制闪光效果

步骤 9　在"日"图层的第 35 帧、"快"图层的第 40 帧和"乐"图层的第 45 帧处插入关键帧，并利用与步骤 8 相同的操作，分别在这些帧上绘制闪光效果（或直接将步骤 8 中绘制的闪光效果复制到这些帧），如图 6-58 所示。

步骤 10　在"节"图层的第 35 帧和第 40 帧处插入关键帧，然后利用"变形"面板将"节"图层第 30 帧上的闪光图形缩小至 10%，最后在"节"图层第 30 帧和第 35 帧之间创建形状补间动画，如图 6-59 所示。

图 6-58　在不同图层中绘制闪光效果

图 6-59　创建形状补间动画

步骤 11　选择"文本工具" [T]，在"属性"面板中将"系列"设为"隶书"、"大小"设为"70"、"颜色"设为黄色（#FFFF00），然后在"节"图层第 40 帧上的闪光图形上输入"节"字。输入完毕后将第 40 帧上的闪光图形删除，再将"节"字分离，接着在"节"图层第 35 帧与第 40 帧之间创建形状补间动画，如图 6-60 所示。

步骤 12　参考步骤 10~11 的操作，在"日"、"快"和"乐"图层上创建形状补间动画，注意每向上一个图层，制作形状补间动画的帧数就向后延 5 帧，时间轴最终效果如图 6-61 所示，至此实例就完成了。

图 6-60　输入文字并创建形状补间动画

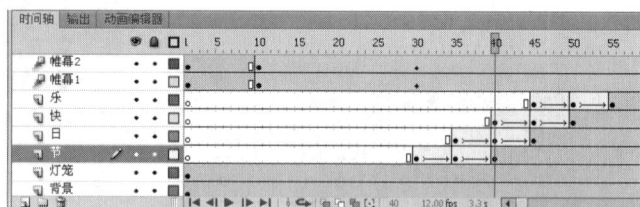

图 6-61　在不同图层创建形状补间动画

二、制作倒果汁动画

下面通过制作如图 6-62 所示的倒果汁动画效果，学习利用 Flash CS6 制作动画的各种方法。案例最终效果请参考本书配套素材"素材与实例" > "项目六"文件夹 > "倒果汁.swf"文件。

制作思路

首先打开素材文档并新建图层，然后将"果汁"图形元件拖到"果汁 1"图层，接着利用传统补间动画在"果汁 1"图层制作倒果汁的动画效果，再利用形状补间动画在"果汁 2"图层制作果汁流出的动画效果，在"果汁 3"图层制作果汁装满杯子的动画效果。

图 6-62 倒果汁

制作步骤

步骤 1 打开本书配套素材"素材与实例">"项目六"文件夹>"餐桌素材.fla"文档，会看到舞台中有一副餐桌的图形，且餐桌上的杯子和果汁都被单独放在一个图层中，如图 6-63 所示。

步骤 2 在"果汁 1"图层上方新建两个图层，并分别命名为"果汁 2"和"果汁 3"，如图 6-64 所示。

步骤 3 在所有图层的第 70 帧插入普通帧，然后在"果汁 1"图层的第 10 帧和第 15 帧处插入关键帧，接着使用"任意变形工具"对"果汁 1"图层第 15 帧中的"果汁"元件实例进行旋转，并向右移动到杯子左上方，再在"果汁 1"图层第 10 帧与第 15 帧之间创建传统补间动画，如图 6-65 所示。

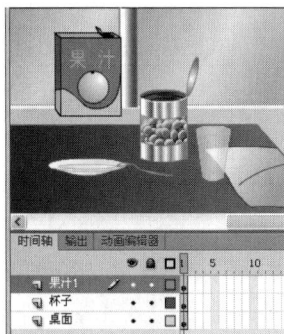

图 6-63 打开素材文档　　　　图 6-64 新建图层　　　　图 6-65 创建传统补间动画

步骤 4 在"果汁 2"图层的第 15 帧处插入关键帧，然后使用"线条工具" \ 和"选择工具" ▶ 在该关键帧上绘制流出的果汁，并为其填充橙色（#FFCC00），最后将其边线删除，效果如图 6-66（b）所示。

步骤 5 在 "果汁 2" 图层的第 20 帧插入空白关键帧，然后使用 "线条工具" 和 "选择工具" 在该关键帧上绘制流入杯中的果汁，并为其填充橙色（#FFCC00），最后将其边线删除，效果如图 6-67（b）所示。

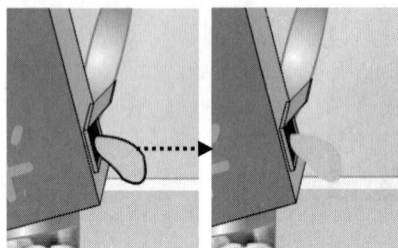

（a）　　　　（b）

图 6-66　绘制流出的果汁

（a）　　　　（b）

图 6-67　绘制流入杯中的果汁

步骤 6 在 "果汁 2" 图层第 15 帧与第 20 帧之间创建形状补间动画，如图 6-68 所示。

步骤 7 在 "果汁 3" 图层的第 20 帧插入关键帧，然后使用 "线条工具" 和 "选择工具" 在该关键帧中绘制杯中的果汁，并为其填充橙色（#FFCC00），最后将其边线删除，效果如图 6-69 所示。

步骤 8 在 "果汁 3" 图层的第 30，40 及 50 帧处插入关键帧，然后使用 "线条工具" 和 "选择工具" 调整 "果汁 3" 图层第 20，30 及 40 帧中的果汁形状，效果如图 6-70 所示。

步骤 9 在 "果汁 3" 图层第 20 帧与第 30 帧之间、第 30 帧与第 40 帧之间以及第 40 帧与第 50 帧之间创建形状补间动画，如图 6-71 所示。

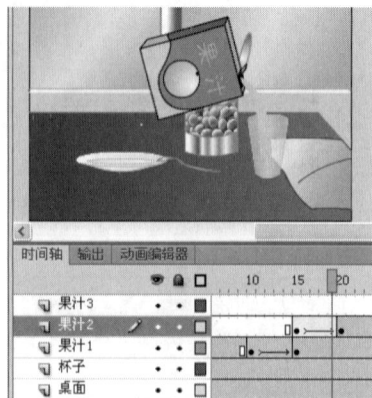

图 6-68　创建形状补间动画

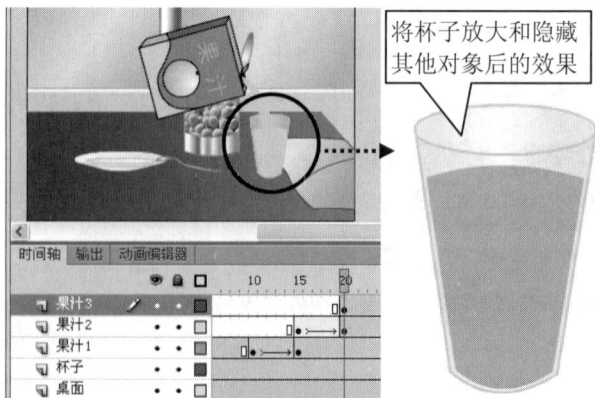

将杯子放大和隐藏其他对象后的效果

图 6-69　绘制杯中的果汁

第20帧　　　　第30帧　　　　第40帧

图 6-70　调整各帧中的果汁

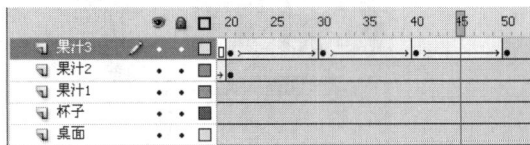

图 6-71　创建形状补间动画

步骤 10 按【Enter】键在 Flash 中预览动画效果，会发现从第 30 帧到第 40 帧时杯中果汁上涨的动画效果不太自然，如图 6-72 所示。

步骤 11 单击选中"果汁 3"图层的第 30 帧，然后连续按快捷键【Ctrl+Shift+H】两次，添加两个形状提示，将标有字母"a"的形状提示拖到杯中果汁的左下角，将标有字母"b"的形状提示拖到杯中果汁的右下角，再将"果汁 3"图层第 40 帧中的形状提示移动到相应位置，如图 6-73 所示。

图 6-72　动画过渡不自然

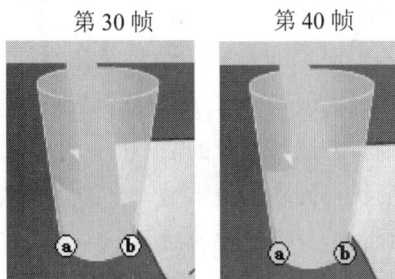

第30帧　　　　第40帧

图 6-73　添加形状提示

步骤 12 在"果汁 2"图层的第 50 帧处插入空白关键帧，在"果汁 1"图层的第 50 帧处插入关键帧，第 55 帧处插入空白关键帧，然后将"果汁 1"图层第 1 帧中的"果汁"元件实例原位复制到第 55 帧中，如图 6-74 所示。

步骤 13 在"果汁 1"图层第 50 帧与第 55 帧之间创建传统补间动画，制作抬起果汁的动画效果（如图 6-75 所示），至此实例就完成了。

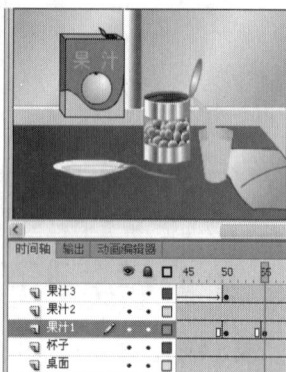

图 6-74　复制"果汁"元件实例

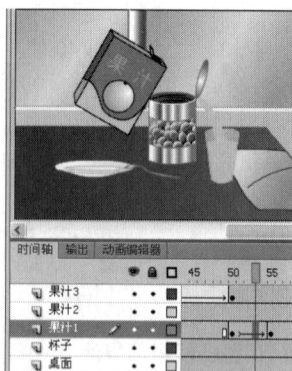

图 6-75　创建传统补间动画

项目总结

本项目主要介绍了创建传统补间动画、基于对象的补间动画（有时也直接称其为补间动画）和形状补间动画的方法。在学习本项目知识的过程中，应注意以下几点。

➢ 传统补间动画是指在前后两个关键帧中放置同一元件实例，用户只需对这两个关键帧上的元件实例的位置、角度、大小和透明度等进行设置，然后由 Flash 自动生成中间各帧上的对象所形成的动画。

➢ 基于对象的补间动画也是在不同的关键帧中设置同一对象的不同属性形成的动画。但基于对象的补间动画中用来设置对象属性的帧被称为属性关键帧，其编辑方法与传统的帧不同，此外，还可利用动画编辑器对创建的动画进行调整。

➢ 形状补间动画是指由一个形状变成另一个形状的动画效果。在创建形状补间动画时，只需设置前后两个关键帧中的图形形状即可。此外，还可使用形状提示来约束前后两个关键帧上形状的变化。

➢ 在传统补间动画和补间动画的开始帧及结束帧中只能有一个补间对象。其中，传统补间动画的创建对象只能是元件实例，基于对象的补间动画的创建对象可以是元件实例或文本，而形状补间动画的创建对象只能是分离的矢量图形。

➢ 若在创建传统补间动画或形状补间动画后，开始帧与结束帧之间不是箭头而是虚线，表示补间动画没有创建成功。

课后操作

1. 重新制作项目五任务一的小蜜蜂动画，使小蜜蜂在飞到鲜花上时停留一下，然后再飞走，如图 6-76 所示。本题最终效果请参考本书配套素材"素材与实例">"项目六"文件夹>"勤劳的小蜜蜂.swf"文件。

提示：

（1）打开本书配套素材"素材与实例" >"项目六"文件夹>"操作题素材 1.fla"文件。

（2）在所有图层的第 90 帧插入普通帧，然后为"蜜蜂"影片剪辑实例创建补间动画。

（3）将第 1 帧上的"蜜蜂"影片剪辑实例拖到舞台左侧外偏上位置，将第 30 帧上的"蜜蜂"影片剪辑实例拖到舞台中下位置的鲜花上方。

（4）在"蜜蜂"图层第 60 帧插入一个位置属性关键帧，然后将第 90 帧上的"蜜蜂"影片剪辑实例拖到舞台右侧外的偏上位置。最后适当调整蜜蜂的运动路径曲线即可。

图 6-76　勤劳的小蜜蜂

2. 利用本项目所学知识制作如图 6-77 所示的邪恶的南瓜头动画。本题最终效果请参考本书配套素材"素材与实例" >"项目六"文件夹>"邪恶的南瓜头.swf"文件。

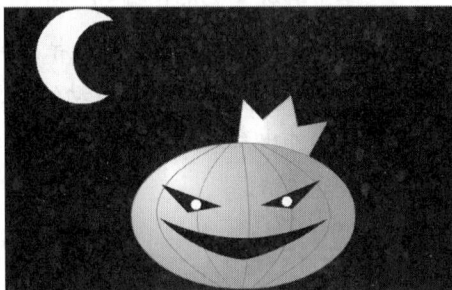

图 6-77　邪恶的南瓜头

提示：

（1）打开本书配套素材"素材与实例" >"项目六"文件夹>"操作题素材 2.fla"文件。

（2）在所有图层的第 50 帧插入普通帧，在"表情"和"月亮"图层的第 10 帧插入关键帧，第 20 帧插入空白关键帧。

（3）在"表情"图层的第 20 帧绘制南瓜头的邪恶表情，在"月亮"图层的第 20 帧绘制月牙，接着在"表情"和"月亮"图层的第 10 帧与第 20 帧之间创建形状补间动画。

（4）在"表情"图层的第 10 帧添加形状提示，并调整"表情"图层的第 10 帧与第 20 帧中形状提示的位置。

项目七 创建高级动画

项目描述

除了制作基本的逐帧动画和补间动画外，在 Flash 中还可以制作一些特殊动画。例如，利用遮罩图层和引导图层制作遮罩动画和引导路径动画；利用反向运动工具制作模拟骨骼关节运动的动画；利用多场景组织复杂的动画；利用动画预设快速制作出系统预设或用户自定的动画效果等。本项目将带领读者学习这些动画的创建方法。

知识目标

- ✎ 掌握创建遮罩动画的基本操作。
- ✎ 掌握创建引导路径动画的基本操作。
- ✎ 掌握"骨骼工具" 📝 和"绑定工具" 📝 的使用方法。
- ✎ 掌握场景的基本操作和使用动画预设的方法。

能力目标

- ✎ 能够根据需要创建遮罩动画、引导路径动画和骨骼动画。
- ✎ 能够组织和编辑多场景动画。
- ✎ 能够根据需要使用动画预设创建动画。
- ✎ 能够综合应用 Flash CS6 提供的各种动画制作手法制作所需动画。

任务一 创建遮罩动画

任务说明

遮罩动画是 Flash 常用的动画制作手法之一，利用它可以制作渐隐渐显、放大镜、百叶窗、波纹和图片切换等动画效果。本任务将带领读者学习创建遮罩动画的方法。

预备知识

遮罩动画是利用遮罩图层创建的，使用遮罩图层后，被遮罩层上的内容就像通过一个窗口显示出来一样，这个窗口便是遮罩层上的对象。播放动画时，遮罩层上的对象不会显示，被遮罩层上位于遮罩层对象之外的内容也不会显示。遮罩层的作用如图 7-1 所示。

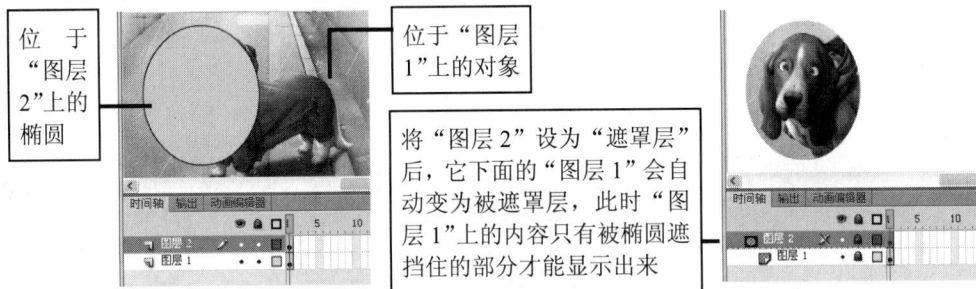

图 7-1　遮罩图层的作用

遮罩层中的内容可以是元件实例、图形、位图或文字等，但不能使用线条，如果动画中需要使用线条，需要先将其转化为填充；在被遮罩层中，可以使用除了动态文本和输入文本外所有 Flash 支持的元素。被遮罩层中的对象只能透过遮罩层中的对象被看到。

制作动画时，可以在遮罩层或被遮罩层上创建任何形式的动画，例如传统补间动画、补间动画和形状补间动画等，从而制作出各种特殊的动画效果。下面通过一个简单的实例，介绍创建遮罩动画的方法。

步骤 1　打开本书配套素材"素材与实例">"项目七"文件夹>"遮罩素材.fla"文档，然后在"图层 1"上方新建 1 个图层，并将两个图层分别命名为"图片"和"遮罩"。

步骤 2　将"库"面板中的"图片.jpg"位图素材拖到"图片"图层的舞台中，并在"属性"面板中将其"X"和"Y"坐标都设为"0"，如图 7-2 所示。

步骤 3　选择"矩形工具" ▢，在"遮罩"图层中绘制一个比舞台略大的任意颜色的矩形，然后将其转换为名为"遮罩"的图形元件，如图 7-3 所示。

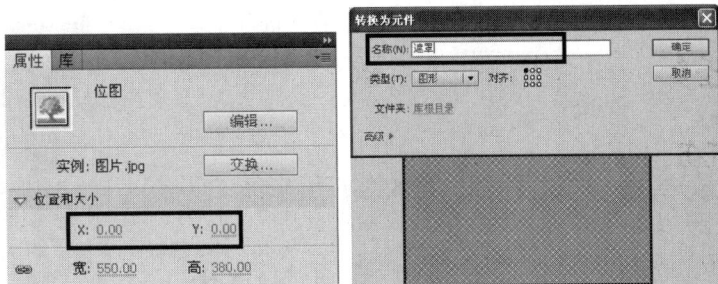

图 7-2　拖入图像并设置其坐标

图 7-3　创建"遮罩"图形元件

步骤 4 将"遮罩"图层中的"遮罩"元件实例向上移出舞台，然后在所有图层的第 40 帧插入普通帧，再在"遮罩"图层第 15 帧和第 30 帧处插入关键帧。

步骤 5 将"遮罩"图层第 30 帧中的"遮罩"元件实例移到舞台正上方，使其覆盖整个舞台，然后在"遮罩"图层第 15 帧与第 30 帧之间创建传统补间动画，如图 7-4 所示。

步骤 6 在"遮罩"图层的图层名称上右击，在弹出的快捷菜单中选择"遮罩层"菜单，即可创建遮罩动画，如图 7-5 所示。

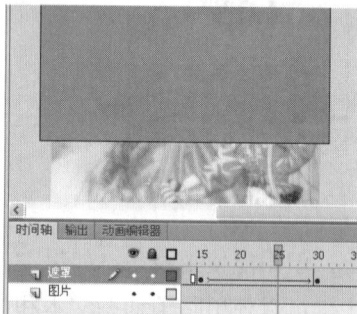

图 7-4 创建传统补间动画　　　　图 7-5 创建遮罩动画

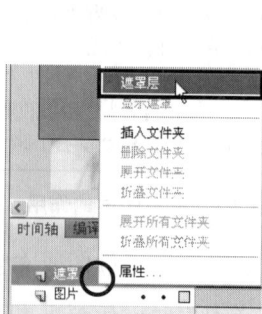

步骤 7 按【Ctrl+Enter】键预览动画，会发现图片从上到下逐渐显示。这是因为位于被遮罩层上的对象（图像）只能透过遮罩层上的对象（矩形）显示出来，因此，当矩形不在舞台上时，图像不显示，当矩形逐渐向下运动并覆盖舞台时，图像也逐渐显示。

下面说明一下遮罩动画的一些应用技巧。

➢ 在设置遮罩图层时，系统默认将遮罩图层下面的一个图层设置为被遮罩图层，当需要使一个遮罩图层遮罩多个图层时，只需将该图层拖至遮罩图层下方即可。

➢ 要取消被遮罩图层同遮罩图层之间的遮罩关系，即将被遮罩层设置为普通层，只需将被遮罩图层拖到遮罩图层上方即可。

➢ 无论遮罩层上的对象是何种颜色或透明度，是图像、图形还是元件实例，遮罩效果都一样。此外，若要在 Flash 的舞台中显示遮罩效果，必须锁定遮罩层和被遮罩层。

任务实施——制作百叶窗效果动画

下面通过制作如图 7-6 所示的百叶窗效果，学习遮罩动画的实际应用。案例最终效果请参考

图 7-6 百叶窗效果

本书配套素材"素材与实例">"项目七"文件夹>"百叶窗.swf"文件。

制作思路

本案例主要通过在 5 个图层上制作矩形块由小变大的补间动画，并将这些图层设置为遮罩层，从而逐渐显示其下方的图片来实现。

制作步骤

步骤 1　打开本书配套素材"素材与实例">"项目七"文件夹>"百叶窗素材.fla"文档，会看到舞台上有两幅重叠的位图，放置在不同图层上，如图 7-7 所示。

步骤 2　在"图片 2"图层上方新建 5 个图层，分别将它们命名为"遮罩 1"、"遮罩 2"、"遮罩 3"、"遮罩 4"和"遮罩 5"，如图 7-8 所示。

步骤 3　在"遮罩 1"图层上使用"矩形工具" ▢ 绘制一个覆盖整个舞台的矩形，然后利用"线条工具" ╲ 将矩形分为 5 份，如图 7-9 所示。

图 7-7　舞台中的图像　　　图 7-8　新建并重命名图层　　　图 7-9　绘制矩形

步骤 4　分别选中各个矩形，按照从左向右的顺序，将这些矩形转换为名为"遮罩 1"、"遮罩 2"、"遮罩 3"、"遮罩 4"和"遮罩 5"的图形元件，如图 7-10 所示。

步骤 5　将"遮罩 1"图层中的元件实例按照其名称分别原位剪切到"遮罩 2"、"遮罩 3"、"遮罩 4"和"遮罩 5"图层中，如图 7-11 所示。

步骤 6　分别在"遮罩 1"、"遮罩 2"、"遮罩 3"和"遮罩 4"图层的上方新建一个图层，如图 7-12 所示，然后将"图片 2"图层中的位图分别原位复制到这些新建的图层中。

步骤 7　在所有图层的第 40 帧处插入普通帧，然后选中除"图片 1"图层以外的所有图层的第 1 帧，将其拖到第 10 帧处，如图 7-13 所示。

步骤 8　在"遮罩 5"图层第 10 帧上的"遮罩 5"元件实例上右击，在弹出的快捷菜单中选择"创建补间动画"，如图 7-14 所示。

步骤 9　将播放头跳转到第 30 帧，按【F6】键插入关键帧，然后选择"任意变形工具" ⊹，对第 10 帧中的"遮罩 5"元件实例的宽度进行缩放，使其缩为最小，如图 7-15 所示。注意不要调过头使其左右翻转。

图 7-10　创建图形元件　　　　图 7-11　复制元件实例　　　　图 7-12　新建图层

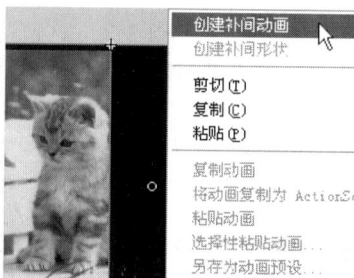

图 7-13　插入普通帧并拖动关键帧　　图 7-14　创建补间动画　　图 7-15　调整元件实例的宽度

步骤 10　参照步骤 8、步骤 9 的操作，在"遮罩 1"至"遮罩 4"图层创建补间动画，并调整"遮罩 1"至"遮罩 4"元件实例的宽度，如图 7-16（a）所示。

步骤 11　分别在"遮罩 1"、"遮罩 2"、"遮罩 3"、"遮罩 4"和"遮罩 5"图层上右击鼠标，并在弹出的快捷菜单中选择"遮罩层"菜单，创建遮罩动画，如图 7-16（b）所示，至此实例就完成了。

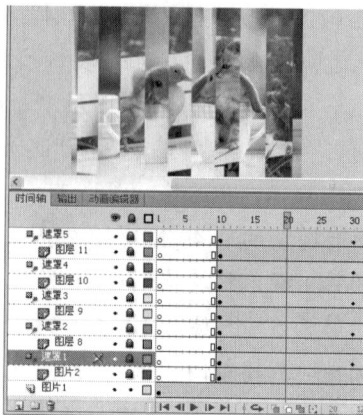

（a）　　　　　　　　　　　　　　（b）

图 7-16　创建遮罩动画

任务二 创建引导路径动画

任务说明

引导路径动画也是 Flash 常用的动画制作手法之一，利用它可以使对象沿制作者绘制的引导线移动（引导线的作用与补间动画中的运动路径相似，但只能作用于传统补间动画）。本任务将带领读者学习创建引导路径动画的方法。

预备知识

引导路径动画由"引导层"和"被引导层"组成。制作引导路径动画时，需要在"引导层"上绘制引导对象运动的引导线（利用钢笔、铅笔、线条、椭圆或矩形工具等绘制的线条），然后将"被引导层"上的对象吸附到引导线上（"被引导层"中必须是传统补间动画），如图 7-17 所示。播放动画时，"引导层"上的内容不会被显示。

"被引导层"上对象的变形中心点必须吸附在引导线上

图 7-17 引导路径动画

下面通过一个简单实例，介绍引导路径动画的创建方法。

步骤 1 打开本书配套素材"素材与实例">"项目七"文件夹>"路径引导素材.fla"文档，在"背景"图层上方新建一个图层并将其命名为"飞机"，然后将"库"面板中的"飞机"图形元件拖到"飞机"图层舞台右侧外，如图 7-18 所示。

步骤 2 在"背景"图层的第 40 帧插入普通帧，在"飞机"图层的第 40 帧插入关键帧，然后将"飞机"图层第 40 帧中的"飞机"元件实例移动到舞台左侧外，并在"飞机"图层第 1 帧与第 40 帧之间创建传统补间动画，如图 7-19 所示。

图 7-18 新建图层并拖入"飞机"图形元件

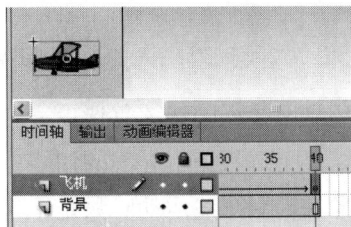

图 7-19 创建传统补间动画

步骤 3 在 "飞机" 图层的图层名称上右击，在弹出的快捷菜单中选择 "添加传统运动引导层" 菜单，在 "飞机" 图层上方创建一个引导层，此时 "飞机" 图层自动变为被引导层，如图 7-20 所示。

步骤 4 使用 "铅笔工具" ✏️ 和 "选择工具" ➤ 在 "引导层" 上绘制一条图 7-21 所示的引导线。

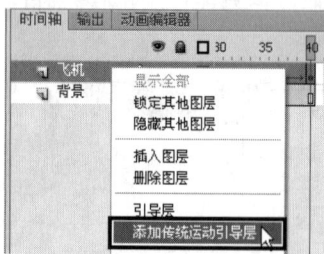

如果想解除引导，只需将 "引导层" 删除，或将 "被引导层" 拖到 "引导层" 上方即可

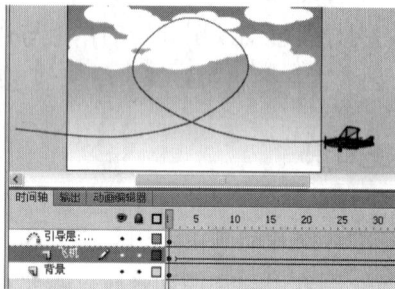

图 7-20　创建 "引导层"

图 7-21　绘制引导线

步骤 5 使用 "选择工具" ➤ 调整 "飞机" 图层第 1 帧和第 40 帧中 "飞机" 元件实例的位置，使其变形中心点对齐到引导线，如图 7-22 所示。

步骤 6 选中 "飞机" 图层的第 1 帧，然后在 "属性" 面板中勾选 "调整到路径" 复选项，如图 7-23 所示，至此实例就完成了。

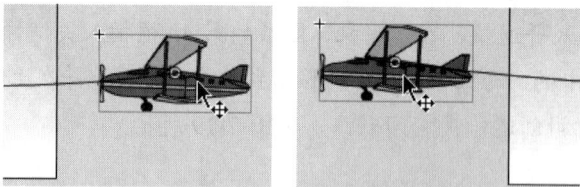

图 7-22　将变形中心点对齐到引导线

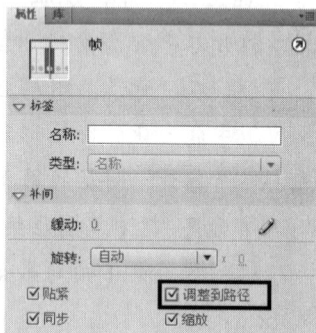

图 7-23　勾选 "调整到路径" 复选项

> **调整到路径**：勾选该复选项，可使 "被引导层" 上的对象在沿引导线移动的同时，还可以根据引导线的切线方向调整其自身的方向（如果不勾选该复选项，对象在沿引导线运动时只是平移，与引导线的切线方向没有关系）。

> **贴紧**：勾选该复选项后，在将对象对齐到引导线时，可使对象的变形中心点更容易吸附到引导线上。

任务实施——制作翩翩起舞的蝴蝶动画

下面通过制作如图7-24所示的翩翩起舞的蝴蝶动画效果，学习引导路径动画的应用。案例最终效果请参考本书配套素材"素材与实例" > "项目七"文件夹> "翩翩起舞的蝴蝶.swf"文件。

图 7-24　翩翩起舞的蝴蝶

制作思路

本任务主要是通过在两个图层上创建蝴蝶由下向上移动的传统补间动画，再在这两个图层上添加传统运动引导层，并在引导层上绘制引导线，使蝴蝶按照引导线的路径进行运动来实现。

制作步骤

步骤 1　打开本书配套素材"素材与实例" > "项目七"文件夹> "蝴蝶素材.fla"文档，在该文档中有两个分别名为"背景"和"蝴蝶 1"的图层，在图层中有一幅位图背景和一个"蝴蝶"影片剪辑实例，如图 7-25 所示。

步骤 2　在"蝴蝶 1"图层上方新建一个图层，并将其命名为"蝴蝶 2"，然后将"蝴蝶"影片剪辑实例复制一份到"蝴蝶 2"图层上，如图 7-26 所示。

图 7-25　打开素材文档

图 7-26　复制蝴蝶

步骤 3　在"蝴蝶 1"图层的图层名称上右击，在弹出的快捷菜单中选择"添加传统运动引导层"，在"蝴蝶 1"图层上方创建一个引导层，如图 7-27 所示。用相同的操作在"蝴蝶 2"图层上方也创建一个引导层，如图 7-28 所示。

步骤 4　在"蝴蝶 1"图层上方的引导层中绘制图 7-29（a）所示的引导线；在"蝴蝶 2"图层上方的引导层中绘制如图 7-29（b）所示的引导线。

步骤 5　在所有图层的第 30 帧处插入普通帧，在"蝴蝶 1"和"蝴蝶 2"图层的第 30 帧处插入关键帧，然后在"蝴蝶 1"和"蝴蝶 2"图层第 1 帧与第 30 帧之间创建传统补间动画，如图 7-30 所示。

图 7-27　为"蝴蝶 1"图层创建引导层

图 7-28　为"蝴蝶 2"图层创建引导层

（a）　　　　　　　　（b）

图 7-29　绘制引导线

图 7-30　创建传统补间动画

步骤 6　调整"蝴蝶 1"和"蝴蝶 2"图层第 1 帧中"蝴蝶"影片剪辑实例的位置，使其变形中心点与引导线对齐，然后将"蝴蝶 1"图层第 30 帧处的蝴蝶移动到如图 7-31（a）所示的位置（注意将变形中心点吸附到引导线上）；将"蝴蝶 2"图层第 30 帧处的蝴蝶移动到如图 7-31（b）所示的位置。

步骤 7　分别选中"蝴蝶"层和"蝴蝶 1"层的第 1 帧，然后在"属性"面板中勾选"调整到路径"复选框，至此实例就完成了。

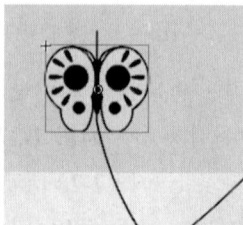

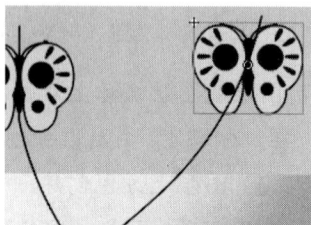

（a）　　　　　　　　（b）

图 7-31　调整"蝴蝶"影片剪辑实例的位置

任务三　创建骨骼动画

任务说明

骨骼动画是利用反向运动工具模拟人体或动物骨骼关节的运动。Flash CS6 提供的反向运动工具包括"骨骼工具" 和"绑定工具" ，本任务将带领读者学习它们的使用方法。

预备知识

一、"骨骼工具"的使用

利用"骨骼工具" 可以在分离的对象内，或者在多个元件实例间添加骨骼，并利用添加的骨骼创建骨骼动画。

1．为分离对象创建骨骼动画

利用"骨骼工具" 在分离对象中添加骨骼后，可以通过旋转或移动添加的骨骼来创建骨骼动画。下面通过一个简单实例，介绍为分离对象创建骨骼动画的方法。

步骤1 新建一个 Flash（ActionScript 3.0）文档，使用"矩形工具" 在舞台中绘制一个如图 7-32 所示的矩形（只有 ActionScript 3.0 文档才能制作骨骼动画）。

步骤2 单击"图层 1"的第 1 帧选中舞台中的矩形，然后单击工具箱中的"骨骼工具" 或者按快捷键【M】，将光标移动到矩形左侧边缘处，此时按住鼠标左键并向右拖动，即可在矩形中创建一个 IK（反向运动学）骨骼，同时在"时间轴"面板中自动生成了一个"骨架_2"图层，并且矩形自动移动到"骨架_2"图层中，如图 7-33 所示。

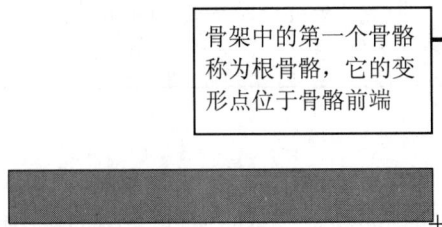

骨架中的第一个骨骼称为根骨骼，它的变形点位于骨骼前端

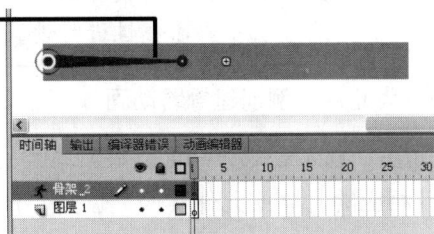

图 7-32　绘制矩形　　　　　　　　　　图 7-33　创建第 1 个 IK 骨骼

步骤3 将光标移动到第一个 IK 骨骼的尾部，按住鼠标左键并拖动，以上一级 IK 骨骼的尾端为起点创建下一级 IK 骨骼；利用相同的操作再创建一个 IK 骨骼，如图

7-34 所示。

步骤 4 在所有图层的第 40 帧处插入普通帧，然后将播放头跳转到第 20 帧处，并使用 "选择工具" ![img]拖动 "骨架_2" 图层第 20 帧中骨骼的相应关节，将其调整为图 7-35 所示的形状，此时在 "骨架_2" 图层的第 20 帧处会自动插入一个姿势关键帧。

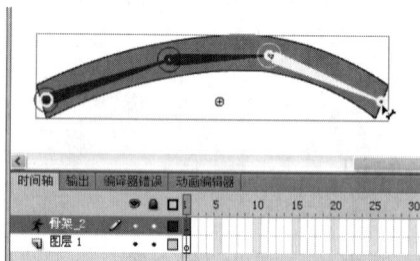

图 7-34　创建第 2 个和第 3 个 IK 骨骼　　　　图 7-35　调整第 20 帧中矩形的形状

在 "骨架" 图层的时间轴上右击鼠标，从弹出的快捷菜单中选择 "插入姿势" 菜单，也可插入一个姿势关键帧；若要清除某个姿势，可右击相应的姿势关键帧，从弹出的快捷菜单中选择 "清除姿势" 菜单；若要移动某个姿势关键帧位置，可先按住【Ctrl】键单击选中该帧，然后将其拖到需要的位置。

步骤 5 将播放头跳转到第 40 帧处，并拖动 "骨架_2" 图层第 40 帧中的骨骼，将其调整为如图 7-36 所示的形状，至此实例就完成了，按【Enter】键可在舞台中预览动画。

按住【Alt】键，然后使用 "选择工具" ![img]拖动添加了骨骼的图形，可移动整个骨架；使用 "选择工具" ![img]单击选中骨骼后按【Delete】键，可将所选骨骼及该骨骼下链接的所有子骨骼删除。此外，使用 "选择工具" ![img]单击选中某骨骼后，可在 "属性" 面板中对骨骼的旋转角度、X 或 Y 轴平移等属性进行设置，如图 7-37 所示。

2. 为元件实例创建骨骼动画

利用 "骨骼工具" ![img]可以将一系列元件实例通过骨骼连接在一起，然后通过旋转或移动相应的骨骼或元件实例来创建不同效果的骨骼动画。下面通过一个简单实例进行说明。

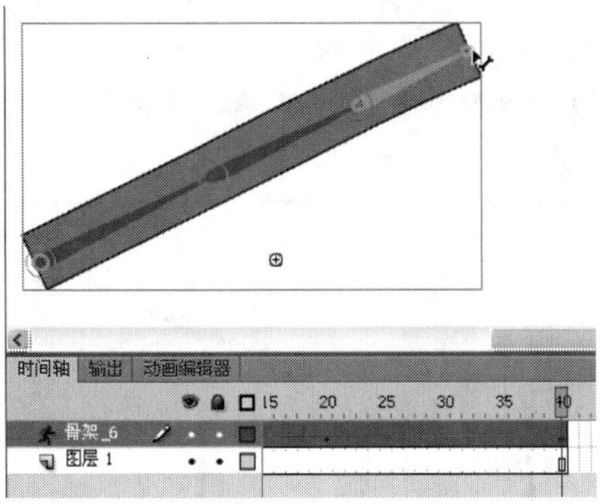

图 7-36 调整第 40 帧中矩形的形状

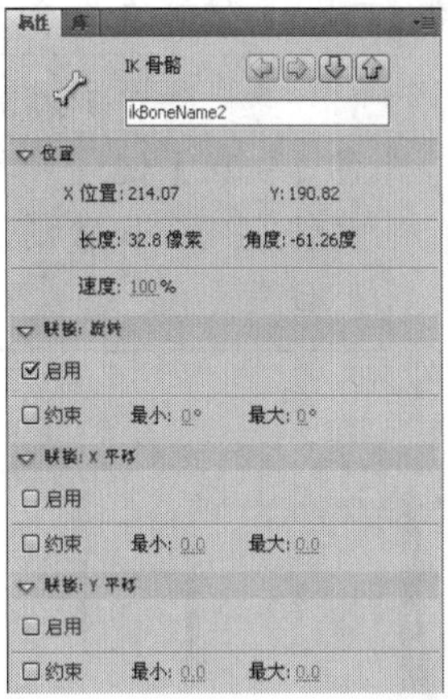

图 7-37 Ik 骨骼的"属性"面板

步骤 1 打开本书配套素材"素材与实例">"项目七"文件夹>"骨骼素材.fla"文档，会在舞台中看到一个吊车图形，它的各个部分都是由图形元件组成的，如图 7-38 所示。

步骤 2 选择工具箱中的"骨骼工具" 或者按快捷键【M】，将光标移动到支架的底部，然后按住鼠标左键并拖动到与吊杆结合的部位，创建一个 IK 骨骼，如图 7-39 所示。

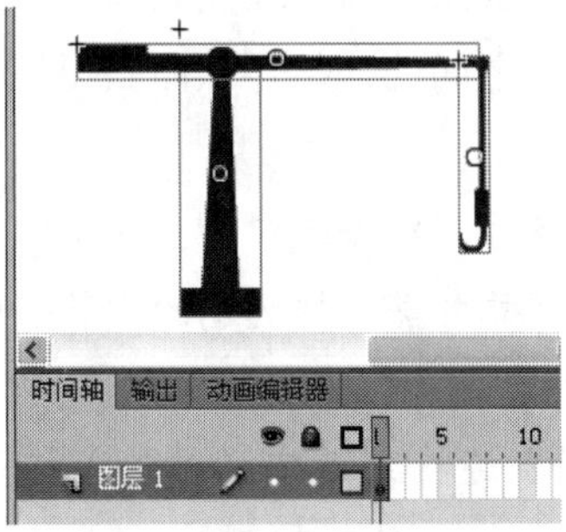

图 7-38 打开素材文档

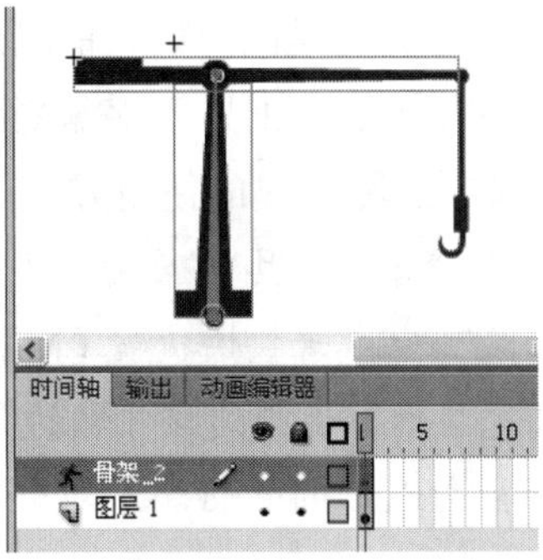

图 7-39 创建第 1 个 IK 骨骼

步骤 3 以上一个 IK 骨骼的尾端为起点按住鼠标左键并拖动到吊杆右侧与挂钩的结合处，创建第 2 个 IK 骨骼，如图 7-40 所示。

步骤 4 在所有图层的第 40 帧插入普通帧，然后将播放头跳转到第 15 帧处，选择"选择工具"，在按住【Shift】键的同时分别拖动舞台中吊车的吊杆和挂钩，将其调整为如图 7-41 的形状。

步骤 5 将播放头跳转到第 15 帧处，在按住【Shift】键的同时使用"选择工具" 分别拖动吊车的吊杆和挂钩，将其调整为如图 7-42 的形状。至此实例就完成了，按【Enter】键可在舞台中预览动画。

> 为元件实例添加 IK 骨骼后，若在拖动元件实例或 IK 骨骼的同时按住【Shift】键，可单独旋转所选对象，而不会影响骨架中的其他骨骼或元件实例；如果按住【Alt】键拖动添加了骨骼的对象，可将对象移动到新位置。

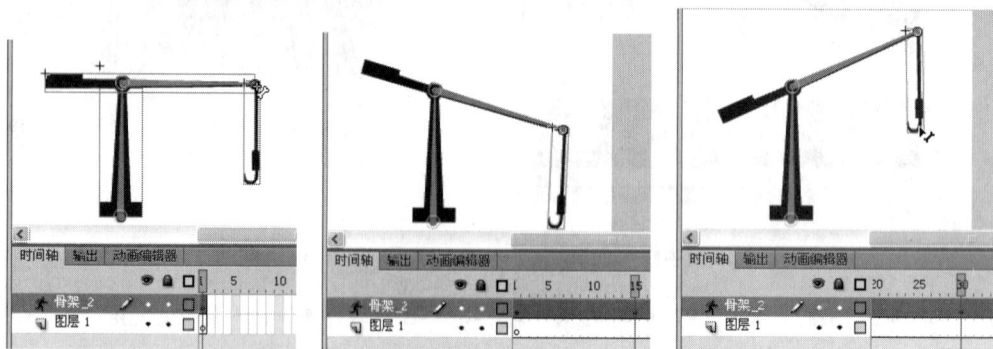

图 7-40　创建第 2 个 IK 骨骼　　图 7-41　调整第 15 帧中的吊车形状　　图 7-42　调整第 30 帧中的吊车形状

二、"绑定工具"的使用

在为分离的对象添加 IK 骨骼后会发现，在移动 IK 骨骼时，有时分离对象的变形方式并不令人满意。这是因为默认情况下，分离对象的形状控制点会连接到离它最近的骨骼。此时可利用"绑定工具" 编辑骨骼和形状控制点之间的连接，从而获得满意的变形效果。"绑定工具" 的使用方法可参考以下操作。

步骤 1　使用"骨骼工具" 为分离对象添加 IK 骨骼后，单击选中工具箱中的"绑定工具" 或者按快捷键【M】，然后单击选中任意骨骼，被选中的骨骼会以红色高亮显示，连接到该骨骼的形状控制点会以黄色高亮显示，如图 7-43 所示。

步骤 2　若要向选定的骨骼添加控制点（即将该控制点连接到选定的骨骼），可在按住【Shift】键的同时单击未加亮显示的控制点，如图 7-44 所示（也可以在按住【Shift】键的同时框选多个要添加到选定骨骼的控制点）。

> 旋转骨骼时，连接到该骨骼的控制点会随骨骼一起旋转，从而可带动控制点所在位置的图形区域一起旋转。若删除了控制点与骨骼的连接，则该控制点所在位置的图形区域将不随骨骼旋转而旋转。此外，用户还可利用"添加锚点工具" 在图形的任意位置添加控制点，然后将其连接到某个骨骼。

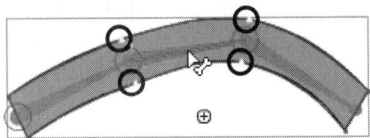

图 7-43　显示形状控制点

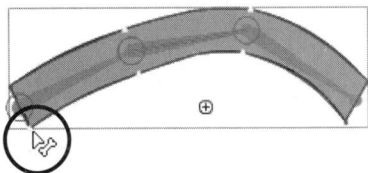

图 7-44　向选定骨骼添加形状控制点

步骤 3　若要从骨骼中删除控制点（即删除骨骼与某个或某几个控制点的连接），可在按住【Ctrl】键的同时单击黄色加亮显示的控制点（也可以在按住【Ctrl】键的同时框选多个要从选定骨骼中删除的控制点）。

步骤 4　使用"绑定工具" 单击选中某个形状控制点后，选定控制点会以红色高亮显示，已连接到该控制点的骨骼会以黄色高亮显示，在按住【Shift】键的同时单击骨骼，可为选定控制点添加骨骼（即将该控制点连接到某个骨骼），如图 7-45 所示。

步骤 5　若要从选定的控制点中删除骨骼，可在按住【Ctrl】键的同时单击以黄色高光显示的骨骼。

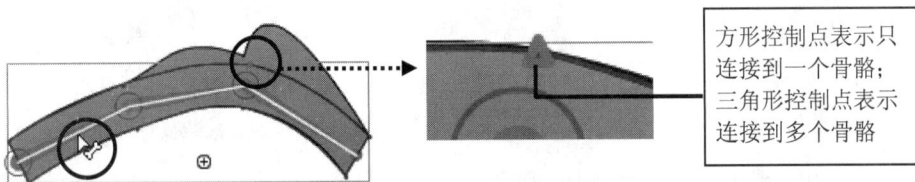

方形控制点表示只连接到一个骨骼；三角形控制点表示连接到多个骨骼

图 7-45　为形状控制点添加骨骼

任务实施——制作滑板男孩动画

下面通过制作如图 7-46 所示的滑板男孩动画，学习骨骼动画的的实际应用。案例最终效果请参考本书配套素材"素材与实例">"项目七"文件夹>"滑板男孩.swf"文件。

制作思路

打开素材文档后，进入"滑板少年"图形元件的编辑窗口，利用"骨骼工具" 为滑板男孩添加 IK 骨骼，然后插入普通帧，并通过拖动各帧中男孩身体各部分，创建男孩和滑板

图 7-46　滑板男孩

摇摆的骨骼动画；最后返回主场景，通过创建传统补间动画，制作滑板少年由远到近的动画效果。

制作步骤

步骤 1 打开本书配套素材"素材与实例">"项目七"文件夹>"男孩素材.fla"文档，双击"男孩"图层中的"滑板少年"元件实例，进入其编辑窗口；选择"骨骼工具" ，在男孩腰部按住鼠标左键并向上拖至身体的脖子位置，创建根骨骼，如图 7-47 所示。

步骤 2 在根骨骼的尾端按住鼠标左键并拖至左臂的顶端，创建一个新的分支骨骼，如图 7-48 所示。

步骤 3 以根骨骼的尾端为起点，按住鼠标左键并拖至右臂的顶端，创建另一个分支骨骼，如图 7-49 所示。

步骤 4 以根骨骼的尾端为起点，按住鼠标左键并拖至男孩头部下方，创建第 3 个分支骨骼，如图 7-50 所示。

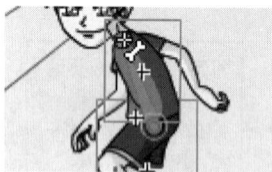

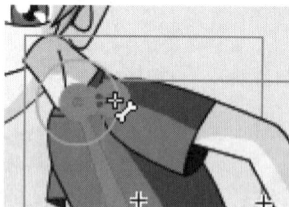

图 7-47　创建根骨骼　　　图 7-48　创建第 1 个分支骨骼　　　图 7-49　创建第 2 个分支骨骼

步骤 5 以根骨骼顶端为起点，按住鼠标左键并拖至男孩下方的滑板处，创建第 4 个分支骨骼，如图 7-51 所示。

步骤 6 在滑板上右击，在弹出的快捷菜单中选择"排列">"移至底层"菜单，然后在男孩右臂执行相同的操作，效果如图 7-52 所示。

图 7-50　创建第 3 个分支骨骼　　　图 7-51　创建第 4 个分支骨骼　　　图 7-52　排列滑板和右臂

步骤 7　在"骨骼_1"图层的第 15 帧插入普通帧，然后将播放头跳转到第 5 帧，使用"选择工具" ![icon]拖动男孩身体各部分，将其调整为如图 7-53 所示形状。

步骤 8　将播放头跳转到第 10 帧，使用"选择工具" ![icon]拖动男孩身体各部分，将其调整为如图 7-54 所示形状。

图 7-53　调整滑板少年的第 1 个姿势　　　图 7-54　调整滑板少年的第 2 个姿势

步骤 9　在按住【Ctrl】键的同时单击"骨骼_1"图层的第 1 帧，然后在第 1 帧上右击，在弹出的快捷菜单中选择"复制姿势"菜单，如图 7-55 所示。

步骤 10　在"骨骼_1"图层的第 15 帧上右击，在弹出的快捷菜单中选择"粘贴姿势"菜单，此时系统会自动在中"骨架_1"图层第 15 帧处插入姿势关键帧，并将第 1 帧中的姿势复制到第 15 帧中，如图 7-56 所示。

图 7-55　复制姿势　　　　　　　　　图 7-56　粘贴姿势

步骤 11　返回主场景，在所有图层的第 100 帧插入普通帧，然后将"男孩"图层第 1 帧中的"滑板少年"元件实例拖到舞台右上方，并将其适当缩小，如图 7-57（a）所示。

步骤 12　在"滑板少年"元件实例上右击，在弹出的快捷菜单中选择"创建补间动画"菜单，然后将"男孩"图层第 100 帧中的"滑板少年"元件实例拖到舞台左下方，并将其适当放大，如图 7-57（b）所示。至此实例就完成了。

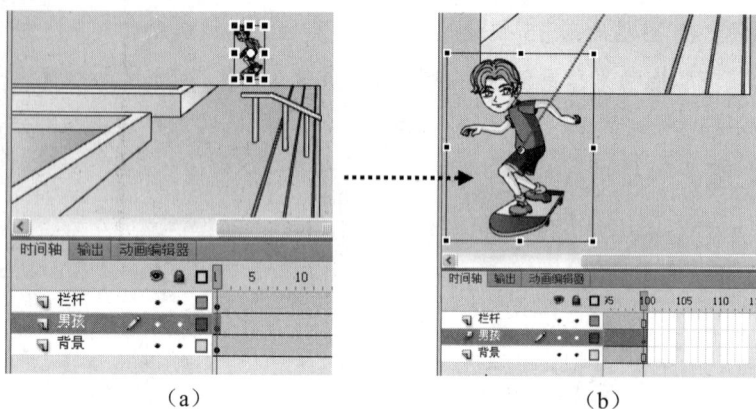

（a） （b）

图 7-57 创建补间动画

任务四 场景和动画预设

任务说明

在 Flash 中，利用场景可以组织复杂动画；利用"动画预设"面板可为元件实例添加 Flash 预设或用户自定的动画效果，从而快速制作出精彩的动画特效。本任务将带领读者学习场景的基本操作和应用动画预设的方法。

预备知识

一、组织多场景动画

Flash 在默认情况下只使用一个场景（场景 1）来组织动画，但在制作复杂的动画时，一个场景有时候会无法满足要求。遇到此情况时，我们可以使用多个场景来组织动画。例如，可以使用不同的场景来组织动画的影片简介、影片内容、动画预载等部分，如图 7-58 所示（用户可打开本书配套素材"素材与实例"＞"项目七"文件夹＞"多场景.fla"文档进行查看）。

下面介绍在 Flash CS6 中创建及编辑场景的方法。

➢ 新建文档后默认会自动创建一个"场景 1"场景，要创建新的场景，可选择"窗口"＞"其他面板"＞"场景"菜单，在打开的"场景"面板中单击"添加场景"按钮，如图 7-59 所示。

➢ 新建场景后，其默认将成为当前场景，用户可以在其中制作动画。若要切换到其他场景，可在"场景"面板中单击相应的场景，或单击舞台右上方的"编辑场景"按钮，在展开的下拉列表中进行选择。

范例中，"动画预载"场景用来组织 Loading 动画；"场景 1"场景用来组织主动画。播放动画时，将先播放"动画预载"场景中的动画，再播放"主场景"中的动画

在此处可切换场景

每个场景都有自己的主时间轴，在其中制作动画的方法都相同

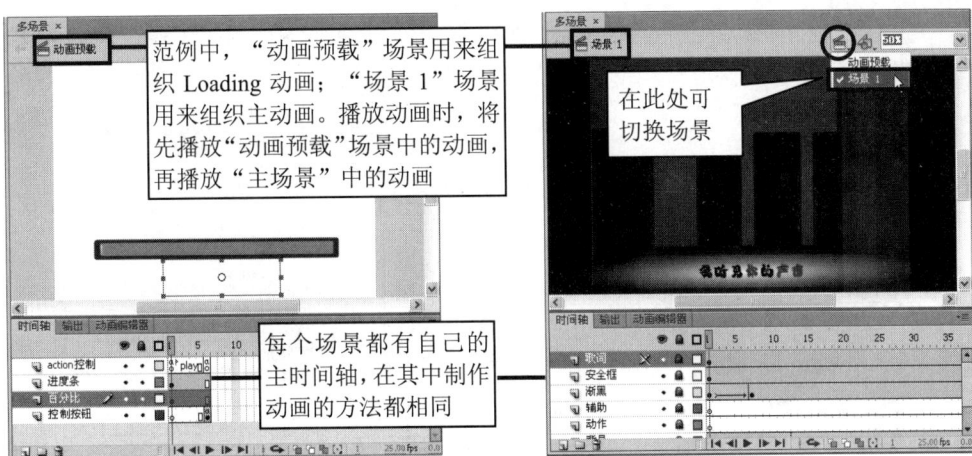

图 7-58　多场景动画

➢ 若要更改场景的名称，只需在"场景"面板中双击要改名的场景，使场景名称变为可编辑状态，然后输入新的名称即可。

➢ 若要复制场景，只需在"场景"面板中选中要复制的场景，然后单击"重制场景"按钮即可，如图 7-60 所示。此时原场景中的所有内容都将复制到新场景中。

➢ 在发布包含多个场景的 Flash 文档时，这些场景将按照在"场景"面板中的排列顺序进行播放。若要更改场景的播放顺序，只需在"场景"面板中将希望改变顺序的场景拖拽到相应位置即可，如图 7-61 所示。

➢ 若要删除场景，只需在"场景"面板中选中要删除的场景，然后单击"删除场景"按钮，在弹出的警告对话框中单击"确定"按钮即可。

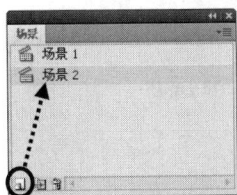

图 7-59　创建新场景　　图 7-60　复制场景　　图 7-61　改变场景排列顺序

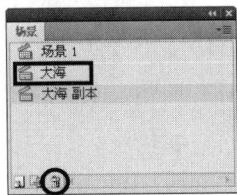

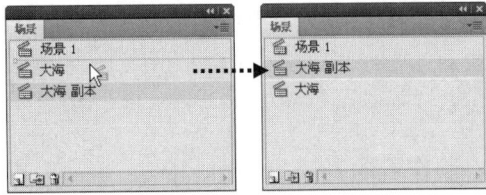

二、动画预设的应用

下面通过一个简单实例介绍动画预设的应用。

步骤 1　打开本书配套素材"素材与实例" > "项目七"文件夹> "动画预设素材.fla"，使用"选择工具"选中舞台中的"红心"元件实例，如图 7-62 所示。

步骤 2　选择"窗口" > "动画预设"菜单，打开"动画预设"对话框，双击"默认预设"文件夹，在展开的列表中选择要应用的动画预设，如"脉搏"预设，然后单击

"应用"按钮,如图 7-63 所示,系统会根据所选预设自动为所选元件实例创建补间动画。

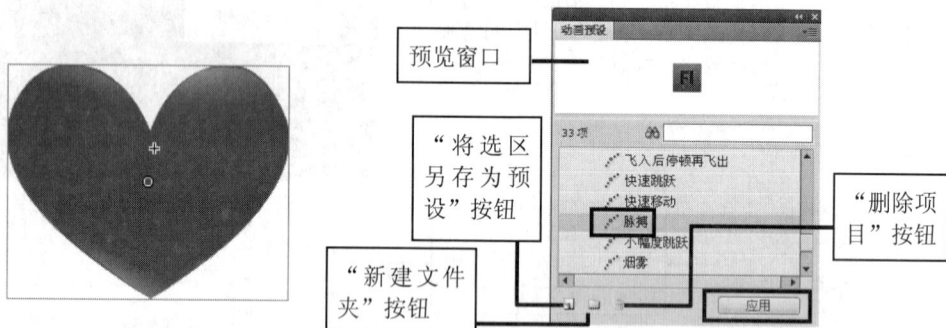

预览窗口

"将选区另存为预设"按钮

"删除项目"按钮

"新建文件夹"按钮

图 7-62　选中要应用动画预设的元件实例　　　图 7-63　为所选实例添加动画预设

若要将制作好的补间动画(只能保存基于对象的补间动画)保存为自定义预设,可使用"选择工具" 选择制作好补间动画的对象,然后单击"动画预设"对话框底部的"将选区另存为预设"按钮,在打开的"将预设另存为"对话框的"预设名称"编辑框中输入预设名称,单击"确定"按钮即可。

任务实施——制作节约用水动画

下面通过制作如图 7-64 所示的节约用水的公益广告动画,练习遮罩动画与引导路径动画的实际应用,以及使用多场景组织动画的方法。案例最终效果请参考本书配套素材"素材与实例">"项目七"文件夹>"节约用水.swf"文件。

图 7-64　节约用水

制作思路

打开素材文档后,首先利用遮罩动画创建波纹和地球浮出水面的效果;然后新建并重命名场景,再在新建的场景中利用引导路径动画制作文字逐渐出现的效果。

制作步骤

步骤 1　打开本书配套素材"素材与实例">"项目七"文件夹>"广告素材.fla"文档,会看到舞台中有一幅位图背景,"库"面板中有一个"地球"图像元件,如图 7-65 所示。

步骤 2　在"水波 1"图层上方新建一个图层,命名为"水波 2",然后将"水波 1"图层中的位图原位复制到"水波 2"图层,并适当放大,如图 7-66 所示。

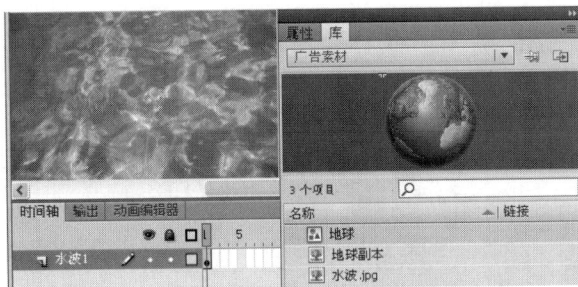

图 7-65　打开素材文档

图 7-66　复制并放大位图

步骤 3 在"水波 2"图层上方新建一个图层，命名为"遮罩 1"，然后选择"椭圆工具" ，将"笔触颜色"设为白色，"填充颜色"设为"无色" ，"笔触样式"设为"实线"，"笔触高度"设为"1"，在舞台中间偏下位置绘制一个椭圆，如图 7-67 所示。

步骤 4 选中绘制的椭圆，然后选择"修改" > "形状" > "将线条转换为填充"菜单，将椭圆转换为填充，再按【F8】键，将其转换为名为"圈"的图形元件，如图 7-68 所示。

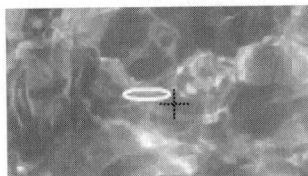

图 7-67　绘制椭圆

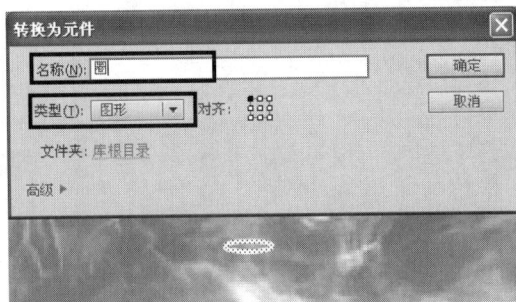

图 7-68　创建"圈"图形元件

步骤 5 选中舞台中的"圈"元件实例，然后按【F8】键将其转换为名为"放大"的图形元件，如图 7-69 所示。

步骤 6 双击舞台中的"放大"元件实例进入其编辑状态，在"图层 1"第 15 帧处插入关键帧，然后在该图层第 1 帧与第 15 帧之间创建传统补间动画，并将"图层 1"第 15 帧中的"圈"元件实例放大，如图 7-70 所示。

步骤 7 返回主场景，将舞台中的"放大"元件实例转换为名为"水波"的影片剪辑，如图 7-71 所示。

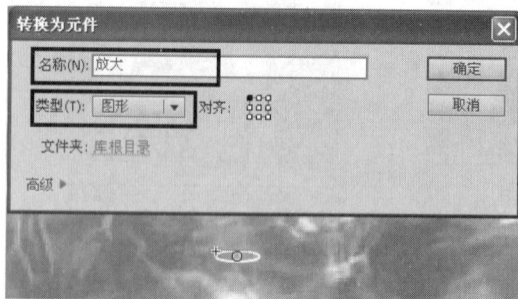

图 7-69　创建"放大"图形元件

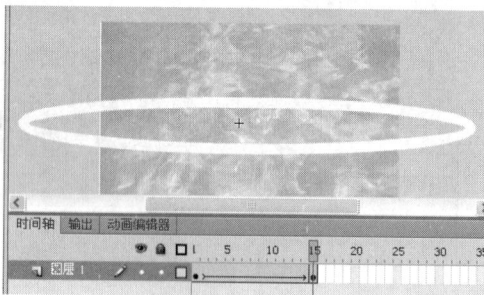

图 7-70　创建传统补间动画

步骤 8　双击舞台中的"水波"影片剪辑实例进入其编辑状态，在第 60 帧处插入关键帧，然后在"图层 1"的上方新建 3 个图层，分别在"图层 2"的第 5 帧、"图层 3"的第 10 帧和"图层 4"的第 15 帧处插入关键帧，并将"图层 1"第 1 帧中的"放大"元件实例原位复制到这些帧中，如图 7-72 所示。

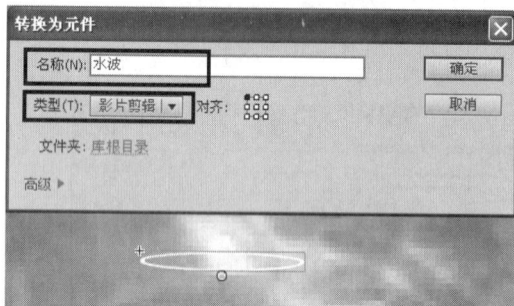

图 7-71　创建"水波"影片剪辑

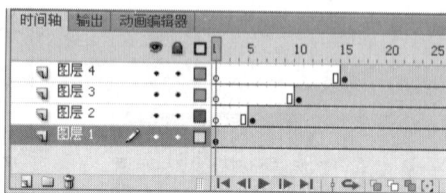

图 7-72　将"放大"元件实例复制到插入的关键帧中

步骤 9　返回主场景，在所有图层的第 70 帧处插入普通帧，然后将"水波 2"图层和"遮罩 1"图层的第 1 帧拖到第 10 帧处，再在这两个图层的第 55 帧处插入空白关键帧，接着右击"遮罩 1"图层的名称，在弹出的快捷菜单中选择"遮罩层"菜单，创建遮罩动画，如图 7-73 所示。

步骤 10　在"遮罩 1"图层上方新建两个图层，并分别重命名为"地球"和"遮罩 2"，如图 7-74 所示。

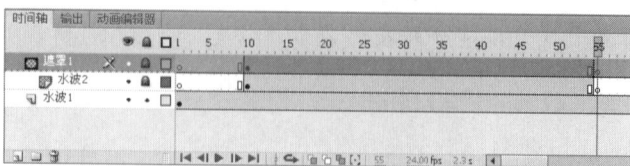

图 7-73　创建遮罩动画

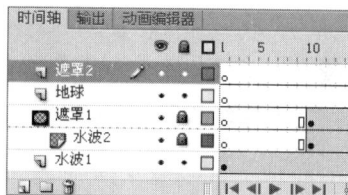

图 7-74　新建并重命名图层

步骤 11 在"地球"图层和"遮罩 2"图层的第 15 帧处插入关键帧，然后将"库"面板中的"地球"图形元件拖到"地球"图层第 15 帧"水波"影片剪辑实例的上方，如图 7-75 所示。

步骤 12 在"遮罩 2"图层的第 15 帧绘制一个覆盖"地球"元件实例的任意颜色的矩形，如图 7-76 所示。

步骤 13 在"地球"图层的第 50 帧处插入关键帧，然后在"地球"图层第 15 帧与第 50 帧之间创建传统补间动画，再将"地球"图层第 15 帧中的"地球"元件实例移动到矩形下方，如图 7-77 所示。

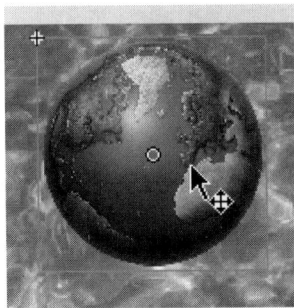

图 7-75 拖入"地球"图形元件　　图 7-76 绘制矩形　　图 7-77 创建动画补间动画

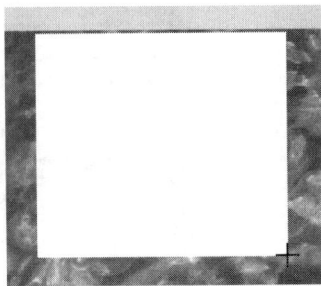

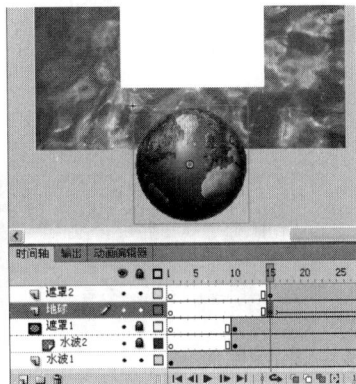

步骤 14 将"遮罩 2"图层设置为遮罩层，如图 7-78 所示。

步骤 15 选择"窗口">"其他面板">"场景"菜单，在打开的"场景"面板中单击"添加场景"按钮，新建一个场景，并将两个场景分别命名为"地球出现"和"文字特效"，如图 7-79 所示。

步骤 16 单击舞台右上方的"编辑场景"按钮，在展开的下拉列表中选择"地球出现"场景，如图 7-80 所示；切换到"地球出现"场景后，将"地球"图层解锁，然后在按住【Shift】键的同时选中"水波 1"图层和"地球"图层第 70 帧中的对象，按快捷键【Ctrl+C】将其复制到剪贴板。

步骤 17 参考步骤 16 的操作切换到"文字特效"场景，按快捷键【Ctrl+Shift+V】，将"剪切板"中的对象原位粘贴到"图层 1"中，然后在"图层 1"上方新建两个图层，并分别命名为"文字 1"和"文字 2"，如图 7-81 所示。

图 7-78　创建遮罩动画　　　　图 7-79　新建并重命名场景　　　图 7-80　切换场景

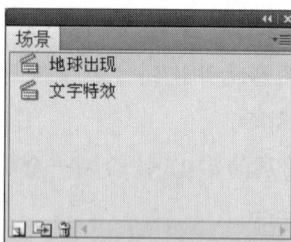

步骤 18　选择"文本工具" T，将"系列"设为"汉仪雪峰体简"、"大小"设为"50"、"颜色"设为白色，然后在"文字 1"图层舞台左下方输入"珍爱地球"文本，接着按【F8】键将其转换为名为"文字 1"的图形元件，如图 7-82 所示。

图 7-81　新建并重命名图层　　　　　图 7-82　创建"文字 1"图形元件

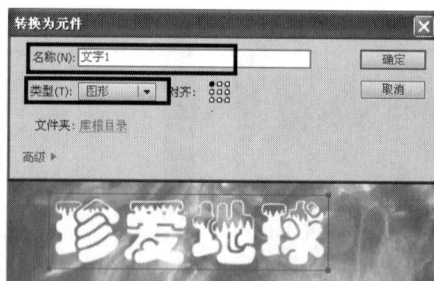

步骤 19　在所有图层的第 100 帧插入普通帧，在"文字 1"图层的第 20 帧插入关键帧，然后将"文字 1"图层第 1 帧中的"文字 1"元件实例水平移动到舞台左侧外，再在"文字 1"图层第 1 帧与第 20 帧处创建传统补间动画，如图 7-83 所示。

步骤 20　在"文字 2"图层的第 20 帧插入关键帧，然后使用"文本工具" T舞台右下方输入"节约用水"文本，接着按【F8】键将其转换为名为"文字 2"的图形元件，如图 7-84 所示。

图 7-83　创建传统补间动画　　　　　图 7-84　创建"文字 2"图形元件

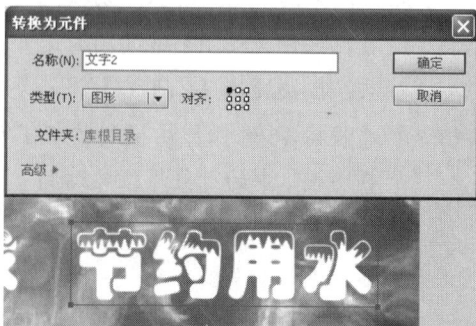

步骤 21 在"文字 2"图层的第 40 帧插入关键帧，然后在"文字 2"图层第 20 帧与第 40 帧间创建传统补间动画，再将"文字 2"图层第 20 帧中的"文字 2"元件实例移动到舞台右上方，并适当缩小，如图 7-85（a）所示；在"属性"面板中将第 20 帧中"文字"元件实例的"Alpha"值设为"0%"，如图 7-85（b）所示。

步骤 22 在"文字 2"图层上右击，在弹出的快捷菜单中选择"添加传统运动引导层"菜单，创建引导层，然后使用"线条工具" 和"选择工具" 在引导层上绘制并调整引导线，如图 7-86 所示；最后调整"文字 2"图层第 20 帧和第 40 帧中"文字 2"元件实例的位置，使其变形中心点与引导线对齐，到此实例便完成了。

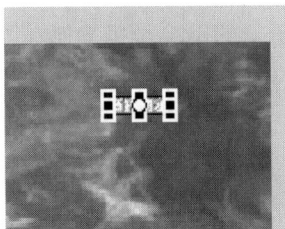

（a）

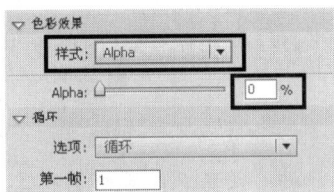

（b）

图 7-85 调整"文字 2"元件实例的位置和属性

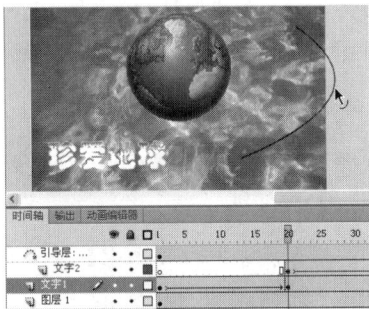

图 7-86 创建引导动画

项目总结

本项目主要介绍了创建遮罩动画、引导路径动画和骨骼动画的方法，还介绍了利用多场景组织动画以及使用动画预设的方法。在学习本项目内容时，应注意以下几点。

➢ 被遮罩层中的对象只能透过遮罩层中的对象才能显示出来。遮罩层中的对象不能是线条，若一定要使用线条，必须先将线条转换为填充。此外，创建遮罩动画时，遮罩层中对象的透明度、颜色等属性，不会对遮罩效果产生影响。

➢ 创建引导动画时，位于被引导层中的对象将沿着用户在引导层中绘制的引导线运动。需要注意的是，一定要将对象的变形中心点吸附到引导线上。此外，引导线的转折点过多、转折处的线条转弯过急、中间出现中断或交叉重叠现象，都可能导致 Flash 无法准确判定对象的运动路径，导致引导失败。

➢ 利用"骨骼工具" 为分离对象创建骨骼动画时，可使用"绑定工具" 设置骨骼和图形控制点之间的连接，从而获得满意的变形效果。

➢ 在制作大型的 Flash 动画时，将动画的不同部分放置在不同场景中，有利于对动画进行编辑和管理。

➢ 利用"动画预设"面板可以快捷地为对象添加 Flash 预设的动画效果。

➢ 在学习遮罩动画、引导路径动画和骨骼动画时，既要学习它们的基本制作方法，还要善于举一反三，从而制作出更多、更精彩的动画。

课后操作

1. 利用本项目所学的遮罩动画知识制作如图 7-87 所示的风景图集。本题最终效果请参考本书配套素材"素材与实例" > "项目七"文件夹 > "风景图集.swf"文件。

提示： 本例主要是利用遮罩动画制作图片的切换效果，读者可打开本书配套素材"素材与实例" > "项目七"文件夹 > "操作题素材 1.fla"文档，然后参考任务一的操作为不同图片添加遮罩，创建遮罩动画。

2. 利用本项目所学的骨骼动画的相关知识制作如图 7-88 所示的小鸡做操动画。本题最终效果请参考本书配套素材"素材与实例" > "项目七"文件夹 > "小鸡做操.swf"文件。

提示： 首先打开本书配套素材"素材与实例" > "项目七"文件夹 > "操作题素材 2.fla"文件，在所有图层的第 45 帧插入普通帧；然后参照本项目任务四的操作，使用"骨骼工具"![骨骼工具]为小鸡添加 IK 骨骼，并在不同帧中调整小鸡做操的不同姿势，创建骨骼动画。

图 7-87　风景图集

图 7-88　小鸡做操

项目八　应用外部素材

项目描述

除了直接在 Flash CS6 中绘制动画所需的素材外，我们还可以将外部图形、图像、视频和声音文件等导入到 Flash 文档中，这样不仅使动画制作更加容易，还能制作出更加精彩的动画。本项目将带领读者学习在 Flash 文档中应用外部素材的方法。

知识目标

- ❧ 掌握在 Flash 文档中应用外部图形与图像的基本操作。
- ❧ 掌握在 Flash 文档中应用视频文件的基本操作。
- ❧ 掌握在 Flash 文档中应用声音文件的基本操作。

能力目标

- ❧ 能够在 Flash 文档中导入和编辑外部图形与图像，并将其应用到动画中。
- ❧ 能够在 Flash 文档中导入和设置视频文件，并将其应用到动画中。
- ❧ 能够在 Flash 文档中导入和编辑声音文件，并将其应用到动画中。

任务一　应用外部图形与图像

任务说明

若要在动画中应用外部图形与图像，需先将其导入到 Flash 文档中，并进行适当的编辑，本任务将引领读者学习导入和编辑外部图形与图像的方法。

预备知识

一、Flash CS6 支持的图形与图像

> **支持的矢量图形**：Windows 元文件（扩展名为.wmf）、增强的 Windows 元文

件（扩展名为.emf）、AutoCAD DXF 文件（扩展名为.dxf）、Illustrator 文件（扩展名为.ai，.eps）等格式的矢量图形。

> **支持的位图图像**：BMP（扩展名为.bmp）、JPEG（扩展名为.jpg）、GIF（扩展名为.gif）、PNG（扩展名为.png）、PSD（扩展名为.psd）等格式的图像文件。

二、导入图形或图像

> **导入到当前帧**：选择"文件">"导入">"导入到舞台"菜单项，或按快捷键【Ctrl+R】，打开如图 8-1 所示的"导入"对话框，然后选择要导入的图形或图像，单击"打开"按钮，即可将所选图形或图像导入到当前图层的当前帧上，如图 8-2 所示。

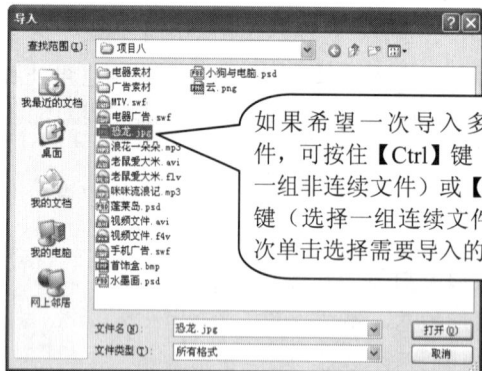

图 8-1　"导入"对话框　　　　图 8-2　导入到舞台的位图

> **导入到库**：选择"文件">"导入">"导入到库"菜单，可将矢量图形或位图图像导入到"库"面板中。

> **提示**
>
> 　　使用第 1 种方式导入的矢量图不会出现在"库"面板中，而导入的位图会同时出现在舞台和"库"面板中；使用第 2 种方式导入的矢量图形和位图只放置在"库"面板中，其中，导入的矢量图形将自动转换为与源文件同名的图形元件。
>
> 　　若是导入 PSD 的位图或 AI 格式矢量图形，则在"导入"对话框中单击"打开"按钮后，可打开一个对话框，用来对图像或图形中的图层进行设置。

三、编辑位图

　　将位图图像导入到 Flash 文档中后，有时并不符合我们的使用要求，还需要对位图进行编辑。例如，分离位图，选取位图部分区域，将位图转换为矢量图等。

1. 分离位图和选取位图区域

用户可利用"套索工具" 选取位图部分区域。需要注意的是，在选取位图区域前需要先使用"选择工具" 单击选中位图，然后按快捷键【Ctrl+B】将其分离。

"套索工具" 有"套索"、"多边形"和"魔术棒"3种模式，利用这3种模式都可以选取分离位图的部分区域，但选取特点各不相同，下面分别介绍。

- ➢ **"套索"模式**："套索"模式是"套索工具"的默认模式，使用该模式可以选择任意位图区域。选择"套索工具"后，在分离的位图上单击确定起点，按住鼠标左键不放并沿要选取的区域拖动，此时会出现一个黑色的轨迹，到与起始点汇合后松开鼠标，此时轨迹内的图像区域即被选取，如图8-3（a）所示。

- ➢ **"多边形"模式**："多边形"模式一般用于选取比较规则的图形区域，例如方形、菱形和三角形等。选择"套索工具"，然后在工具箱"选项"区中单击"多边形模式"按钮，在要选取区域的棱角处单击确定区域边缘顶点，最后在起点处双击，此时多边形轨迹内的图像区域将被选取，如图8-3（b）和图8-3（c）所示。

- ➢ **"魔术棒"模式**：利用"魔术棒"模式可以选取图像中颜色相近的区域。选择"套索工具"，在工具箱"选项"区中单击"魔术棒"按钮，然后将鼠标移动到要选取的位图区域并单击，即可选取与单击位置颜色相近的区域，如图8-3（d）所示。

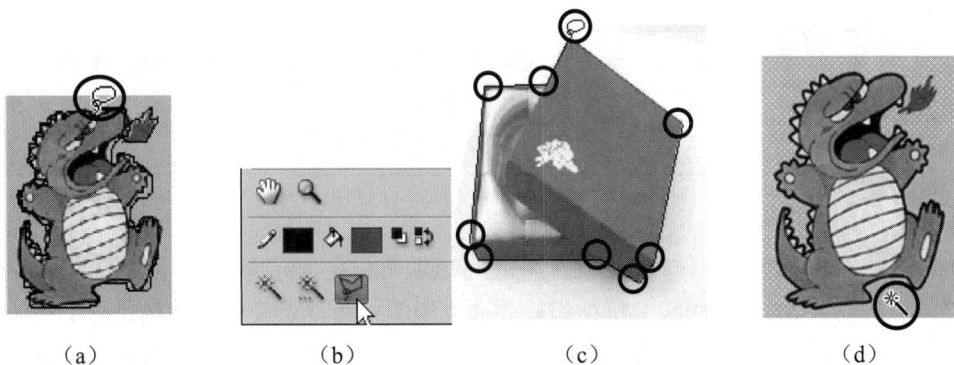

（a）　　　　　　（b）　　　　　　（c）　　　　　　（d）

图8-3　使用"套索"模式选取位图区域

> 选择"魔术棒"按钮后，可单击"魔术棒设置"按钮，在打开的"魔术棒设置"对话框中设置设置魔术棒的颜色容差。其中，"阈值"数值越低选择的颜色范围越小，选择越精确，数值越大选择的颜色范围越广。

2. 将位图转换为矢量图

将位图转换为矢量图形后，可以像编辑矢量图形一样对其进行编辑。选择要转换为矢量图形的位图后，选择"修改">"位图">"转换位图为矢量图"菜单，在打开的"转换位图为矢量图"对话框中设置参数，单击"确定"按钮，等待一段时间后，即可将位图转换为矢量图了，如图 8-4 所示。

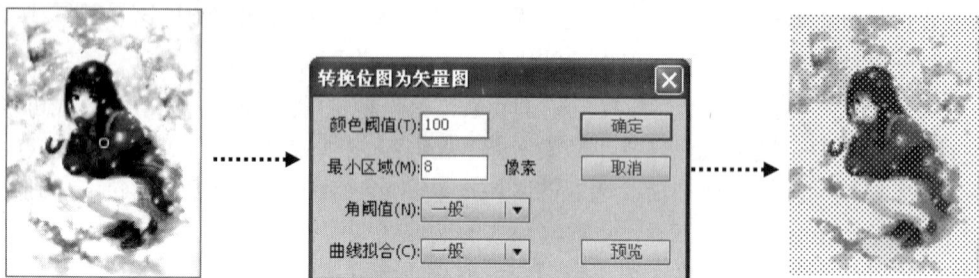

图 8-4　将位图转换为矢量图

➢ **颜色阈值**：设置颜色之间的差值，范围为 1～500 之间的整数。阈值越小，转换后的图形颜色越丰富，与原图像差别越小。

➢ **最小区域**：范围为 1～1 000 之间的整数。值越小，转化后的图形与原图像越接近。

➢ **角阈值**：设置是保留锐利边缘（颜色对比强烈的边缘），还是进行平滑处理，范围从"较多转角"到"较少转角"。"较多转角"会保留原图像的锐利边缘。

➢ **曲线拟合**：设置转换时如何平滑图形轮廓线，"像素"表示不平滑。

> 在将位图转换为矢量图形时，若位图的色彩较丰富或分辨率较高，且"颜色阈值"和"最小区域"设置过小，会使转换后的矢量图形的容量比原来的位图大许多，而且转换速度会非常慢。

3．从外部编辑位图

Flash 是专业的动画制作软件，虽然它也可以编辑位图，但是具有一定的局限性，有时不能满足我们的需要。此时，可使用专业的位图编辑软件对导入的位图进行编辑。

若用户的电脑中安装了 Photoshop CS5，可在"库"面板中右击需要修改的位图，在弹出的快捷菜单中选择"Photoshop CS5"菜单，启动该软件对位图进行编辑；也可在弹出的快捷菜单中选择"编辑方式…"菜单，在打开的"选择外部编辑器"对话框中选择一款位图编辑软件，如图 8-5 所示。

在位图编辑软件中对位图进行修改并保存，切换回 Flash 中就会发现位图已发生了变化。

四、设置位图输出属性

在动画中使用位图时，如果按下【Ctrl+Enter】键预览动画，会发现某些位图边缘有锯齿，影响位图的美观；此外，如果在 Flash 中过多使用了位图，会发现动画体积变得很大。我们可通过设置位图输出属性，来解决这两个问题。

在"库"面板中右击需要修改的位图，在弹出的快捷菜单中选择"属性"菜单，打开"位图属性"对话框。在该对话框中选择"允许平滑"复选框，可消除位图边缘的锯齿；在"压缩"下拉列表中选择"照片（JPEG）"选项，再设置相应的压缩参数，单击"测试"按钮，从对话框底部可查看压缩前和压缩后的图像大小，如图 8-6 所示。

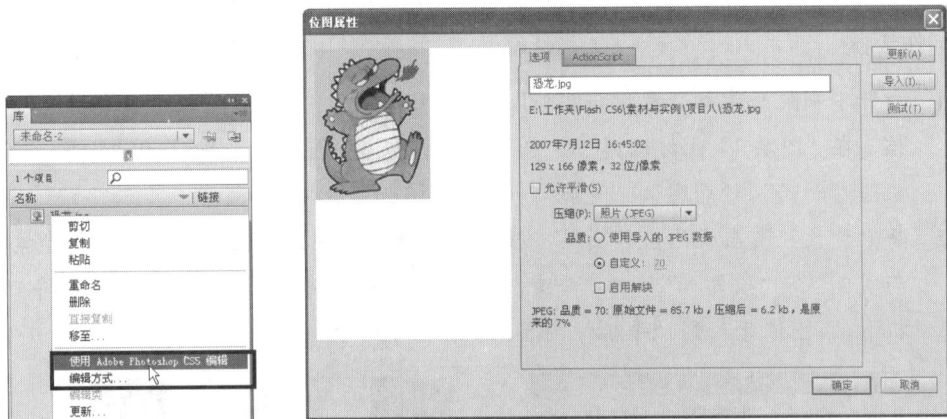

图 8-5　从外部编辑位图

图 8-6　设置位图输出属性

- ➤ **"压缩"下拉列表**：选择"照片（JPEG）"选项，将以 JPEG 格式压缩图像，适用于具有复杂颜色或色调变化的图像，例如具有渐变填充的照片或图像；选择"无损（PNG/GIF）"选项，将使用无损压缩格式压缩图像，这样不会丢失图像中的任何数据，适用于具有简单形状和较少颜色的图像。
- ➤ **"使用导入的 JPEG 数据"单选钮**：使用导入图像的默认压缩品质压缩图像。
- ➤ **"自定义"单选钮**：在其后的编辑框中输入的值越高（1 到 100），图像质量越好，文件也会越大。
- ➤ **"启用解块"复选框**：勾选此复选框后，会减少由于低品质设置导致的图像失真。

任务实施

一、制作手机广告动画

下面通过在 Flash 文档中导入、编辑位图，并创建引导和遮罩动画，制作如图 8-7 所示的手机广告来学习在 Flash 动画中应用外部位图的方法。案例最终效果请参考本书配套素材"素材与实例"＞"项目八"

图 8-7　手机广告

文件夹>"手机广告.swf"文件。

制作思路

本任务主要是利用由外部导入的位图制作传统补间动画、路径引导动画和遮罩动画来完成的。首先打开素材文档，导入背景和手机图像并将手机图像分离，然后利用"线条工具" ＼ 和"选择工具" ↖ 绘制手机的轮廓线并删除轮廓线外的位图区域；最后利用传统补间动画、路径引导动画和遮罩动画创建广告中的动画效果。

制作步骤

步骤 1 打开本书配套素材"素材与实例">"项目八"文件夹>"手机广告素材.fla"文档，在"图层 1"上方新建 5 个图层，并将这 6 个图层分别命名为"背景"、"手机"、"时尚"、"动感"、"智能"和"3G"，如图 8-8 所示。

步骤 2 将"背景"图层设为当前图层，按快捷键【Ctrl+R】导入本书配套素材"素材与实例">"项目八">"广告素材"文件夹>"广告背景.jpg"图像，再将"手机.jpg"图像导入到"手机"图层，如图 8-9 所示。

图 8-8　新建并重命名图层

图 8-9　导入素材图像

步骤 3 选中"手机"图层中的位图对象，按快捷键【Ctrl+B】将其分离，然后选择"线条工具" ＼，将"笔触颜色"设为红色（#FF0000）、"笔触样式"设为"极细"，在"手机"图层中绘制手机的封闭轮廓线，并使用"选择工具" ↖ 进行调整，如图 8-10 所示。

步骤 4 使用"选择工具" ↖ 单击选中"手机"图层中轮廓线外的图像部分，并按【Delete】键将其删除，再将轮廓线删除，效果如图 8-11 所示。

图 8-10　绘制要选取的位图区域

图 8-11　选取位图区域并删除

步骤 5 选中"手机"图层中的分离图像，然后按快捷键【F8】，将其转换为名为"手机"的影片剪辑，如图 8-12 所示。

步骤 6 选中"背景"图层中的图像，按快捷键【F8】，将其转换为名为"背景"的图形元件，如图 8-13 所示。

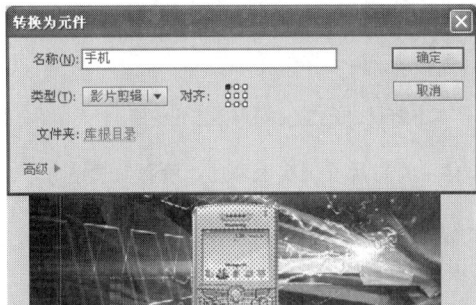

图 8-12 创建"手机"影片剪辑　　　　图 8-13 创建"背景"图形元件

步骤 7 在所有图层的第 150 帧处插入普通帧，然后在"属性"面板中将"背景"图层中"背景"元件实例的"Alpha"值设为"0%"，如图 8-14 所示。

步骤 8 在"背景"图层的第 10 帧和第 30 帧处插入关键帧，然后将第 30 帧中的"背景"元件实例的"Alpha"值设为"100%"，再在"背景"图层第 10 帧与第 30 帧之间创建传统补间动画，制作背景的渐显效果，如图 8-15 所示。

步骤 9 将"手机"图层的第 1 帧拖到第 35 帧处，然后将"手机"影片剪辑实例移动到舞台右侧外，如图 8-16 所示。

步骤 10 选中"手机"图层第 35 帧中的"手机"影片剪辑实例，然后在"属性"面板中为其添加"投影"滤镜，滤镜的参数保持默认不变，如图 8-17 所示。

步骤 11 在"手机"图层第 40 帧处插入关键帧，然后将第 40 帧中的"手机"影片剪辑实例移动到舞台左侧，并在"手机"图层第 35 帧和第 40 帧之间创建传统补间动画，制作手机平移的动画效果，如图 8-18 所示。

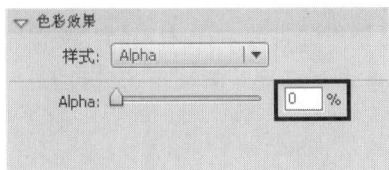

图 8-14 设置"背景"元件实例的透明度　　　　图 8-15 制作背景的渐显效果

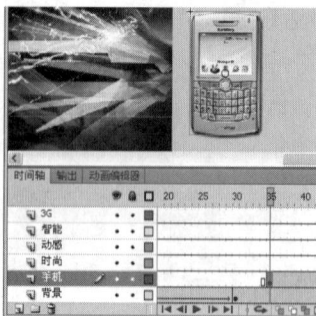

图 8-16　移动帧和影片剪辑实例

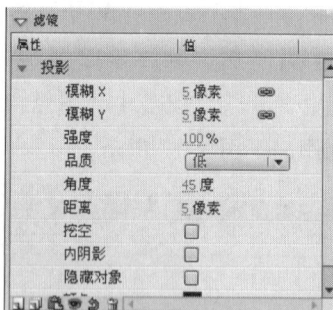

图 8-17　为影片剪辑实例添加"投影"滤镜

步骤 12　在"手机"图层的第 42，43，44 和 45 帧处插入关键帧，然后在"属性"面板中将第 42 帧和第 44 帧中的"手机"影片剪辑实例的"亮度"设为"100%"，制作闪白效果，如图 8-19 所示。

图 8-18　制作手机平移的动画效果

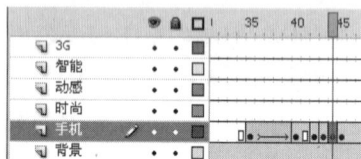

图 8-19　制作闪白效果

步骤 13　右击"时尚"图层的图层名称，在弹出的快捷菜单中选择"添加传统运动引导层"菜单，为其创建一个引导层，如图 8-20 所示。

步骤 14　选择"椭圆工具" ⬭ ，将"笔触颜色"设为红色（#FF0000）、"填充颜色"设为"无色" ⬚ 、"笔触样式"设为"实线"、"笔触高度"设为"1"，然后在"引导层：时尚"中绘制一个没有填充色的椭圆，再使用"线条工具" ✎ 和"选择工具" ▸ 将椭圆下方的一小段轮廓线删除，如图 8-21 所示。

步骤 15　在"时尚"图层的第 50 帧插入关键帧，然后将"库"面板中的"时尚"影片剪辑拖到"时尚"图层第 50 帧"手机"影片剪辑的右上方（此时要注意将影片剪辑实例的中心点对齐到引导线），然后在"属性"面板中为其添加"投影"滤镜，如图 8-22 所示。

图 8-20　创建引导层

图 8-21　绘制引导线

步骤 16　在"时尚"图层的第 60 帧处插入关键帧，然后将"时尚"图层第 60 帧中的"时尚"影片剪辑实例拖到舞台右下角（此时同样要注意将影片剪辑实例的中心点对齐到引导线），再在"时尚"图层第 50 帧与第 60 帧之间创建传统补间动画，制作路径引导动画效果，如图 8-23 所示。

图 8-22　拖入"时尚"影片剪辑并添加"投影"滤镜

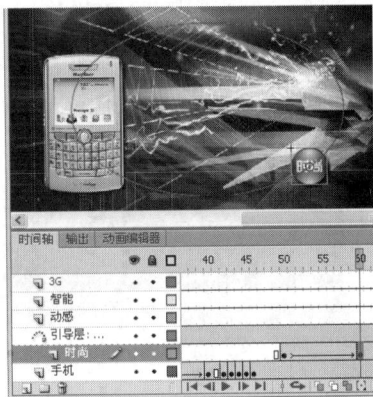

图 8-23　创建路径引导动画

步骤 17　在按住【Shift】键的同时选中"动感"、"智能"和"3G"图层，然后将所选图层拖到"引导层：时尚"图层下方，将其都转换为被引导层，如图 8-24 所示。

步骤 18　在"动感"图层的第 55 帧插入关键帧，然后将"库"面板中的"动感"影片剪辑拖到"手机"影片剪辑实例的右上方，再在"属性"面板中为其添加"投影"滤镜，效果如图 8-25 所示。

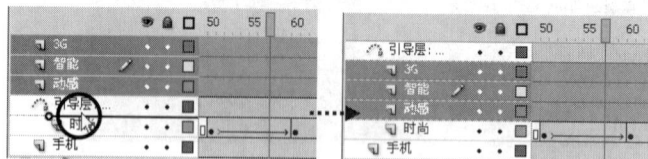

图 8-24　将所选图层转换为被引导层

图 8-25　拖入"动感"影片剪辑

步骤 19　在"动感"图层的第 65 帧插入关键帧，然后将"动感"图层第 65 帧中的"动感"影片剪辑实例拖到"时尚"影片剪辑实例上方，再在"时尚"图层第 55 与第 65 帧之间创建传统补间动画，如图 8-26 所示。

步骤 20　分别在"智能"图层的第 60 帧和"3G"图层的第 65 帧插入关键帧，然后参照步骤 18 和步骤 19 的操作，利用"智能"和"3G"影片剪辑实例制作路径引导动画（每个路径引导动画的长度都是 10 帧），如图 8-27 所示。

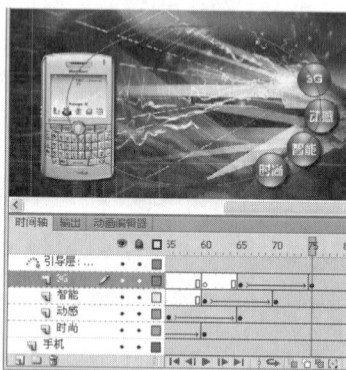

图 8-26　创建第 2 个路径引导动画

图 8-27　创建第 3 个和第 4 个路径引导动画

步骤 21　在"引导层：时尚"图层上方新建两个图层并分别命名为"文字 1"和"文字 2"，如图 8-28 所示。

步骤 22　在"文字 1"图层的第 80 帧处插入关键帧，选择"文本工具" **T**，将"系列"设为"汉仪综艺体简"，"大小"设为"40"，"颜色"设为橙黄色（#FFCC00），然后在"文字 1"图层舞台偏上位置输入"天睿智能 3G 手机"文字，并为其添加"斜角"和"投影"滤镜，如图 8-29 所示。

步骤 23　在"文字 1"图层上方新建一个图层并重命名为"遮罩"，在"遮罩"图层的第 80 帧插入关键帧，然后使用"矩形工具" **□** 在"遮罩"图层上绘制一个覆盖"文字 1"图层中文字的矩形，并将其转换为名为"遮罩"的图形元件，如图 8-30 所示。

图 8-28 新建并重命名图层

图 8-29 输入文本并为其添加滤镜

步骤 24 在"遮罩"图层的第 95 帧插入关键帧，然后将"遮罩"图层第 80 帧中的"遮罩"元件实例向右平移至舞台外侧，再在"遮罩"图层第 80 帧与第 95 帧之间创建传统补间动画，如图 8-31 所示。

图 8-30 创建"遮罩"图层和"遮罩"图形元件

图 8-31 创建传统补间动画

步骤 25 在"遮罩"图层的图层名称上右击，在弹出的快捷菜单中选择"遮罩层"菜单，创建遮罩动画，如图 8-32 所示。

步骤 26 在"文字 2"图层的第 95 帧插入关键帧，选择"文本工具" T ，将"大小"设为"30"，"颜色"设为白色，然后在"天睿智能 3G 手机"文字的下方输入"引领时尚"文字，并为其添加"投影"滤镜，再将其转换为名为"文字"的图形元件，如图 8-33 所示。

步骤 27 在"文字 2"图层的第 105 帧插入关键帧，然后将"文字 2"图层第 95 帧中的"文字"元件实例向左平移至手机右侧，并将其"Alpha"值设为"0%"，再在"文字 2"图层第 95 帧和第 105 帧之间创建传统补间动画，制作文字渐显的效果，如图 8-34 所示。

图 8-32　创建遮罩动画

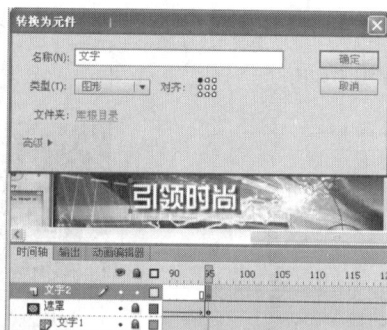

图 8-33　创建"文字"图形元件

步骤 28　右击"库"面板中的"广告背景.jpg"图像，在弹出的快捷菜单中选择"属性"
菜单，在打开的"位图属性"对话框的"压缩"下拉列表中选择"照片（JPEG）"
选项，选择"自定义"单选钮，再在其右侧的编辑框中输入"50"，然后勾选
"启用解块"复选框，单击"确定"按钮，如图 8-35 所示。到此，实例就完
成了。

图 8-34　制作文字渐显效果

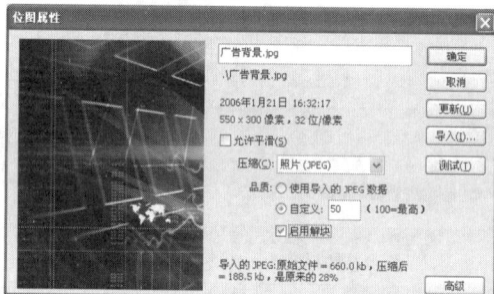

图 8-35　设置位图输出属性

二、制作电影海报动画

在 Flash CS6 中可以导入 psd 格式位图，并在导
入过程中将原图中的图层转换为 Flash 文档中的图层、
关键帧或影片剪辑，从而可以快捷地使用位图素材组
织动画。下面通过制作如图 8-36 所示的电影海报动
画，学习 psd 位图在 Flash 中的应用。案例最终效果
请参考本书配套素材"素材与实例">"项目八"文
件夹>"电影海报.swf"文件。

制作思路

本例主要是通过导入 psd 格式的位图来实现的，

图 8-36　电影海报动画

首先新建一个文档并导入 psd 格式的位图，然后利用根据导入的位图自动生成的图层和影片剪辑制作动画效果。

制作步骤

步骤 1　新建一个 Flash 文档，按快捷键【Ctrl+R】，在打开的"导入"对话框中选择本书配套素材"素材与实例">"项目八"文件夹>"电影海报图像.psd"文件，然后单击"打开"按钮，如图 8-37 所示。

步骤 2　在弹出的"psd 导入"对话框左侧的"检查要导入的 Photoshop 图层（C):"列表中选中"联合主演"图层，然后在右侧选择"可编辑的文本"单选钮与"为此图层创建影片剪辑"复选框，如图 8-38 所示。

步骤 3　参考步骤 2 的操作，将"詹妮佛……"和"世纪……"图层分别设置成导入后转换为影片剪辑。

图 8-37　选择要导入的位图　　　　图 8-38　设置原图像中文本图层的导入选项

步骤 4　选择"电影名"图层，然后在对话框右侧选择"拼合的位图图像"单选钮与"为此图层创建影片剪辑"复选框，如图 8-39 所示。

步骤 5　参考步骤 4 的操作，将"人物"和"背景"图层分别设置成转换为影片剪辑，然后取消"火焰"图层的勾选（表示不导入该图层），再选择"将舞台大小设置为与 Photoshop 画布大小相同"复选框，如图 8-39 所示。

步骤 6　单击"确定"按钮，程序会根据用户所做的设置将图像导入到文档中，自动生成与原图像名称相同的图层和影片剪辑，如图 8-40 所示。

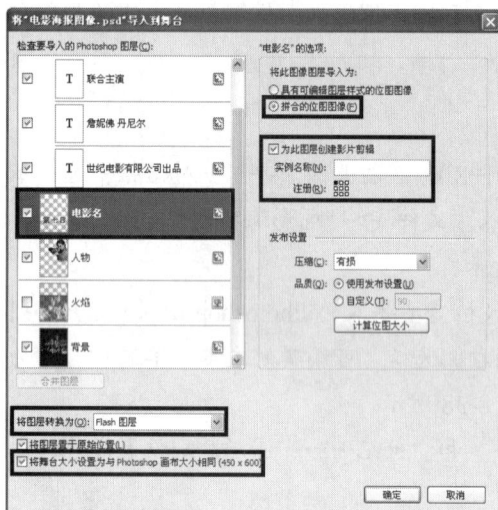

图 8-39　设置原图像中普通图层的导入选项　　图 8-40　导入效果

> 选择"具有可编辑图层样式的位图图像"，在导入后会将该图层中的图像转换为影片剪辑，并保持 Flash 支持的混合模式和不透明度等；选择"拼合的位图图像"，导入后将保持位图的原貌。

步骤 7　下面介绍利用导入的 psd 图像制作动画。首先删除文档中原图层"图层 1"，然后在所有图层第 100 帧插入普通帧，如图 8-41 所示。

步骤 8　将"人物"图层第 1 帧拖到第 5 帧，然后右击"人物"影片剪辑实例，从弹出的快捷菜单中选择"创建补间动画"；将播放头转到第 15 帧，然后右击人物图层第 15 帧，从弹出的快捷菜单中选择"插入" > "位置"菜单项，插入一个属性关键帧；将播放头转到第 5 帧，并将"人物"影片剪辑实例拖到舞台右侧外，如图 8-42 所示。

步骤 9　将"电影名"图层第 1 帧拖到第 15 帧，然后"电影名"影片剪辑实例创建补间动画，并在第 25 帧处插入一个位置属性关键帧，再将第 15 帧中的电影票影片剪辑实例移到到舞台下方外，如图 8-43（a）所示。

步骤 10　参照步骤 9 的操作，将"世纪……"图层第 1 帧拖到第 25 帧，并为"世纪……"影片剪辑实例创建补间动画，如图 8-43（b）所示。

步骤 11　参照步骤 9 的操作，分别将"詹妮佛……"和"联合……"图层第 1 帧拖到第 35 帧和第 45 帧，并为"詹妮佛……"和"联合……"影片剪辑实例创建补间动画，如图 8-44（a）和图 8-44（b）所示。

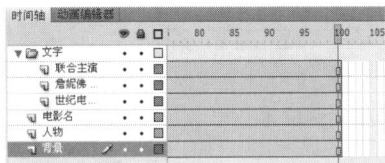

图 8-41　在所有图层第 100 帧插入普通帧

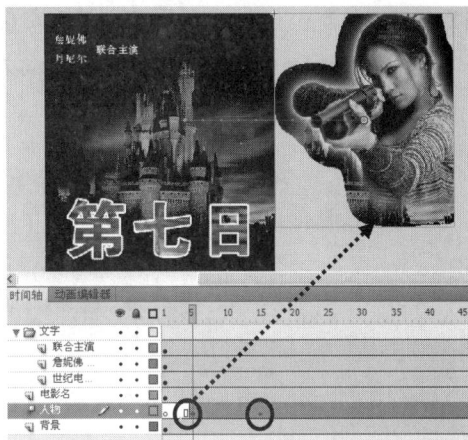

图 8-42　为"人物"影片剪辑实例创建补间动画

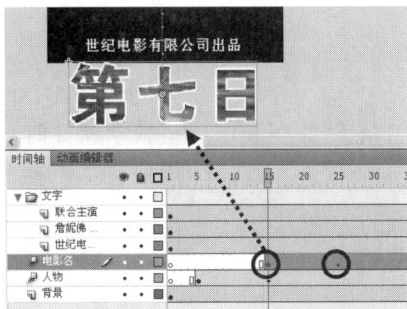

（a）

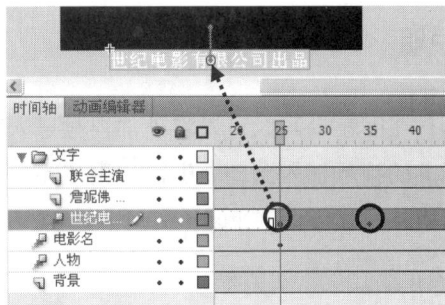

（b）

图 8-43　为"电影名"和"世纪……"影片剪辑实例创建补间动画

（a）

（b）

图 8-44　为"詹妮佛……"和"联合……"影片剪辑实例创建补间动画

步骤 12 在"联合……"图层第 59 帧和第 63 帧插入位置属性关键帧，然后将第 59 帧上的"联合……"影片剪辑实例向左稍微移动，如图 8-45 所示。到此，案例便完成了。

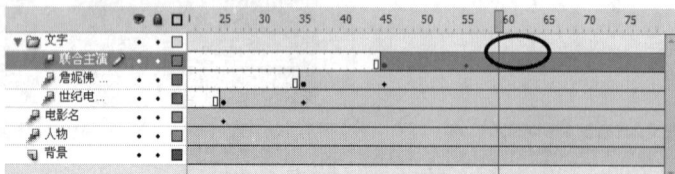

图 8-45 插入位置属性关键帧并调整实例位置

任务二 应用视频

任务说明

制作 Flash 动画时可以将外部视频导入到动画中，例如在制作某些教学课件时，便可将相关的视频加入到动画中，并由 Flash 控制视频的播放，从而使演示效果更好。本任务将引领读者学习在 Flash 文档中导入和应用视频的方法。

预备知识

一、导入视频

默认情况下，Flash CS6 只支持 FLV 和 F4V 格式的视频，但我们可以在导入视频前或导入视频过程中，使用 Flash CS6 自带的视频转换组件 Adobe Media Encoder 将其他视频格式转换为 FLV 和 F4V 格式，利用该组件还可以对视频编码进行详细设置，以及裁剪视频和选择视频中需要导入的片段等。

下面通过导入一个视频文件，介绍在 Flash CS6 中转换和导入视频的具体操作。

步骤 1 新建一个 Flash 文档，选择"文件"＞"导入"＞"导入视频"菜单，打开"导入视频"对话框，如图 8-46 所示。

步骤 2 单击对话框中的 浏览... 按钮，在打开的"打开"对话框中选择本书配套素材"素材与实例"＞"项目八"文件夹＞"视频文件.avi"文件，此时会弹出如图 8-47 所示的提示对话框，单击"确定"按钮即可。

导入视频并创建 FLVPlayback 组件的实例,以控制视频的播放

将 FLV 或 F4V 格式的视频嵌入到 Flash 文档中

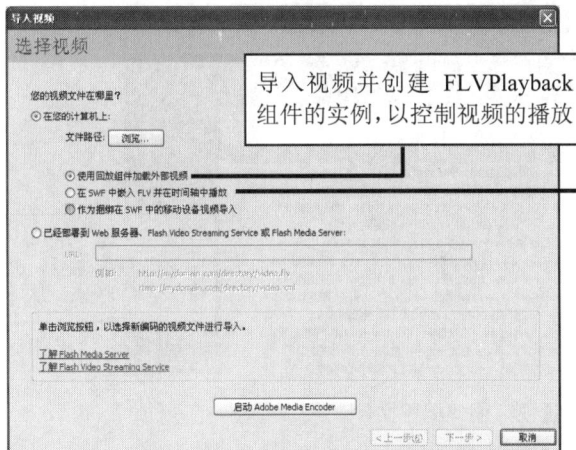

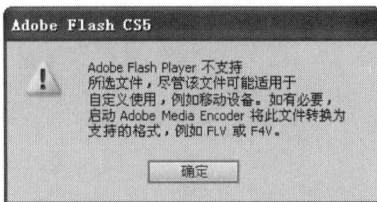

图 8-46 "导入视频"对话框   图 8-47 提示对话框

在"导入视频"对话框中选择"使用回放组件加载外部视频"方式时,最好将 FLV 或 F4V 格式的视频文件与 Flash 文档放在同一个文件夹中,避免因路径改变而无法正常播放视频。

如果选择将视频文件直接嵌入到 Flash 文档中,会明显增加发布文件的大小,因此此方式只适合用于小的视频文件。

步骤 3 单击"选择视频"对话框底部的"启动 Adobe Media Encoder"按钮,此时将弹出"另存为"对话框,让用户保存步骤 1 新建的 Flash 文档,从而将使用 Adobe Media Encoder 转换后的 FLV 或 F4V 视频文件自动保存到与文档相同的位置。

如果文档已经保存过,将不再弹出"另存为"对话框,系统会自动将转换后的视频文件保存到与文档相同的位置。当然,我们也可在 Adobe Media Encoder 组件中设置转换后的视频文件保存位置。

步骤 4 保存文档后,将启动视频转换组件 Adobe Media Encoder。单击该组件"预设"栏下方的下拉按钮,在展开的下拉列表中可选择系统预设的 Flash 视频编码配置文件,本例选择"FLV—与源属性匹配(高质量)"选项,如图 8-48 所示。

步骤 5 单击"预设"栏下方的配置文件,可在打开的"导出设置"对话框中详细设置音视频编码和裁剪视频,如图 8-49 所示。

步骤 6 单击"导出设置"对话框左上方的"裁剪"按钮 后,视频预览窗口四周会出现如图 8-50 所示的裁剪框,将鼠标指针移至裁剪框 4 条边或 4 个顶点处并拖动,可对视频进行裁剪,去掉视频中不需要的区域。

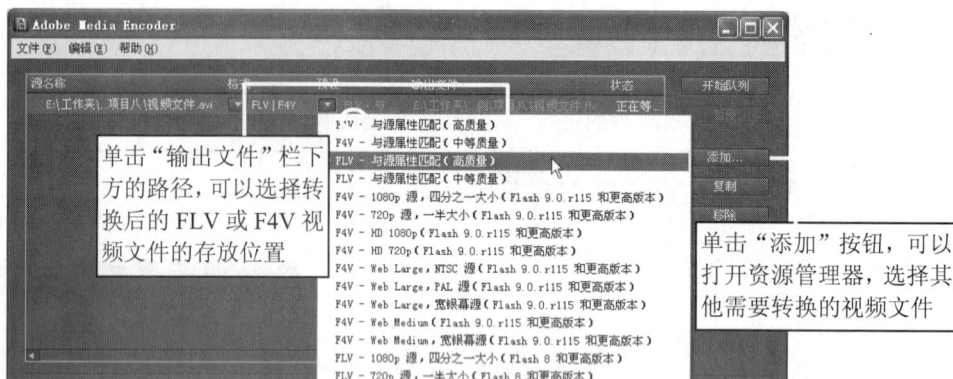

单击"输出文件"栏下方的路径，可以选择转换后的 FLV 或 F4V 视频文件的存放位置

单击"添加"按钮，可以打开资源管理器，选择其他需要转换的视频文件

图 8-48   设置视频编码配置文件

预设

图 8-49   编码对话框

步骤 7 利用视频预览窗口下方的"设置入点"按钮和"设置出点"按钮，可以设置要导入视频剪辑的起始点和结束点，从而选择需要导入的视频片段。例如，将"设置出点"按钮拖到如图 8-50 所示的位置，即只导入视频的前面内容。

步骤 8 设置完成后单击"确定"按钮，返回"Adobe Media Encoder"主界面，然后单击"开始队列"按钮，开始对视频进行格式转换和编码，如图 8-51 所示。

步骤 9 视频格式转换和编码完毕后，在"状态"栏下方会显示一个绿色对钩，此时可关闭 Adobe Media Encoder 组件，返回"导入视频"对话框，然后单击 浏览... 按钮，在弹出的对话框中选择刚生成的 FLV 视频文件，单击"打开"按钮。

图 8-50　裁剪视频和设置视频的出入点　　　图 8-51　开始对视频进行格式转换和编码

步骤 10　在"导入视频"对话框中选择"使用回放组件加载外部视频"单选钮，单击"下一步"按钮，然后在打开的"外观"界面中选择视频回放组件的外观，如图 8-52 所示。

步骤 11　单击"下一步"按钮进入"完成视频导入"界面，单击"完成"按钮，等待一段时间后即可使用回放组件将外部视频加载到 Flash 文档中，如图 8-53 所示。

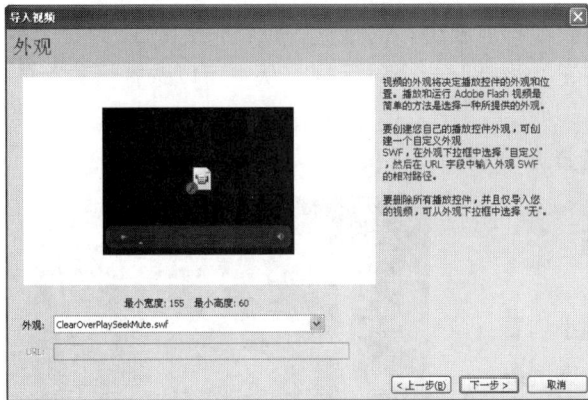

图 8-52　选择视频回放组件的外观　　　　　图 8-53　导入的视频

步骤 12　将文档保存后，按快捷键【Ctrl+Enter】测试动画效果，效果如图 8-54 所示。本例最终效果可参考本书配套素材"素材与实例">"项目八"文件夹>"导入视频.swf"。

二、设置视频

单击选中舞台中的视频回放组件后，可在"属性"面板的"组件参数"栏中设置视频回放组件的参数，从而控制视频的播放，如图 8-55 所示。其中常用参数的意义如下。

图 8-54　视频播放效果

图 8-55　设置视频及播放组件的相关参数

➢ **autoPlay**：勾选该复选框，表示播放动画时自动开始播放视频；如果取消该复选框，则在加载第一帧后暂停播放。

➢ **autoRewind**：勾选该复选框，则当播放头到达动画末尾或用户单击停止按钮时，视频将后退到开始处。

➢ **autoSize**：勾选该复选框，播放动画时会自动将视频回放组件的大小调整为与源视频尺寸等大。

➢ **bufferTime**：用于设置开始播放视频前要缓冲的秒数，默认值是 0。

➢ **skin**：单击该选项右侧的 🖉 按钮，将打开一个对话框，从中可以选择一种新的视频回放组件外观。

➢ **volume**：用于控制视频中的音量。

任务实施——制作小狗看电影动画

下面通过制作一个如图 8-56 所示的小狗看电影动画，学习视频在 Flash 中的应用。案例最终效果请参考本书配套素材"素材与实例">"项目八"文件夹>"小狗看电影.swf"文件。

制作思路

图 8-56　小狗看电影

新建一个 Flash 文档，导入图像并删除无用的图层，然后启动视频转换组件以对"老鼠爱大米.avi"视频文件进行编辑并转换格式，接着将转换好格式的视频文件导入 Flash 文档，并使用"任意变形工具" 🔲 调整导入视频的大小和倾斜度，最后设置位图的输出属性。

制作步骤

步骤 1　新建一个 Flash 文档，并将其帧频设为"24fps"，然后按快捷键【Ctrl+R】，在打

开的"导入"对话框中选择本书配套素材"素材与实例">"项目八"文件夹>
"小狗与电脑.psd"图像，如图 8-57 所示。

步骤 2　单击"打开"按钮，在打开的"psd 导入到舞台"对话框中勾选"将舞台大小设置为与 Photoshop 画布大小相同"复选框，其他选项保持默认，单击"确定"按钮，如图 8-58 所示。

图 8-57　导入"小狗与电脑.psd"图像

图 8-58　设置 psd 图像的导入参数

步骤 3　删除"图层 1"，然后在"电脑"图层上方新建一个图层，并将其命名为"视频"，如图 8-59 所示。

步骤 4　选中"视频"图层，然后选择"导入">"导入视频"菜单，打开"导入视频"对话框，单击 浏览... 按钮，在打开的"打开"对话框中选择本书配套素材"素材与实例">"项目八"文件夹>"老鼠爱大米.avi"视频文件，单击"打开"按钮，再在弹出的对话框中单击"确定"按钮，如图 8-60 所示。

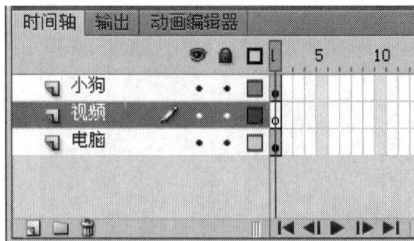

图 8-59　新建并重命名图层

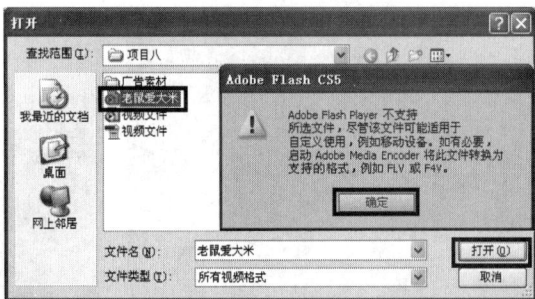

图 8-60　导入视频文件

步骤 5　回到"导入视频"对话框后，选择"在 SWF 中嵌入 FLV 并在时间轴中播放"单选钮，并单击"启动 Adobe Media Encoder"按钮（如图 8-61 所示），在弹出的"另存为"对话框中保存新建的文档，此时将启动视频转换组件。

步骤 6 在"Adobe Media Encoder"视频转换组件中单击"预设"栏下方的下拉按钮，在展开的下拉列表中选择"FLV—与源属性匹配（高质量）"选项，如图 8-62 所示。

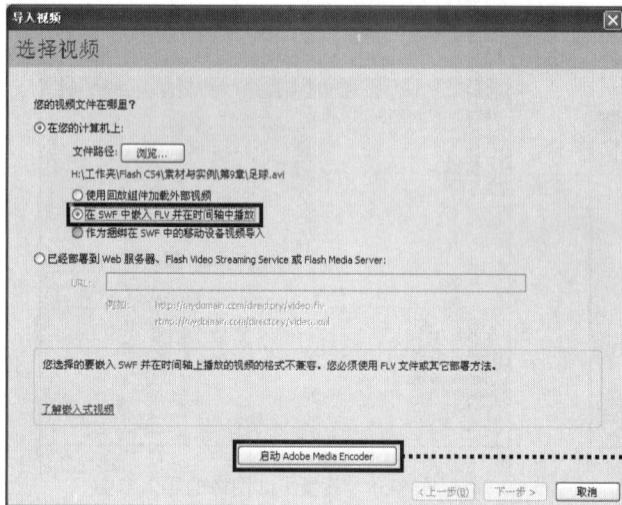

图 8-61 设置"选择视频"对话框

图 8-62 设置视频编码配置文件

步骤 7 单击"预设"栏下方的配置文件，在打开的"导出设置"对话框中，将播放头拖到 20 秒附近的位置，然后单击"设置出点"按钮 ，设置视频剪辑的结束点，如图 8-63 所示。

步骤 8 设置完成后单击"确定"按钮，返回 Adobe Media Encoder 主界面，然后单击"开始队列"按钮，如图 8-64 所示。

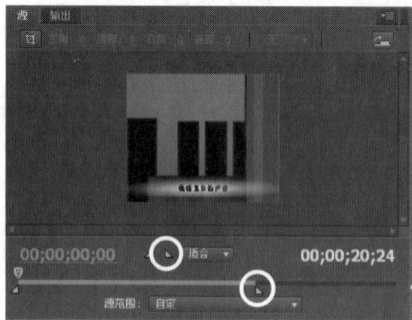

图 8-63 设置视频剪辑的结束点

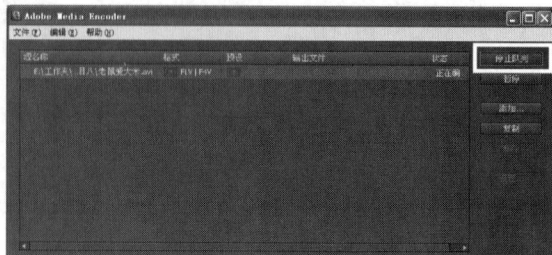

图 8-64 开始编码

步骤 9 编码完毕后关闭 Adobe Media Encoder 组件，返回"导入视频"对话框，单击 浏览... 按钮，在打开的对话框中选择刚刚转换过来的"老鼠爱大米.FLV"视频文件，单击"打开"按钮，如图 8-65 所示。

步骤 10　在"导入视频"对话框中单击"下一步"按钮，按照提示导入视频文件（所有参数保持默认即可），然后在所有图层中插入与"视频"图层等长的普通帧，并使用"任意变形工具"  调整舞台中视频剪辑的大小和倾斜度，使其与手提电脑的屏幕重叠，如图 8-66 所示。

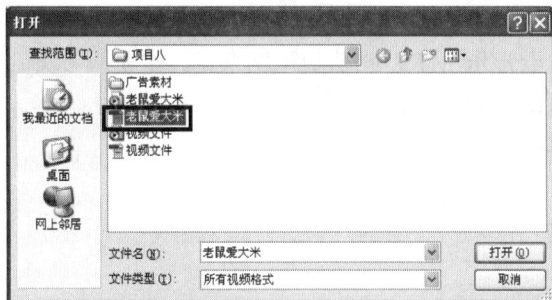

图 8-65　选择转换格式后的视频文件　　　　图 8-66　调整视频剪辑的大小和倾斜度

步骤 11　打开"库"面板中的"小狗与电脑.psd"元件文件夹，右击其中的"电脑"位图图像，在弹出的快捷菜单中选择"属性"菜单，然后在打开的"位图属性"对话框中勾选"允许平滑"复选框，单击选中"自定义"单选钮，并在其右侧的编辑框中输入"90"，再勾选"启用解块"复选框，最后单击"确定"按钮，如图 8-67 所示。

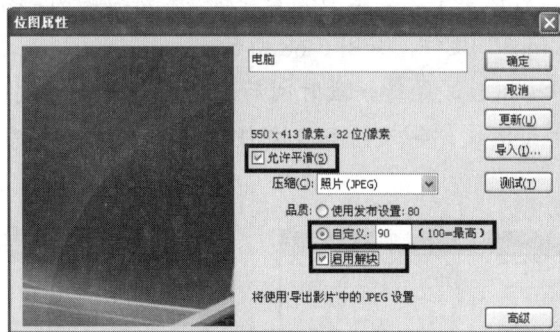

图 8-67　设置位图输出属性

步骤 12　参照步骤 11 的操作设置"小狗"位图图像的输出属性。至此实例就完成了，按快捷键【Ctrl+Enter】测试一下实例效果吧。

任务三 应用声音

任务说明

在 Flash 动画中恰当地加上声音能使动画更加生动，例如为下雨的场景加上雨声、风声，或为贺卡加上一段优美的音乐，对于音乐 MTV 或动画短剧来说，更是离不开声音。本任务将带领读者学习在动画中应用声音的方法。

预备知识

一、导入和添加声音

要在 Flash 动画中加入声音，首先要将声音文件导入动画文档，然后将声音添加到指定的关键帧中。可以直接导入 Flash CS6 的声音格式有 WAV，AIFF 和 MP3 三种，其中最常用的是 MP3 格式。下面通过为一段动画添加声音，介绍在 Flash 文件中添加声音的具体操作。

步骤 1 打开本书配套素材"素材与实例">"项目八"文件夹>"冒雪前行素材.fla"文件，然后选择"文件">"导入">"导入到舞台"或"导入到库"菜单，在打开的"导入"对话框中选择本书配套素材"素材与实例">"项目八"文件夹>"咪咪流浪记.mp3"文件，如图 8-68 所示。

步骤 2 单击"打开"按钮后，等待一段时间后即可将声音导入到"库"面板中（无论选择何种方式导入，导入的声音文件都只会出现在"库"面板中），如图 8-69 所示。

图 8-68 在"导入"对话框中选择声音文件

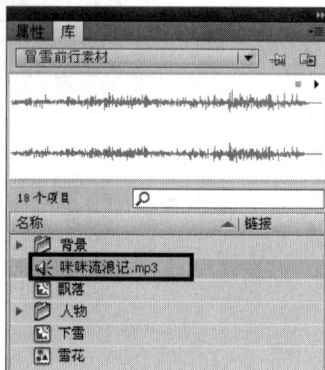

图 8-69 "库"面板中的声音文件

步骤 3 在"雪花"图层上方新建一个图层，将其重命名为"声音"。在"声音"图层选中要添加声音的关键帧，本例为第 1 帧，然后在"属性"面板"声音"栏中的"名称"下拉列表中选择要添加的声音，即可将其添加到该关键帧中，如图 8-70 所示。

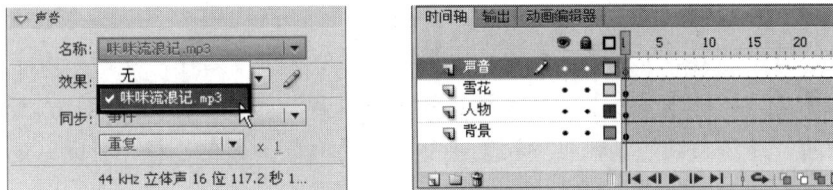

图 8-70　新建图层并添加声音

> **小技巧**　另一种添加声音的方法是选中要添加声音的关键帧，然后从"库"面板中将声音拖到舞台。添加到关键帧的声音相当于声音文件的一个实例，我们可以将一个声音文件添加到多个关键帧上，即允许一个声音文件有多个实例。

二、编辑声音

将声音添加到关键帧后，应根据动画需要对声音的同步选项、效果和长短等进行设置。

步骤 1 单击选中添加了声音的关键帧，本例为"声音"图层第 1 帧，在"属性"面板"同步"下拉列表中选择同步选项，如选择"数据流"选项，如图 8-71 所示。声音同步选项用来控制声音的播放形式，Flash CS6 提供的各声音同步选项的意义如下。

- ➤ **事件**：选择此项后，声音的播放与时间轴无关，当动画播放到添加声音的关键帧时，无论关键帧后是否有普通帧，声音开始播放，一直到将该声音文件播放完。事件声音一般用在不需要控制声音播放的地方，例如按钮或贺卡的背景音乐。
- ➤ **开始**：与事件声音相似，区别是，如果当前正在播放该声音文件的其他实例，则在其他声音实例播放结束之前，不会播放该声音文件实例。
- ➤ **停止**：使指定的声音停止播放，例如使事件声音停止播放。
- ➤ **数据流**：该方式下，声音和时间轴同步播放。与事件声音不同，数据流声音的播放时间完全取决于它在时间轴中占据的帧数，动画停止，声音也将停止。制作音乐动画、音乐短剧等需要影片和声音同步播放的动画时，需要选择该选项。

> 由于"数据流"声音播放的时间取决于它在时间轴所占据的帧数，因此，要控制"数据流"声音的播放，只需在相关位置插入普通帧或关键帧即可。例如，某个声音文件的长度为 300 帧，要使声音完整播放，需在该声音所在的关键帧之后第 300 帧插入普通帧；此时如果希望使该声音在第 200 帧停止播放，则只需在第 200 帧插入关键帧即可。

步骤 2 在"同步"下拉列表框下方的声音循环下拉列表中可选择声音循环的方式。若选择"循环"选项，表示将无限循环播放声音；选择"重复"选项，可在其右侧的"循环次数"编辑框中设置重复播放的次数。本例选择"重复"选项，将重放次数设为"1"，如图 8-72 所示。

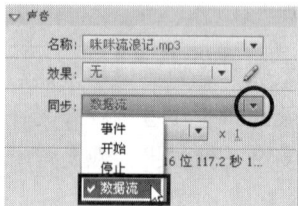

图 8-71　"同步声音"下拉列表　　　图 8-72　选择声音的循环方式

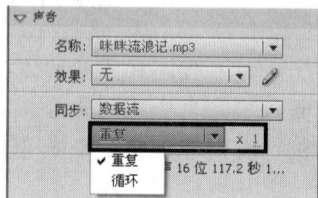

步骤 3 若要设置声音效果，只需选中添加声音的关键帧，如选中"声音"图层的第 1 帧，然后在"属性"面板的"效果"下拉列表中选择声音效果即可，如图 8-73 所示。

- ➢ **无**：不使用任何声音效果。
- ➢ **左声道/右声道**：只在左或右声道中播放声音。
- ➢ **从左到右淡出/从右到左淡出**：声音音量从左（右）声道到右（左）声道逐渐减小。
- ➢ **淡入**：播放时声音音量逐渐加大。
- ➢ **淡出**：播放时声音音量逐渐减小。
- ➢ **自定义**：打开"编辑封套"对话框对声音进行编辑。

步骤 4 利用"编辑封套"对话框可以设置声音的播放效果，还可查看和设置声音的播放范围和长度（如将声音的开头和结尾掐去）。若要打开"编辑封套"对话框，可在选中添加了声音的关键帧后，单击"属性"面板"效果"选项右侧的"编辑封套"按钮 ✐。

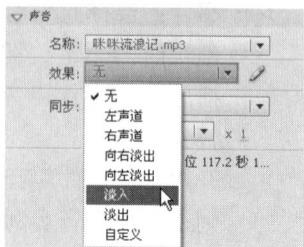

图 8-73　设置声音效果

步骤 5 将"编辑封套"对话框的"声音起点控制轴"向右拖至波形起伏较大的位置（即掐掉声音文件开始的无音部分），如图 8-74 所示。

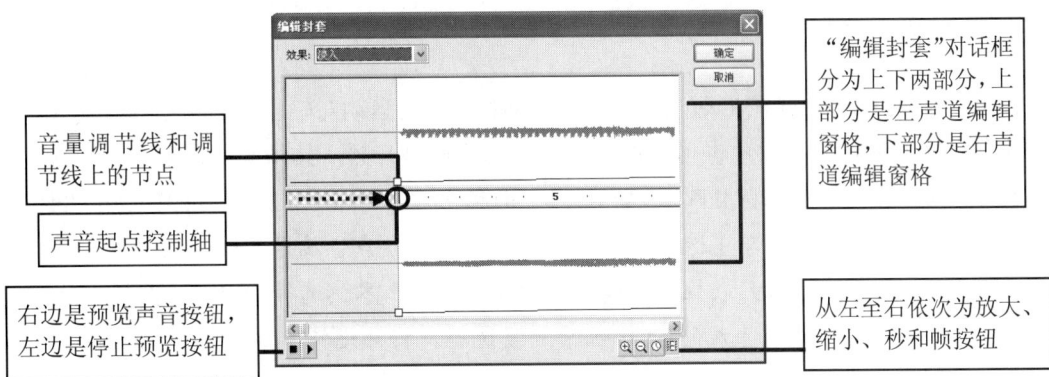

音量调节线和调节线上的节点

声音起点控制轴

右边是预览声音按钮，左边是停止预览按钮

"编辑封套"对话框分为上下两部分，上部分是左声道编辑窗格，下部分是右声道编辑窗格

从左至右依次为放大、缩小、秒和帧按钮

图 8-74 "编辑封套"对话框

➤ **节点**：上下拖动节点可以调整音量指示线，从而调整相应播放位置的音量大小。音量指示线位置越高，音量越大。此外，单击音量指示线，可在单击处增加一个节点，最多可以有 8 个节点；将节点拖至编辑区外，可删除节点。

➤ **"放大"按钮** /**"缩小"按钮**：单击这两个按钮，可以改变对话框中声音显示范围，从而方便编辑声音。

➤ **"秒"按钮** /**"帧"按钮**：单击这两个按钮，可以改变对话框中声音显示的长度单位，有"秒"和"帧"两种。

步骤 6 向右拖动对话框底部的滚动条以显示声音终点控制轴（可先单击"缩小"按钮 增大声音显示范围），然后将"声音终点控制轴"向左拖至波形起伏较大的位置（即掐掉声音文件结束处无声音的部分），如图 8-75 所示。

步骤 7 向左拖动对话框底部的滚动条以显示声音开始部分，然后将左右声道编辑窗格中最左侧的节点向上移动至中间位置，再将第 2 个节点向右适当拖动，从而使声音开始处的音量逐渐增大，如图 8-76 所示。

步骤 8 单击"帧"按钮 并向右拖动对话框底部的滚动条，可以看到声音的结束位置在 1 340 帧左右。最后单击"确定"按钮关闭"编辑封套"对话框，并在所有图层的 1 340 帧插入普通帧，在"声音"图层的 1 340 帧插入关键帧。

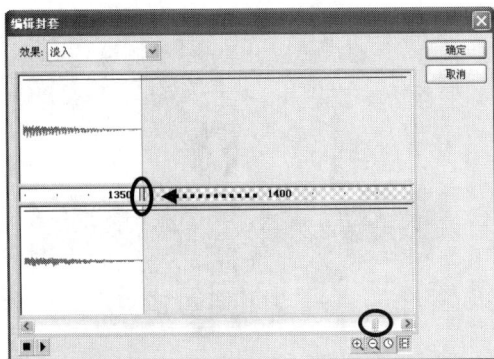

图 8-75 掐掉声音结束部分

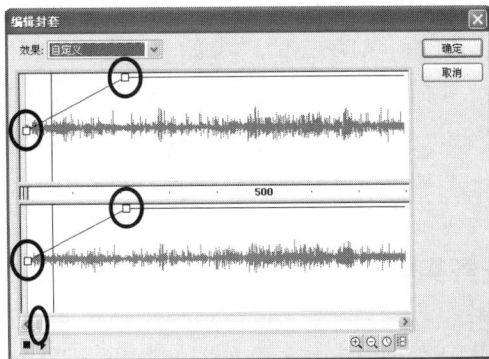

图 8-76 设置声音音量

三、设置输出音频

默认情况下，Flash 在将动画发布成 swf 文件时，会自动对输出的音频进行压缩，以减小 swf 文件的体积。用户也可根据需要自己设置输出音频，具体操作如下。

步骤 1 在"冒雪前行素材.fla"文档的"库"面板中右击"咪咪流浪记.mp3"音乐文件，在弹出的快捷菜单中选择"属性"菜单，打开"声音属性"对话框。

步骤 2 在"压缩"下拉列表框中选择所需的压缩格式，本例选择"MP3"选项，然后取消勾选"使用导入的 MP3 品质"复选框，将"比特率"设为"48kbps"，并取消勾选"将立体声转换为单声道"复选框，单击"确定"按钮，如图 8-77 所示。

> **预处理**：选择"将立体声转换为单声道"复选框可将混合立体声转换为单声，减少文件体积，但会降低声音质量。该选项只有在比特率为 20kbps 或更高时才可用。

> **比特率**：用于确定导出的声音文件中每秒播放的位数。Flash 支持 8kbps 到 160kbps 的比特率。比特率越大声音效果越好，但文件体积也越大。

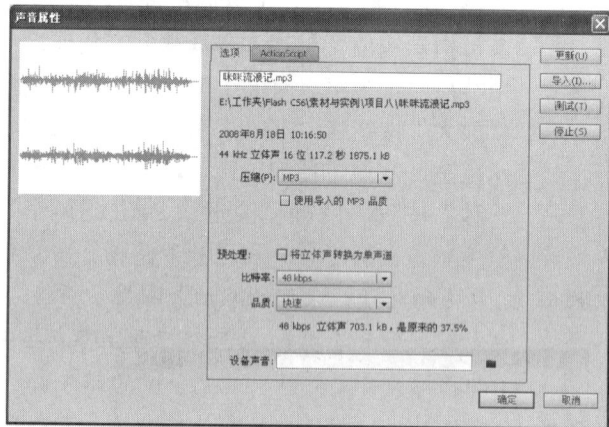

图 8-77 "声音属性"对话框

> **品质**：用于确定压缩速度和声音品质，如果要将影片发布到网络上，可选择"快速"选项；如果要在本地运行影片，则可以使用"中"或"最佳"选项。

"MP3"是最常用的声音压缩格式，除此之外还有"ADPCM"、"原始"、"语音"和"默认"几个选项。其中"ADPCM"选项用来设置 8 位或 16 位声音数据，当输出较短小的事件声音，例如单击按钮的声音时，可使用此设置。

任务实施——制作 MTV 动画

下面通过制作一个如图 8-78 所示的 MTV

图 8-78 MTV 动画

动画，学习声音在 Flash 动画中的应用。案例最终效果请参考本书配套素材 "素材与实例" > "项目八" 文件夹> "MTV.swf" 文件。

制作思路

首先创建一个 Flash 文档，并导入歌曲；然后打开素材文档，将该文档中的素材复制到新建的文档中，并根据歌曲节奏安排动画内容。制作本例时需要注意的是动画的安排应与歌曲节奏相对应，歌词的放置也应与歌曲同步。

制作步骤

1. 导入素材

步骤 1 新建一个宽 550 像素、高 400 像素的 Flash 文档，然后按快捷键【Ctrl+R】，在打开的 "导入" 对话框中选择本书配套素材 "素材与实例" > "项目八" 文件夹> "浪花一朵朵.mp3" 声音文件，单击 "打开" 按钮，将歌曲导入文档，如图 8-79 所示。

步骤 2 将 "图层 1" 重命名为 "声音"，然后在 "声音" 图层第 2 帧处插入关键帧，第 1 315 帧处插入普通帧。选中 "声音" 图层第 2 帧，在 "属性" 面板 "声音" 下拉列表中选择 "浪花一朵朵.mp3"，在 "同步" 下拉列表中选择 "数据流"，其他选项保持默认参数不变，如图 8-80 所示。

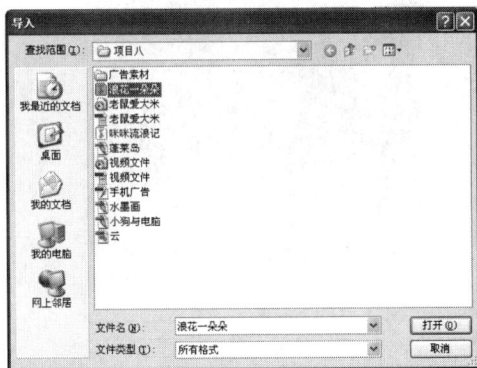

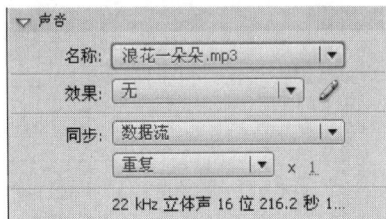

图 8-79 导入声音   图 8-80 添加声音并设置同步选项

步骤 3 打开本书配套素材 "素材与实例" > "项目八" 文件夹> "MTV 素材.fla" 文件，选中 "库" 面板中的所有元件，在所选元件上右击鼠标，在弹出的快捷菜单中选择 "复制" 菜单，如图 8-81（a）所示。

步骤 4 切换到新建的 Flash 文档，在 "库" 面板中右击鼠标，在弹出的快捷菜单中选择 "粘贴" 菜单，将提供的素材粘贴到新文档中（如图 8-81（b）和图 8-81（c）所示），此时素材若出现在舞台中，直接按【Delete】键将其删除即可。

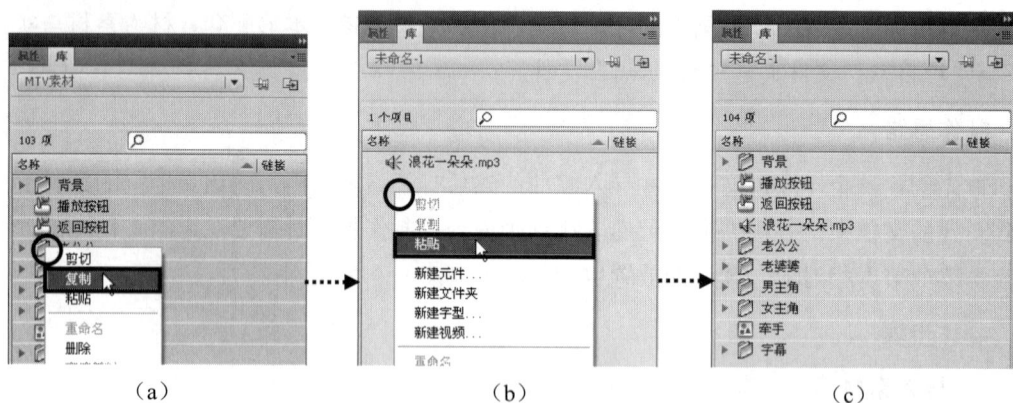

（a）　　　　　　　　　（b）　　　　　　　　　（c）

图 8-81　将素材复制到新建文档的"库"面板中

2.合成动画

步骤 1　在"声音"图层上方新建 5 个图层，分别命名为"背景 1"、"背景 2"、"人物 1"、"人物 2"和"字幕"，然后将这些图层按照如图 8-82 所示顺序排列。

步骤 2　选中"背景 1"图层第 1 帧，将"库"面板中"背景"元件文件夹下的"背景 1"图形元件拖到舞台中，移动其位置，使其右上角的天空覆盖舞台，如图 8-83 所示。

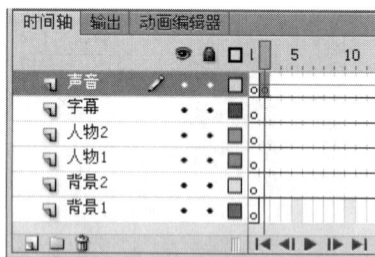

图 8-82　新建并重命名图层　　　　**图 8-83　将"背景 1"图形元件拖入舞台**

步骤 3　按下【Enter】键预览动画，当听到"啦~啦~啦~"的前奏时按下【Enter】键暂停播放，然后在"背景 2"图层插入关键帧（本例中为第 162 帧，可根据实际情况进行调整），如图 8-84 所示。

步骤 4　将"库"面板中"背景"元件文件夹下的"背景 2"图形元件拖到舞台适当位置，然后在"背景 2"图层的第 191 帧处插入关键帧，并在"背景 2"图层第 162 帧与第 191 帧之间创建传统补间动画，如图 8-85 所示。

步骤5 选中"背景2"图层的第162帧上的元件实例,在"属性"面板"样式"下拉列表中选择"Alpha"(透明度),并将其值设为"0%"(如图8-86所示),制作"背景2"元件实例的淡入效果。

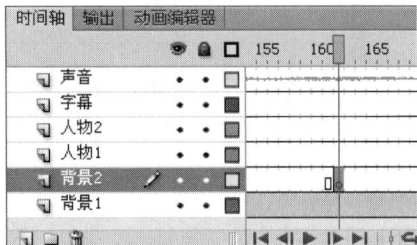

图8-84 根据声音插入关键帧

图8-85 创建传统补间动画

步骤6 在"背景1"图层和"背景2"图层第208帧处插入空白关键帧,然后将"背景2"图层第191帧上的元件实例原位复制到"背景1"图层第208帧,如图8-87所示。

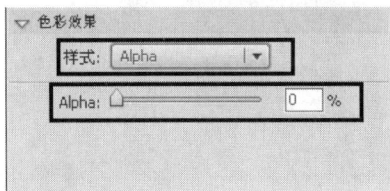

图8-86 设置元件实例透明度

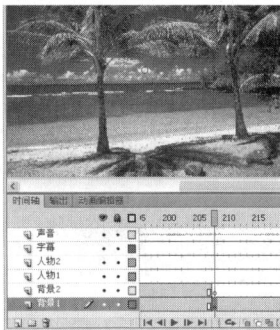

图8-87 复制元件实例

步骤7 在"背景2"图层第209帧处插入关键帧,然后将"库"面板中"背景"元件文件夹下的"背景3"图形元件拖到舞台的适当位置,如图8-88所示。

步骤8 在"背景2"图层第235帧处插入关键帧,然后在"背景2"图层第209帧与第235帧之间创建传统补间动画,如图8-89所示。

步骤9 选中"背景2"图层第209帧上的元件实例,然后在"属性"面板"样式"下拉列表中选择"Alpha",并将其值设为"0%",制作"背景3"元件实例的淡入效果。

图 8-88 拖入"背景 3"图形元件

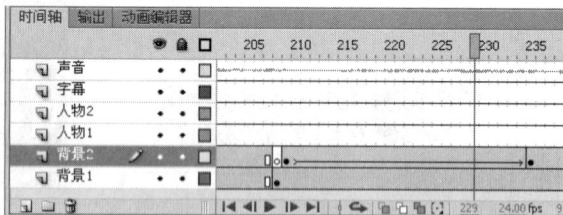

图 8-89 创建传统补间动画

步骤 10 在"背景 1"图层和"背景 2"图层第 261 帧处插入空白关键帧，然后将"背景 2"图层第 235 帧上的元件实例原位复制到"背景 1"图层第 261 帧。在"背景 2"图层第 262 帧处插入关键帧，然后将"库"面板中"背景"元件文件夹下的"背景 4"图形元件拖到舞台中，如图 8-90 所示。

步骤 11 在"背景 2"图层第 291 帧处插入关键帧，然后在"背景 2"图层第 262 帧与第 291 帧之间创建传统补间动画，再在"属性"面板中将"背景 2"图层第 262 帧上元件实例的"Alpha"值设为"0%"，制作"背景 4"元件实例的淡入效果，如图 8-91 所示。

图 8-90 拖入"背景 4"图形元件

图 8-91 创建"背景 4"元件实例的淡入效果

步骤 12 按下【Enter】键预览动画，当听到"我要你陪着我……"歌词时按下【Enter】键暂停播放，然后在"背景 1"图层、"背景 2"图层和"人物 1"图层插入空白关键帧（本例为第 313 帧，可根据实际情况进行调整）。

步骤 13 将"库"面板中"背景"元件文件夹下的"海滩 2"图形元件拖到"背景 1"图层第 313 帧，将"男主角"元件文件夹下的"唱歌"影片剪辑拖到"人物 1"

图层第 313 帧，放在舞台中间，如图 8-92 所示。

步骤 14　在"人物 2"图层第 385 帧处插入关键帧，然后将"库"面板"背景"元件文件夹下的"沙滩 1"影片剪辑拖到该帧，调整其位置，如图 8-93 所示。

图 8-92　拖入背景和人物

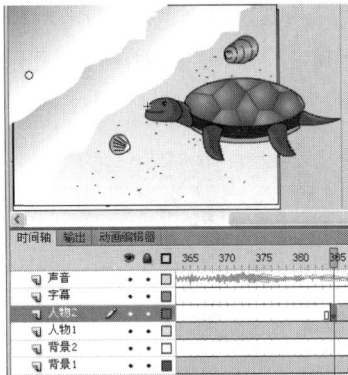

图 8-93　拖入"沙滩 1"影片剪辑

步骤 15　在"人物 2"图层第 411 帧处插入关键帧，然后在该图层第 385 帧与 411 帧之间创建传统补间动画，再将"人物 2"图层第 385 帧上影片剪辑实例的"Alpha"值设为"0%"，制作"沙滩 1"影片剪辑实例的淡入效果，如图 8-94 所示。

步骤 16　按下【Enter】键预览动画，当听到"你不要害怕……"歌词时按下【Enter】键暂停播放，在"人物 2"图层插入空白关键帧（本例中为第 460 帧），如图 8-95 所示。

图 8-94　制作"沙滩 1"影片剪辑的淡入效果

图 8-95　插入空白关键帧

步骤 17　按下【Enter】键预览动画，当听到"我会一直……"歌词时按下【Enter】键暂停播放，在"背景 1"图层和"人物 1"图层插入空白关键帧（本例为第 539 帧），然后将"库"面板中"背景"元件文件夹下的"背景 5"图形元件拖到"背景 1"图层第 539 帧，将"男主角"元件文件夹下的"鲜花"图形元件和"女主角"元件文件夹下的"女孩"图形元件拖到"人物 1"图层第 539 帧,如图 8-96 所示。

步骤 18 在"人物 1"图层第 557 帧处插入关键帧,选中该帧上的"女孩"元件实例,单击"属性"面板中的"交换"按钮,从弹出对话框中选择"女孩 2"元件,单击"确定"按钮,然后将"鲜花"元件实例水平翻转,并移动到如图 8-97 所示的位置。

图 8-96　拖入背景和人物

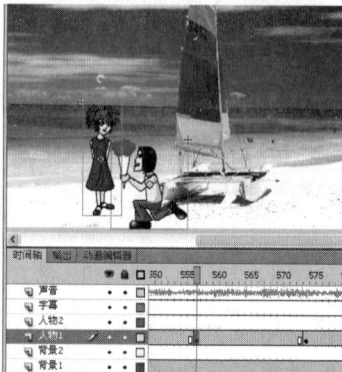

图 8-97　翻转并移动"鲜花"元件实例

步骤 19 在"人物 1"图层第 574 帧处插入空白关键帧,然后将"人物 1"图层第 539 帧上的内容原位复制到"人物 1"图层第 574 帧中;在"人物 1"图层第 592 帧处插入空白关键帧,将"人物 1"图层第 557 帧上的内容原位复制到"人物 1"图层第 592 帧中,如图 8-98 所示。

步骤 20 按下【Enter】键预览动画,当听到"……让你乐悠悠"的歌词结束时按下【Enter】键暂停播放,在"人物 2"图层插入关键帧(本例中为第 614 帧),然后将"库"面板中"背景"元件文件夹下的"翻页"影片剪辑拖到"人物 2"图层第 614 帧,如图 8-99 所示。

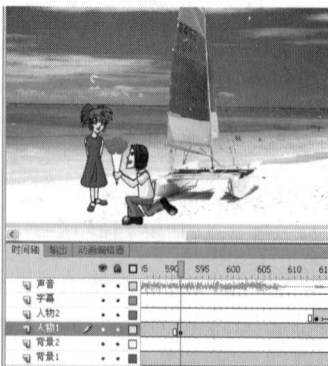

图 8-98　原位复制元件实例

图 8-99　拖入"翻页"影片剪辑

步骤 21 在"背景 1"图层和"人物 1"图层第 636 帧处插入空白关键帧，在"人物 2"图层第 636 帧处插入关键帧，然后在"人物 2"图层第 614 帧与第 636 帧之间创建传统补间动画，并将第 614 帧上的影片剪辑实例的"Alpha"值设为"0%"，制作"翻页"影片剪辑实例的淡入效果，如图 8-100 所示。

步骤 22 按下【Enter】键预览动画，当听到"我不管你懂不懂……"的歌词时按下【Enter】键暂停播放，然后在"背景 1"图层、"人物 1"图层和"人物 2"图层插入空白关键帧（本例中为第 708 帧），将"背景 1"图层第 313 帧上的元件实例原位复制到"背景 1"图层第 708 帧中，将"人物 1"图层第 313 帧上的影片剪辑实例原位复制到"人物 1"图层第 708 帧中，如图 8-101 所示。

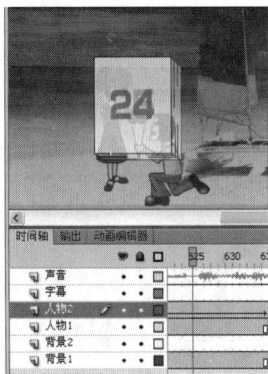

图 8-100 创建淡入效果

图 8-101 复制背景和人物

步骤 23 按下【Enter】键预览动画，当听到"我知道有一天……"的歌词时按下【Enter】键暂停播放，然后在"人物 2"图层插入关键帧（本例中为第 788 帧），将"库"面板"女主角"元件文件夹下的"爱"图形元件拖到该帧的舞台中，如图 8-102 所示。

步骤 24 在"背景 1"图层和"人物 1"图层第 806 帧处插入空白关键帧，在"人物 2"图层第 806 帧处插入关键帧，然后在"人物 2"图层第 788 帧与第 806 帧之间创建传统补间动画，并将"人物 2"图层第 788 帧上元件实例的"Alpha"值设为"0%"，制作"爱"元件实例的淡入效果，如图 8-103 所示。

步骤 25 按下【Enter】键预览动画，当听到"……爱上我"的歌词结束时按下【Enter】键暂停播放，然后在"背景 2"图层、"人物 1"图层和"人物 2"图层插入空白关键帧（本例中为第 862 帧），接着将"库"面板"背景"元件文件夹下的"海滩 2"图形元件拖到"背景 2"图层第 862 帧并放大，将"库"面板"男主角"元件文件夹下的"装帅"图形元件拖到"人物 1"图层第 862 帧，如图 8-104 所示。

图 8-102　拖入"爱"图形元件

图 8-103　制作淡入效果

步骤 26　在"人物 2"图层第 891 帧处插入关键帧，然后将"库"面板"男主角"元件文件夹下的"大帅哥"元件拖到"人物 2"图层第 891 帧，放好位置，如图 8-105 所示。

图 8-104　拖入背景和人物

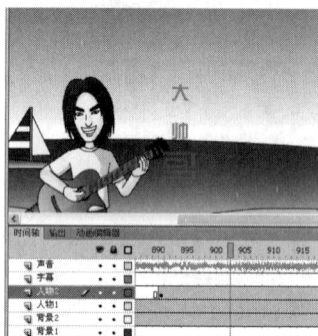

图 8-105　拖入文字动画实例

步骤 27　按下【Enter】键预览动画，当听到"……真的很不错"的歌词结束时按下【Enter】键暂停播放，然后在"背景 1"图层、"背景 2"图层、"人物 1"图层和"人物 2"图层插入空白关键帧（本例中为第 930 帧），接着将"库"面板"背景"元件文件夹下的"日月交替"图形元件拖到"背景 1"图层第 930 帧，如图 8-106 所示。

步骤 28　按下【Enter】键预览动画，当听到"……也也也也不回头"的歌词结束时按下【Enter】键暂停播放，然后在"人物 1"图层插入关键帧（本例中为第 980 帧），将"库"面板"背景"元件文件夹下的"老人"图形元件拖到该帧，如图 8-107 所示。

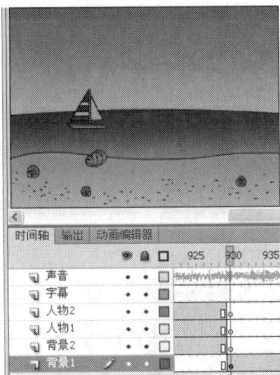

图 8-106 拖入"日月交替"图形元件

图 8-107 拖入"老人"图形元件

步骤 29 在"背景 1"图层的第 995 帧插入空白关键帧,在"人物 1"图层第 995 帧处插入关键帧,然后在该图层第 980 帧与第 995 帧之间创建传统补间动画,并将该图层第 980 帧上"老人"元件实例的"Alpha"值设为"0%",制作"老人"元件实例的淡入效果,如图 8-108 所示。

步骤 30 按下【Enter】键预览动画,当听到"哎呦……"歌词时按下【Enter】键暂停播放,然后在"人物 1"图层插入关键帧(本例为第 1 010 帧);再在该图层第 1 040 帧处插入关键帧,并将该帧上的元件实例向右移动,使舞台中只显示老公公的特写;最后在该图层第 1 010 帧与第 1 040 帧之间创建传统补间动画,如图 8-109 所示(这种手法在动画制作中被称为"摇镜头")。

图 8-108 制作"老人"元件实例的淡入效果

图 8-109 制作"摇镜头"效果

步骤 31 按下【Enter】键预览动画,当听到"啦~啦~……"歌词时按下【Enter】键暂停播放,然后在"人物 1"图层插入关键帧(本例为第 1 082 帧);再在该图层第 1110 帧处插入关键帧,然后将该图层第 1 110 帧上的"老人"图形元件实例缩小,使老公公和老婆婆在舞台中都能够显示;最后在该图层第 1 082 帧与第 1 110 帧之间创建动画补间动画,如图 8-110 所示(这种手法在动画制作中被称为"拉镜头")。

步骤 32 按下【Enter】键预览动画,当听到"……啦~啦~"的歌词结束时按下【Enter】键暂停播放,然后在"背景1"图层、"背景2"图层和"人物1"图层插入空白关键帧(本例为第1 129帧);接着将"库"面板"背景"元件文件夹下的"海滩2"图形元件拖到"背景1"图层第1 129帧并放大,将"库"面板中的"牵手"图形元件拖到"背景2"图层第1 129帧,如图8-111所示。

图 8-110 制作"拉镜头"效果

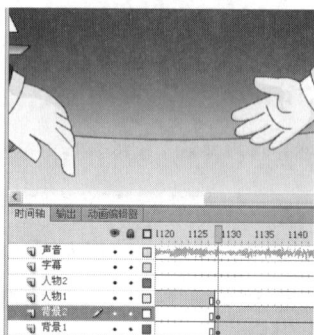

图 8-111 拖入"牵手"图形元件

步骤 33 在"人物1"图层第1 175帧处插入关键帧,并将"库"面板"背景"文件夹下的"夕阳"图形元件拖到该帧;在"背景1"图层和"背景2"图层第1 200帧处插入空白关键帧;在"人物1"图层第1 200帧处插入关键帧,然后在该图层第1 175帧与第1 200帧之间创建传统补间动画,并将第1 175帧上元件实例的"Alpha"值设为"0%",制作"夕阳"元件实例的淡入效果,如图8-112所示。

步骤 34 在"人物2"图层第1 263帧处插入关键帧,将"库"面板"背景"文件夹下的"黑屏"图形元件拖到该帧,使其完全覆盖舞台中的其他元素,然后在该图层第1307帧处插入关键帧,在第1 263帧与第1 307帧之间创建动画补间动画,并将"人物2"图层第1 263帧上元件实例的"Alpha"值设为"0%",制作渐黑效果,如图8-113所示。

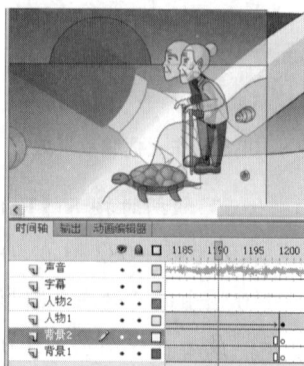

图 8-112 制作"夕阳"元件实例的淡入效果

图 8-113 制作渐黑效果

步骤35　在歌曲的结尾处，我们会发现音乐拖得有些长，在"声音"图层第1 302帧处插入关键帧即可解决该问题，如图8-114所示。

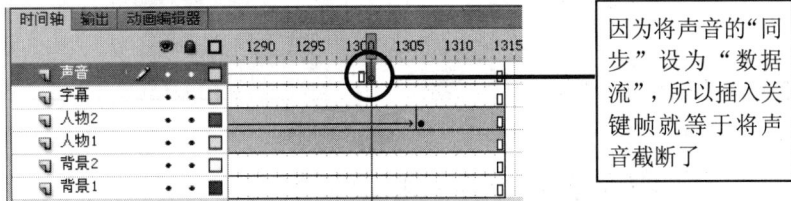

右侧说明框：因为将声音的"同步"设为"数据流"，所以插入关键帧就等于将声音截断了

图8-114　截断声音

3．添加字幕

步骤1　在"字幕"图层第2帧处插入关键帧，然后将"库"面板"字幕"文件夹下的"开场字幕"影片剪辑拖到该帧，放在舞台中心偏上位置，如图8-115所示。

步骤2　在"字幕"图层第162，163帧处插入空白关键帧，将"库"面板"字幕"文件夹下的"歌词1"图形元件拖到该图层第163帧（第一句歌词出现的地方），放在舞台下方，如图8-116所示。

说明框：如果掌握不好位置，可双击影片剪辑实例的中心点，进入编辑状态观看

图8-115　添加开场字幕　　　　图8-116　添加第1句歌词

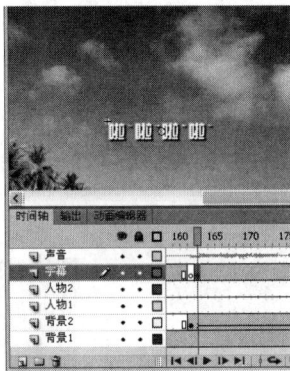

步骤3　按下【Enter】键预览动画，当第2句歌词出现时按下【Enter】键暂停播放，并在"字幕"图层相应位置插入关键帧（本例为第313帧），如图8-117所示。

步骤4　选中舞台中的"歌词1"元件实例，单击"属性"面板中的"交换"按钮，在打开的"交换元件"对话框中选择"歌词2"图形元件（如图8-118所示），单击"确定"按钮后，"字幕2"元件实例将替换"文字1"元件实例，出现在该关键帧中。

图 8-117　插入关键帧

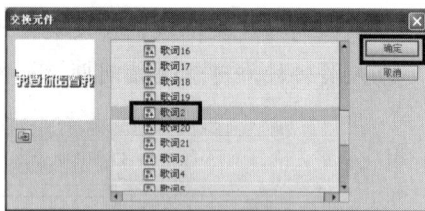

图 8-118　交换元件

步骤 5　参照步骤 3~4 的操作为 MTV 添加其他字幕（有的字幕会多次使用），当添加完最后一句歌词的字幕后，在"字幕"图层第 1 250、1 261 帧处插入关键帧，并在这两帧之间创建动画补间动画，然后将第 1 261 帧上元件实例的"Alpha"值设为"0%"，最后在"字幕"图层第 1 262 帧处插入空白关键帧，如图 8-119 所示。

步骤 6　在"字幕"图层第 1307 帧处插入关键帧，选择"文本工具" **T**，将"系列"设为"汉仪综艺体简"（字体可根据自己的喜好选择）、"大小"设为"70"、"颜色"设为白色，然后在舞台中心位置输入如图 8-120 所示的文字。

4．设置输出音频

步骤 1　双击"库"面板中的"浪花一朵朵.mp3"声音文件，在打开的"声音属性"对话框中将"压缩"设为"MP3"、"比特率"设为"48kbps"、"品质"设为"最佳"，取消勾选"将立体声转换为单声道"复选项，如图 8-121 所示。

步骤 2　设置好后单击"确定"按钮，实例就完成了。按快捷键【Ctrl+Enter】即可观看动画效果。

图 8-119　制作字幕的渐隐效果

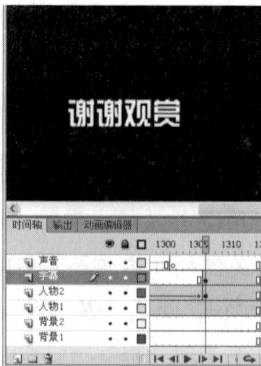

图 8-120　输入文字

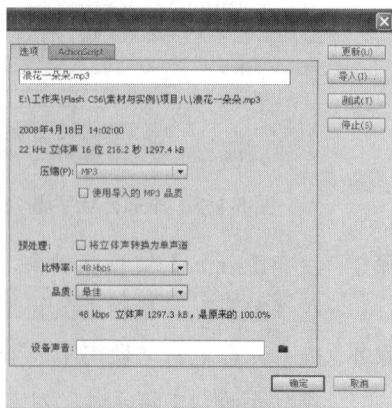

图 8-121　设置输出音频

项目总结

本项目主要介绍了在 Flash 中导入、编辑和应用外部图形与图像、视频以及声音文件的方法。在学习本项目的知识时，应注意以下几点。

➢ 我们可以选择将外部矢量图形和位图图像导入到舞台还是只导入到"库"面板中。导入位图图像时，无论选择哪种导入方式，都将在"库"面板中保存导入的位图图像，并可重复使用。

➢ 在 Flash CS6 导入 PSD 格式的位图图像后可保持图像的质量和可编辑性。用户在导入此类图像时，应注意导入过程中对相关参数的设置。

➢ 导入位图图像后，我们可将其分离并使用"套索工具"选择位图区域，还可将位图转换为矢量图形以及设置位图的输出属性。在设置位图的输出属性时，应根据需要在位图质量和文件大小间取得一个平衡。

➢ 默认情况下，Flash CS6 只支持 FLV 和 F4V 格式的视频，但我们可以在导入视频前或导入视频过程中，使用 Flash CS6 自带的视频转换组件 Adobe Media Encoder 将其他视频格式转换为 FLV 和 F4V 格式。利用该组件还可以对视频编码进行详细设置，以及裁剪视频或选择需要导入的视频片段。

➢ 在导入和应用声音文件时，读者应掌握设置声音同步选项的方法，尤其要了解"数据流"、"事件"和"开始"声音的区别；还应掌握利用"编辑封套"对话框掐掉声音开头和结尾部分，以及计算声音长度和设置声音音量的方法。

课后操作

1. 利用本项目所学知识制作如图 8-122 所示的电器广告。本题最终效果可参考本书配套素材"素材与实例">"项目八">"电器广告.swf"文件。

提示： 新建一个 Flash 文档，导入本书配套素材"素材与实例">"项目八">"操作题素材"文件夹中广告所需的图像；然后对导入的位图图像进行简单编辑，并利用遮罩动画制作产品逐个显示的效果；最后使用"文本工具" T 输入广告文字，完成实例制作。

图 8-122　电器广告

2. 利用本项目所学知识制作如图 8-123 所示的唱歌动画片段。本题最终效果可参考本书配套素材"素材与实例">"项目八">"唱歌动画.swf"文件。

提示：

（1）打开本书配套素材"素材与实例">"项目八"文件夹>"操作题素材 2.fla"文件，然后将

图 8-123　唱歌动画

本书配套素材"素材与实例">"项目八"文件夹>"霍元甲.mp3"音乐文件导入到文档中。

（2）新建一个图层并将歌曲添加到该图层的关键帧中，然后利用"编辑封套"编辑歌曲。

（3）按【Enter】键预览动画，然后根据歌曲节奏调整动画，使动画与歌曲的节奏相互配合。

（4）为动画添加字幕，并设置歌曲的输出参数。

项目九 ActionScript 3.0 入门及动画发布

项目描述

ActionScript 是 Flash CS6 自带的编程语言，简称 AS，利用它可以制作各种交互动画。若要让别人欣赏您制作的 Flash 作品，需将其导出或发布成 .swf 格式的影片，而且最好上传到 Internet 中。本项目将带领读者学习 ActionScript 3.0 的入门知识，以及测试、导出、发布和上传 Flash 作品的方法。

知识目标

- 了解 ActionScript 3.0 语言的入门知识。
- 掌握"代码片断"面板的使用方法。
- 掌握测试、导出、发布和上传 Flash 作品的基本操作。

能力目标

- 能够利用"动作"面板在关键帧上输入和编辑 ActionScript 代码。
- 能够正确地设置对象的实例名称和路径。
- 能够使用 ActionScript 3.0 代码控制动画的播放。
- 能够使用 Flash CS6 预置的代码制作交互效果。
- 能够测试动画在本地或网络上的播放效果。
- 能够将制作的 Flash 作品导出或发布为影片或静态图像，并能将发布的 .swf 影片上传到 Internet。

任务一 ActionScript 3.0 入门

任务说明

ActionScript 是 Flash CS6 自带的编程语言，简称 AS，利用它可以创建各种交互动画甚至网站。本任务将带领读者学习 ActionScript 3.0 语言的入门知识。

预备知识

一、ActionScript 3.0 简介

随着 Flash 软件版本的更新，ActionScript 的发展也经历了 ActionScript 1.0、ActionScript 2.0 和 ActionScript 3.0 三个阶段。ActionScript 3.0 是一门面向对象的编程语言，它包含基于 ECMAScript 第三版的功能，例如类、包和命名空间等。

> ECMAScript 是一种由欧洲计算机制造商协会（ECMA）标准化了的脚本程序设计语言，它在 Internet 上应用很广泛。例如，JavaScript 的核心之一也是 ECMAScript，因此 ActionScript 与 JavaScript 语言有许多相似之处。

ActionScript 3.0 除了用于制作动画外，还广泛用于开发网站和网络应用程序等。下面列举了一些 ActionScript 3.0 的常见应用领域。

➢ **基本应用**：ActionScript 3.0 最基本的应用是与 Flash 软件结合，制作出各种精彩的动画特效，以及使用户能实时控制动画的播放。

➢ **制作网站**：使用 ActionScript 3.0 开发的网站具有动感更强，数据交互速度更快、更方便等特点。

➢ **制作播放器**：目前，使用 ActionScript 3.0 开发的音乐播放器和视频播放器在网络上得到广泛应用，许多视频网站的播放器都是使用 Flash 开发的。

➢ **制作游戏**：使用 ActionScript 3.0 开发的游戏具有简单易用、绿色且文件小等优势，受到广大游戏玩家的青睐。

➢ **制作课件**：使用 ActionScript 3.0 做出来的课件具有生动、交互功能强等优势，已成为广大一线教师首选的课件制作工具。

二、输入代码的方法

在 Flash CS6 中可以为主时间轴、按钮元件或影片剪辑元件内的任意关键帧添加 ActionScript 代码，播放动画时播放到添加代码的关键帧即可执行该代码。若要为关键帧添加代码，可先选中关键帧，然后选择"窗口">"动作"菜单或按【F9】键，打开"动作"面板。

"动作"面板主要由三部分组成，如图 9-1 所示。其中，动作工具箱分类存放着 ActionScript 的大部分语句；脚本导航器中列出了当前选定对象的名称和位置等属性；"脚本"窗格用来供用户输入和编辑代码。

在"动作"面板中可以通过以下任意一种方法添加 ActionScript 语句。

➢ 在动作工具箱中单击语句分类左侧的▣图标展开语句，然后双击需要的语句进行添加，或将需要的语句拖到"脚本"窗格。

➢ 直接在"脚本"窗格中输入语句。

➢ 单击"动作"面板按钮区中的"中文版 Flash CS6 动画制作案例教程将新项目添加到脚本中"按钮 ，然后从展开的下拉列表中选择要添加的动作语句。

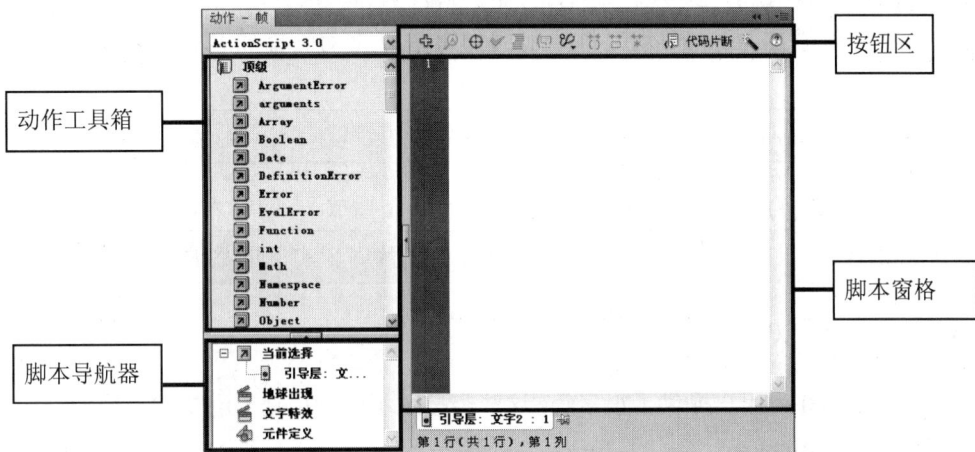

图 9-1　"动作"面板

> **提示**　单击面板上方的"脚本助手" 脚本助手 按钮可开启或关闭脚本助手模式。当开启脚本助手模式时为对象添加语句，Flash 会自动安排语句格式。

三、实例名称和路径

要使用 ActionScript 控制动画播放，首先需为相关对象取一个名称，然后确定它们的位置（即路径），这样才能明确 ActionScript 语句是设置给谁的。

1. 实例名称

这里所指的实例包括影片剪辑实例、按钮元件实例、视频剪辑实例、动态文本实例和输入文本实例，它们是 ActionScript 语句面向的对象。

若要定义实例的名称，只需使用"选择工具"选中舞台上的实例，然后在"属性"面板中输入名称即可，如图 9-2 所示。

图 9-2　为实例定义名称

2. 路径

路径用来确认对象所在的位置。在 Flash CS6 中，不论在哪个影片剪辑中进行操作，都可以从主时间轴中的影片剪辑实例出发，再到下一级子影片剪辑实例，一层一层地往下寻找，从而确认对象的位置，每个影片剪辑实例之间用 "." 分开。

例如：假设在主时间轴舞台上有一个影片剪辑实例名称为 js，在 js 实例中包含一个子影片剪辑实例 js1，在 js1 实例中还包含一个子影片剪辑实例 js2。

要对 js2 实例添加 stop();语句（该语句的作用是停止动画播放），应输入以下动作脚本：

js.js1.js2.stop();	//停止 js2 影片剪辑实例的播放

要对 js 添加 play();语句（该语句的作用是开始动画播放），应输入以下动作脚本：

js.play();	//开始 js 影片剪辑实例的播放

四、ActionScript 3.0 类的架构

ActionScript 3.0 为用户提供了很多类，这些类按照不同的用途有着层次分明的结构。

1. 类的组织结构

ActionScript 3.0 中将所有的内置类大致分成了顶级类、fl 包和 flash 包三个部分。

顶级类包含了如 int，Number，String，Array，Object 和 XML 等最基本的类和一些全局函数。其他的类则分布在 fl 和 flash 包中，又细分为不同类别的包，每个包都包含功能相近的一组类，如图 9-3 所示。

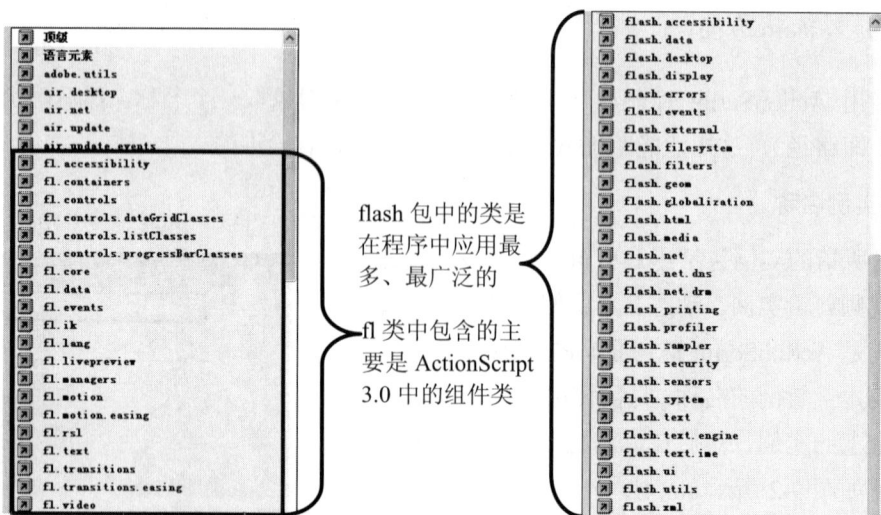

flash 包中的类是在程序中应用最多、最广泛的

fl 类中包含的主要是 ActionScript 3.0 中的组件类

图 9-3　ActionScript 3.0 内置类的组织结构

2. 类的层次结构

ActionScript 3.0 中的类是有层次的，通过继承一个类可以将自身的属性、方法传递到它的子类中，从而产生更加丰富的类。

Object 类是 ActionScript 3.0 中绝大多数类的祖先，通过对 Object 类的层层继承，逐步形成了 ActionScript 3.0 中各种不同的类。

例如 EventDispatcher 类继承于 Object 类，并在 Object 类原有基础上增加了收发事件的功能，而 DisplayObject 类是 EventDispatcher 类的子类，因此它继承了 EventDispatcher 类的收发事件功能。

五、ActionScript 3.0 类的应用

若要使用一个定义好的类，必须先创建该类的对象，然后就可以访问对象的属性，调用对象的方法，最终实现程序所要达到的目的。

1. 创建类的对象

在 ActionScript 3.0 中要创建一个对象，应使用"new"操作符，例如要创建一个 MovieClip 类的对象，可输入以下代码：

```
var myMc:MovieClip = new MovieClip();
```

操作符"new"后面的 MovieClip()调用了 MovieClip 类的构造函数，操作的结果是产生一个 MovieClip 类的对象并为其在内存中开辟一块空间，然后通过赋值操作将这个对象的内存地址赋给一个定义为 MovieClip 类型的变量 myMc，myMc 通常称为影片剪辑对象。

顶级类中的五个基本数据类型作为特殊情况可以不使用"new"操作符，而直接使用对应的值。此外，Array 类和 Object 类也可以不使用"new"操作符创建该类的对象，例如：

```
var myArray:Array = {300,50,240};
//创建一个数组，包含 3 个数字
var myObj:Object = {x:100,y:300,z:200}
//创建一个对象，大括号中是其三维坐标
```

2. 使用属性和方法

将类实例化为对象以后，每个对象中都包含了类里面定义的属性和方法，可以通过"."操作符对各自的属性和方法进行访问。例如：

```
var mySpr:Sprite = new Sprite();          //创建一个 Sprrite 对象,对象名为 mySpr
myspr.graphics.linestyle(3,0x000000);     //调用类方法画线
```

```
myspr.graphics.moveTo(400,300);
myspr.graphics.lineTo(400,300);
trace(myspr.width);                    //输出对象的宽度
myspr.startDrag();                     //拖动对象
```

> **提示**　　若要在代码中使用某个类，必须在使用之前导入这个类，导入方法是用关键字"import"加要导入的类的完全限定名称。若在使用前没有导入必要的类，在测试影片时会出现错误。

六、ActionScript 3.0 的事件处理模型

ActionScript 3.0 采用了和 ActionScript 2.0 完全不同的事件处理模型，它基于 DOM3（Document Object Model Level 3）事件规范。在 ActionScript 3.0 中，每个事件都是一个对象，都属于 Event 类或其子类的实例。在这个对象中不仅保存了当前事件的特定信息，还包含了基本的操作方法。

指定为响应特定事件而执行某些动作的技术称为"事件处理"，在编写执行事件处理的 ActionScript 代码时，需要三个重要元素，即事件源、事件和响应。

➢ **事件源**：即发生事件的对象，也称为"事件目标"，如某个按钮会被单击，那么这个按钮就是事件源。

➢ **事件**：即将发生的事情，有时一个对象会触发多个事件，因此对事件的识别非常重要。

➢ **响应**：当事件发生时执行的操作。

编写事件代码的基本结构如下。

```
function eventResponse(eventObject:EventType):void
{
    //响应事件而执行的动作
}
eventSource.addEventListener(EventType.EVENT_NAME, eventResponse);
//加粗显示的是占位符，可根据实际情况进行设置
```

1. 编写事件处理函数

在此结构中，首先定义了一个函数，函数实际就是将若干个动作组合在一起，并使用一个快捷的名称来执行这些动作的方法。**eventResponse** 是函数的名称，**eventObject** 是函数的参数，**EventType** 是该参数的类型，这与声明变量是类似的。在大括号中是事件发生时所执行的指令。

2．调用源对象的 addEventListener() 方法

调用源对象的 **addEventListener()** 方法，表示当事件发生时，执行该函数的动作。所有具有事件的对象都具有 **addEventListener()** 方法，其有两个参数：第一个参数是响应的特定事件的名称；第二个参数是事件响应函数的名称。例如：

```
this.stop();
function startMovie(event:MouseEvent):void
{
    this.play();
}
startButton.addEventListener(MouseEvent.CLICK, startMovie);
//这段语句表示当播放头播放到当前对象（主时间轴或影片剪辑）的该帧时停止
//播放，单击按钮后继续播放。其中 startButton 是按钮的实例名称，this 指代
//当前对象。
```

3．鼠标事件类

鼠标事件类 MouseEvent 是 Event 类的一个子类，在 MouseEvent 类中定义了 10 个常量，分别代表 10 种不同的鼠标事件，其中常用的如表 9-1 所示。

表 9-1　鼠标相关事件

鼠标事件	代码
单击	MouseEvent.CLICK
双击	MouseEvent.DOUBLE_CLICK
按下鼠标左键	MouseEvent.MOUSE_DOWN
抬起鼠标左键	MouseEvent.MOUSE_UP
鼠标悬停	MouseEvent.MOUSE_OVER、MouseEvent.ROLL_OVER
鼠标移开	MouseEvent.MOUSE_OUT、MouseEvent.ROLL_OUT
鼠标移动	MouseEvent.MOUSE_MOVE
鼠标滚轮	MouseEvent.MOUSE_WHEEL

七、使用"代码片断"面板

对于没有学过编程的用户来说，学习 ActionScript 3.0 语言将会面临许多困难。为此，Flash CS6 提供了一个"代码片断"面板，它包含了 Flash CS6 内置的各种现成的 ActionScript 代码，让从未接触过编程的用户也可以控制动画的播放，制作出交互动画。

选择舞台上的对象或时间轴中的帧后，选择"窗口">"代码片断"菜单打开"代码片断"面板，如图 9-4 所示。在"代码片断"面板中双击要应用的命令，此时 Flash

会自动创建一个"Actions"图层，并将相应的代码片段添加到该图层的关键帧中，还会自动打开"动作"面板，显示添加的代码片段，如图 9-5 所示。

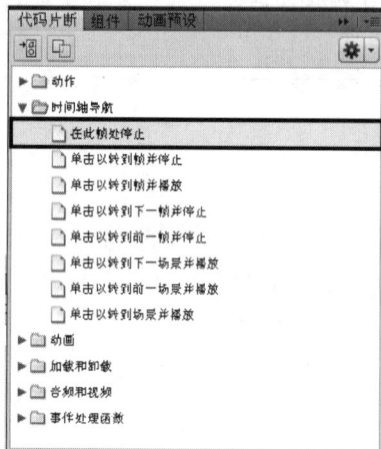

图 9-4 "代码片断"面板

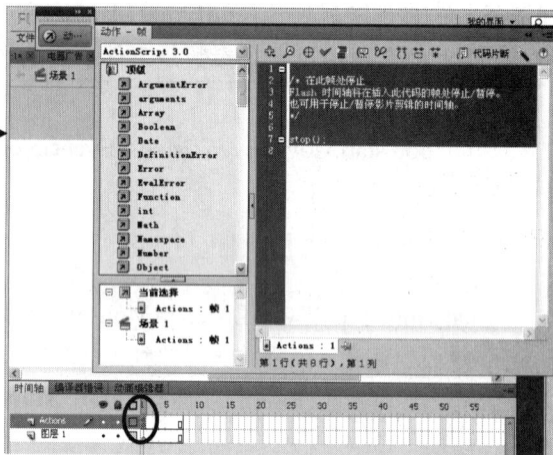

图 9-5 在关键帧上添加代码片断

提示　如果选择的对象不是元件实例或 TLF 文本对象，则当为该对象应用代码片段时，Flash 会将其转换为影片剪辑元件。如果选择的对象还没有实例名称，Flash 在应用代码片断时会自动为其添加一个实例名称。

Flash CS6 在"代码片断"面板中的预置的代码可分为六大类：

➢ **动作**：利用该类代码片段可以链接 Web 网页、自定义鼠标光标、拖放对象及控制影片剪辑的播放等。

➢ **时间轴导航**：该类代码片断主要用于控制时间轴的播放。

➢ **动画**：该类代码片断主要用于为对象创建各种动画特效。

➢ **加载和卸载**：该类代码片断用于为对象加载或卸载 swf 文件或图像，以及在"库"面板中添加实例或从舞台删除实例等。

➢ **音频和视频**：该类代码片断用于控制音频和视频的播放。

➢ **事件处理函数**：该类代码片断用于创建各类鼠标事件。

任务实施

一、控制课件播放

下面通过为如图 9-6 所示的课件添加 ActionScript 3.0 代码，实现单击按钮控制课件翻页的交互效果。案例最终效果请参考本书配套素材"素材与实例">

图 9-6 控制课件播放

"项目九"文件夹>"控制课件播放.swf"文件。

制作思路

打开素材文档后,为舞台中的翻页按钮添加实例名称,然后新建"代码"图层,并为"代码"图层的第一帧添加 ActionScript 3.0 代码,实现通过单击按钮控制课件翻页的交互效果。

制作步骤

步骤 1 打开本书配套素材"素材与实例">"项目九"文件夹>"课件素材.fla"文档,然后选中"按钮"图层中的"上一页"按钮,并在"属性"面板中将其实例名称设为"sy",如图 9-7 所示。

步骤 2 参照步骤 1 的操作,将"按钮"图层中"下一页"按钮的实例名称设为"xy",如图 9-8 所示。

图 9-7 设置"上一页"按钮的实例名称　　　图 9-8 设置"下一页"按钮的实例名称

步骤 3 在"按钮"图层上方新建一个图层,并将其命名为"代码",如图 9-9 所示。

步骤 4 单击选中"代码"图层的第 1 帧,然后打开"动作"面板,在脚本窗格中输入"stop();",使课件在播放时停止在第 1 帧处,如图 9-10 所示。

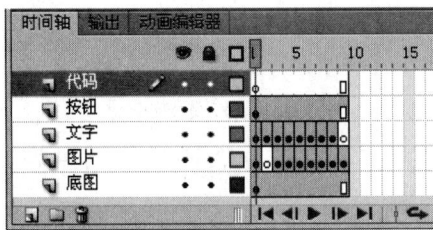

图 9-9 新建"代码"图层　　　　　　　　图 9-10 添加"stop"命令

步骤 5 在"动作"面板中输入如图 9-11 所示的代码,实现单击"上一页"按钮后课件跳转到上一帧,并停止的交互效果。

步骤 6 在"动作"面板中输入如图 9-12 所示的代码,实现单击"下一页"按钮后课件跳转到下一帧,并停止的交互效果。

```
1  stop();
2  function fl_ClickToGoToPreviousFrame(event:MouseEvent):void
3  {
4      prevFrame();
5  }
6  sy.addEventListener(MouseEvent.CLICK, fl_ClickToGoToPreviousFrame);
7  //当单击实例名称为"sy"的按钮后，主时间轴跳转到上一帧并停止播放
8
9  function fl_ClickToGoToNextFrame(event:MouseEvent):void
10 {
11     nextFrame();
12 }
13 xy.addEventListener(MouseEvent.CLICK, fl_ClickToGoToNextFrame);
14 //当单击实例名称为"xy"的按钮后，主时间轴跳转到下一帧并停止播放
```

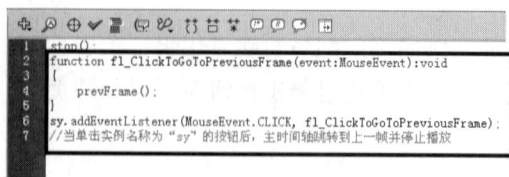

图 9-11　添加用于向前翻页的代码　　　　图 9-12　添加用于向后翻页的代码

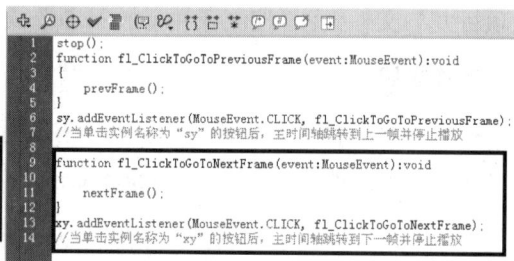

步骤 7　至此实例就完成了，保存文件并按快捷键【Ctrl+Enter】观看播放效果。

二、自定义鼠标光标

下面通过制作一个如图 9-13 所示的自定义鼠标光标动画，学习使用"代码片断"面板"动作"组中代码的方法。案例最终效果请参考本书配套素材"素材与实例">"项目九"文件夹>"自定义鼠标.swf"文件。

图 9-13　自定义鼠标

制作思路

打开素材文档后，将"库"面板中的"蜜蜂"影片剪辑拖到舞台中，并为其添加实例名称，然后为其添加"代码片断"面板"动作"组中的代码，制作自定义鼠标光标动画。

制作步骤

步骤 1　打开本书配套素材"素材与实例">"项目九"文件夹>"鼠标素材.fla"文档，然后将"库"面板中的"蜜蜂"影片剪辑拖到舞台中，如图 9-14 所示。

步骤 2　在"属性"面板中将"蜜蜂"影片剪辑实例的实例名称设为"shb"，如图 9-15 所示。

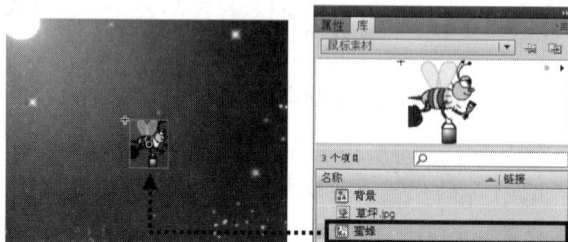

图 9-14　拖入"蜜蜂"影片剪辑　　　　图 9-15　设置实例名称

步骤 3　保持选中舞台中的"蜜蜂"影片剪辑实例，然后选择"窗口">"代码片断"菜单，在打开的"代码片断"面板中双击"动作"组中的"自定义鼠标光标"命令，如图 9-16 所示。

步骤 4　Flash 会自动创建一个"Actions"图层，并打开"动作"面板，在"动作"面板中可以看到在"Actions"图层第 1 帧中添加的代码，且每句代码都有注释，读者可通过观察相应的代码和注释学习 ActionScript 3.0 语句的使用方法，如图 9-17 所示。

步骤 5　按快捷键【Ctrl+Enter】，即可观看动画效果，即小蜜蜂随鼠标的拖动而移动。

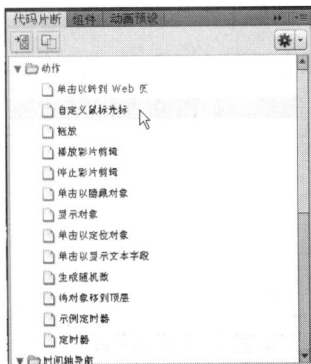

图 9-16　为影片剪辑实例添加代码片段　　　　图 9-17　"动作"面板中的代码

三、控制影片播放

下面通过制作如图 9-18 所示的控制影片播放效果，学习利用"代码片断"面板中的命令控制动画播放进程的方法。案例最终效果请参考本书配套素材"素材与实例">"项目九"文件夹>"控制影片播放.swf"文件。

制作思路

本任务主要是通过为时间轴中的关键帧和按钮添加"代码片断"面板"时间轴导航"和"事件处理函数"组中命令实现的。打开素材文档后，先为按钮设置实例名称，然后为关键帧和按钮添加"代码片断"面板组中的命令；最后对"播放"按钮的代码进行修改。

制作步骤

步骤 1　打开本书配套素材"素材与实例">"项目九"文件夹>"控制播放素材.fla"文件，会发现舞台中有一段添加了声音的动画和 3 个控制按钮，如图 9-18 所示。

步骤 2　选中舞台中的"播放"按钮，在"属性"面板中将其实例名称设为"bf"，如图 9-19 所示；再将"暂停"和"停止"按钮的实例名称分别设为"zt"和"tz"。

分别单击这3个按钮可开始、暂停和停止播放动画

图 9-18 打开素材文档

图 9-19 为按钮添加实例名称

步骤 3 选中"按钮"图层的第 1 帧，然后选择"窗口">"代码片断"菜单，在打开的"代码片断"面板中双击"时间轴导航"组中的"在此帧处停止"命令（表示动画在第 1 帧处停止播放），此时 Flash 会自动创建"Actions"图层，并在打开的"动作"面板中显示在该图层第 1 帧中添加的代码，如图 9-20 所示。

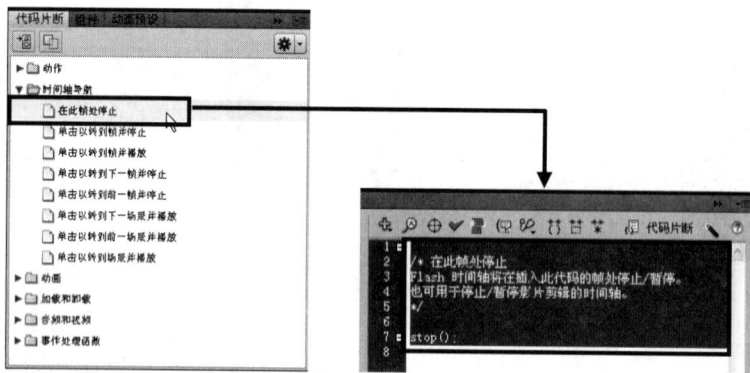

图 9-20 利用"代码片断"面板为关键帧添加代码

步骤 4 选中"按钮"图层中的"暂停"按钮，然后在"代码片断"面板中双击"时间轴导航"组中的"单击以转到下一帧并停止"命令，此时"动作"面板中的代码如图 9-21 所示。

步骤 5 选中"按钮"图层中的"停止"按钮，然后在"代码片断"面板中双击"时间轴导航"组中的"单击以转到帧并停止"命令，再在"动作"面板中将"gotoAndStop"命令后的"5"改为"1"（表示单击"停止"按钮后播放头跳转到第 1 帧并停止播放），如图 9-22 所示。

步骤 6 选中"按钮"图层中的"播放"按钮，然后在"代码片断"面板中双击"事件处理函数"组中的"Mouse Click 事件"命令，再在"动作"面板中将代码改为如图 9-23 所示的内容，至此实例就完成了。

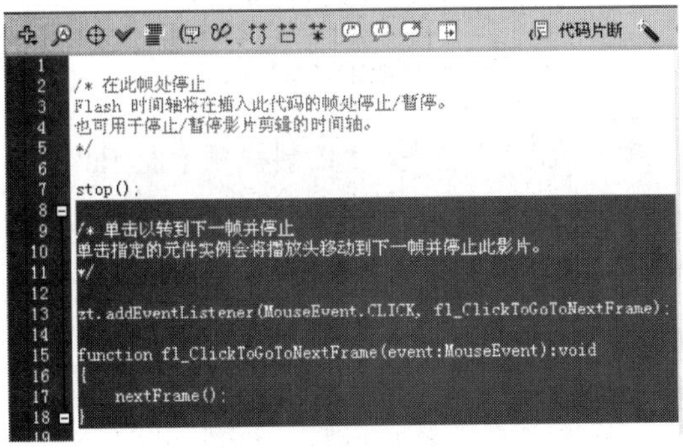

```
/* 在此帧处停止
Flash 时间轴将在插入此代码的帧处停止/暂停。
也可用于停止/暂停影片剪辑的时间轴。
*/

stop();

/* 单击以转到下一帧并停止
单击指定的元件实例会将播放头移动到下一帧并停止此影片。
*/

zt.addEventListener(MouseEvent.CLICK, fl_ClickToGoToNextFrame);

function fl_ClickToGoToNextFrame(event:MouseEvent):void
{
	nextFrame();
}
```

图 9-21　为“暂停”按钮添加代码

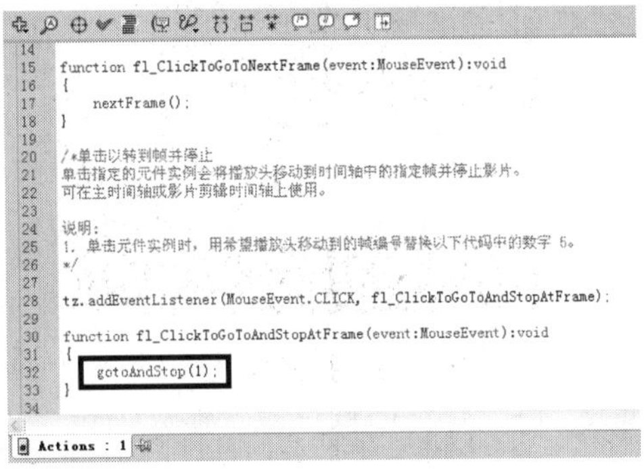

```
function fl_ClickToGoToNextFrame(event:MouseEvent):void
{
	nextFrame();
}

/*单击以转到帧并停止
单击指定的元件实例会将播放头移动到时间轴中的指定帧并停止影片。
可在主时间轴或影片剪辑时间轴上使用。

说明:
1. 单击元件实例时，用希望播放头移动到的帧编号替换以下代码中的数字 5。
*/

tz.addEventListener(MouseEvent.CLICK, fl_ClickToGoToAndStopAtFrame);

function fl_ClickToGoToAndStopAtFrame(event:MouseEvent):void
{
	gotoAndStop(1);
}
```

图 9-22　为“停止”按钮添加代码

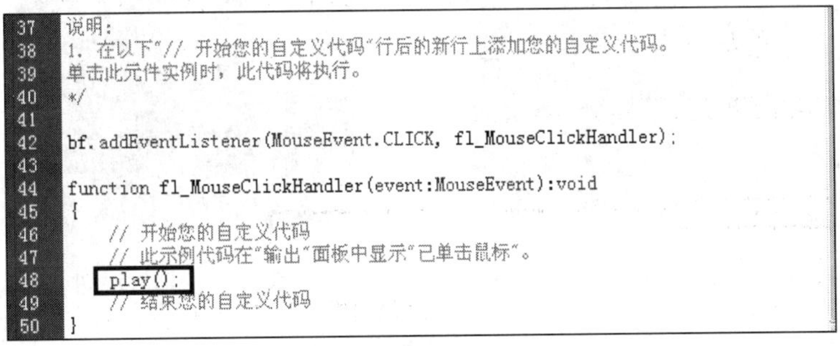

```
说明:
1. 在以下"// 开始您的自定义代码"行后的新行上添加您的自定义代码。
单击此元件实例时，此代码将执行。
*/

bf.addEventListener(MouseEvent.CLICK, fl_MouseClickHandler);

function fl_MouseClickHandler(event:MouseEvent):void
{
	// 开始您的自定义代码
	// 此示例代码在"输出"面板中显示"已单击鼠标"。
	play();
	// 结束您的自定义代码
}
```

图 9-23　为“播放”按钮添加代码并进行修改

“事件处理函数”组中各命令含义如下。

- **Mouse Click 事件**：在指定对象上单击鼠标时触发事件。
- **Mouse Over 事件**：鼠标悬停在指定对象上触发事件。
- **Mouse Out 事件**：鼠标离开指定对象时触发事件。
- **Key Pressed 事件**：按下键盘上的任意键时触发事件。
- **Enter Frame 事件**：每次播放头移动到时间轴上的新帧中时触发事件。

四、控制视频播放

下面通过制作一个如图 9-24 所示的通过单击按钮控制视频播放的效果，使读者了解利用“代码片断”面板中的命令控制视频播放的方法。案例最终效果请参考本书配套素材“素材与实例”>“项目九”文件夹>“控制视频播放.swf ”文件。

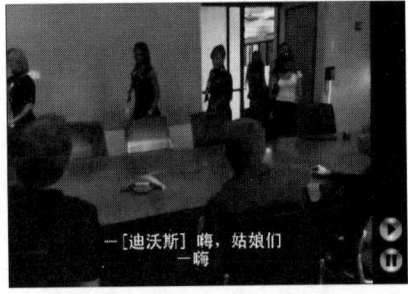

图 9-24　控制视频播放

制作思路

打开素材文档后，首先导入视频文件，然后将“库”面板中的按钮元件拖入舞台，再为视频和按钮设置实例名称，接着利用“代码片断”面板为按钮添加代码，实现通过单击按钮控制视频播放的效果。

制作步骤

步骤 1 打开本书配套素材"素材与实例" > "项目九"文件夹> "控制视频素材.fla"文件，然后选择"文件" > "导入" > "导入视频"菜单，根据提示导入本书配套素材"素材与实例" > "项目九"文件夹中的"视频文件.f4v"文件，并将其"x"和"y"坐标设为"0"，如图 9-25 所示。

步骤 2 将"库"面板中的"播放"和"暂停"按钮拖到舞台右下方，如图 9-26 所示。

图 9-25　导入视频并调整其位置

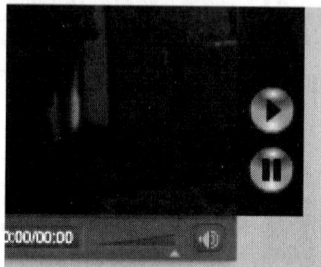

图 9-26　拖入按钮

步骤 3 在"属性"面板中将视频文件实例的名称设为"sp"，将"播放"按钮实例的名称设为"bf"，将"暂停"按钮实例的名称设为"zt"。

步骤 4 选中舞台中的"播放"按钮，然后在"代码片断"面板双击"音频和视频"组中的"单击以播放视频"命令，再在"动作"面板中修改代码，如图 9-27 所示。

步骤 5 选中舞台中的"暂停"按钮，然后在"代码片断"面板双击"音频和视频"组中的"单击以暂停视频"命令，再在"动作"面板中修改代码（如图 9-28 所示），至此任务就完成了。

图 9-27　为"播放"按钮添加代码

图 9-28　为"暂停"按钮添加代码

任务二　输出与发布动画

任务说明

用户制作 Flash 作品的目的是让人观赏，为此，我们需要对制作好的动画其进行测试，然后进行导出或发布以生成.swf 文件、GIF 动画或静态图像等；若想让更多人观赏自己的作品，还可以将生成的.swf 文件上传到 Internet 中。本任务将带领读者学习测试、导出、发布和上传 Flash 作品的方法。

预备知识

一、测试 Flash 作品

测试动画是为了检查 Flash 作品在本地电脑及网络上的播放效果。为了保证观众能正常欣赏作品，在输出或发布 Flash 动画前最好先对其进行测试。下面是测试 Flash 动画的方法。

步骤 1　打开本书配套素材"素材与实例" > "项目八"文件夹 > "手机广告.fla"文件，按快捷键【Ctrl+Enter】，可测试动画在本地的实际播放效果。

步骤 2　若要测试动画在网络上的播放效果，可在步骤 1 打开动画播放窗口中选择"视图" > "下载设置"菜单，在弹出的子菜单中选择一个模拟下载速度，然后选择"视图" > "模拟下载"菜单启动模拟下载功能（再次选择该菜单可关闭该功能），此时会根据刚才设置的传输速率显示动画在网络上的实际播放情况，如图 9-29（a）所示。

步骤 3　若要精确测试各帧数据下载情况，可选择"视图" > "带宽设置"菜单，再选择"视图" > "数据流图表"或"帧数图表"菜单，然后通过打开的图表查看各帧数据大小和传输情况，如图 9-29（b）所示。

图 9-29　测试 Flash 作品在网络上的播放效果

二、导出 Flash 作品

在对 Flash 作品进行了测试后便可以将其导出了。我们可以从 Flash 文档中导出.swf（此为 Flash 默认的动画影片格式）、.gif、.avi 等格式的动画影片，也可导出各种格式的静态图像。导出的作品不仅可以上传到 Internet 供人观赏，还可作为其他程序的素材。

若要导出 Flash 作品，可选择"文件"＞"导出"＞"导出图像"或"导出影片"菜单，如选择"导出影片"菜单，如图 9-30（a）所示；在打开的"导出影片"对话框的"保存类型"下拉列表中选择要导出的影片类型，如"SWF 影片"，然后设置保存位置和文件名称，单击"保存"按钮即可，如图 9-30（b）所示。

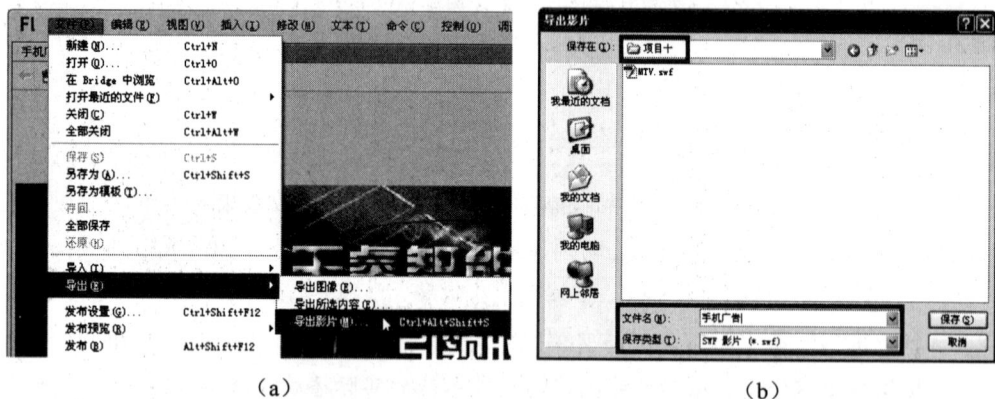

（a）　　　　　　　（b）

图 9-30　导出影片

> 在将 Flash 文件导出为 GIF 动画时，要注意 Flash 文件中不能有包含动画片断的影片剪辑，也不能有动作脚本，因为 Flash 只能导出主时间帧上的动画内容。此外，导出静态图像时，需要先将播放头转到需要导出的帧。

三、发布 Flash 作品

我们还可利用 Flash 的发布功能，将 Flash 作品发布成 swf 动画影片、html 网页或者各种图像形式，在发布动画前可根据需要进行发布设置，具体操作如下。

步骤1 选择"文件"＞"发布设置"菜单，在打开的"发布设置"＞"格式"对话框中选择需要发布的格式，如图 9-31（a）所示。在对话框左侧单击某格式选项后，会显示该格式的发布选项，例如单击切换到"HTML 包装器"选项，如图 9-31（b）所示。

步骤2 设置好发布选项后，单击"发布设置"对话框底部的"发布"按钮，即可完成动画的发布。动画发布后，发布的影片或网页等将保存在动画文档所在的文件夹中（如图 9-32 所示），双击这些文件即可播放发布的影片。

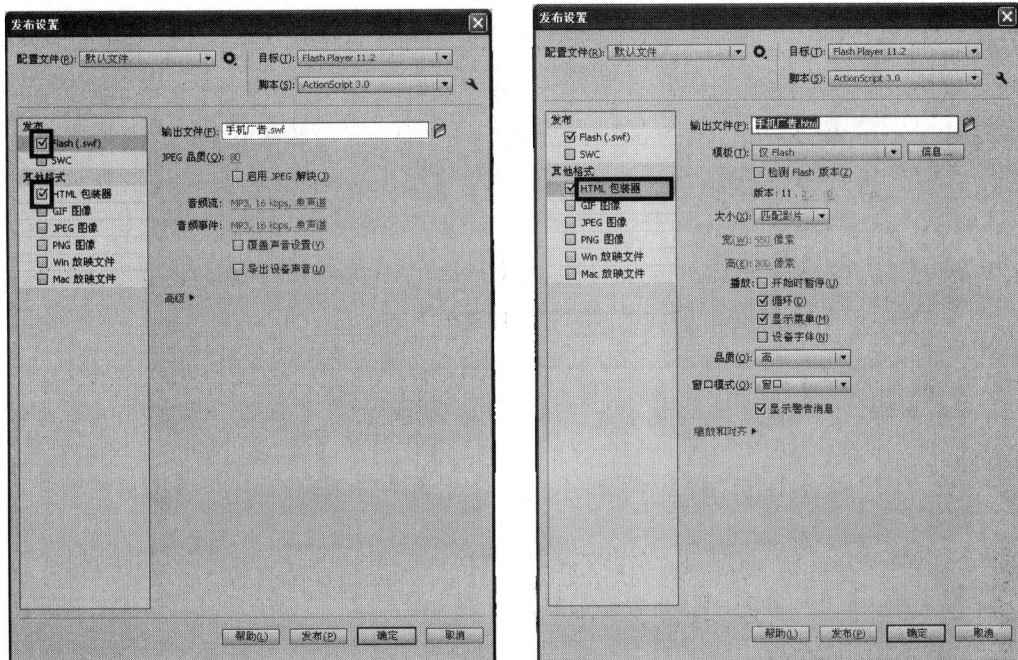

（a）　　　　　　　　　　　　　　　　（b）

图 9-31　发布 Flash 作品

图 9-32　发布的影片和 HTML 网页

任务实施

一、将小熊走路动画导出为 GIF 动画

下面通过将项目四中制作的小熊走路动画导出为如图 9-33 所示的 GIF 动画，学习导出 Flash 作品的方法。

步骤 1　打开本书配套素材"素材与实例">"项目四"文件夹>"小熊走路.fla"文档，然后选择"文件">"导出">"导出影片"菜单。

步骤 2　在打开的"导出影片"对话框中设置保存路径和文件名称，然后在"保存类型"下拉列表中选择"GIF 动画"，如图 9-34 所示。

步骤 3　单击"保存"按钮，在打开的"导出 GIF"对话框中将"尺寸"设为"400×291"，其他参数保持不变，单击"确定"按钮后，即可导出 GIF 动画，如图 9-35 所示。

图 9-33　小熊走路 GIF 动画　　　　图 9-34　"导出影片"对话框　　　　图 9-35　设置 GIF 动画参数

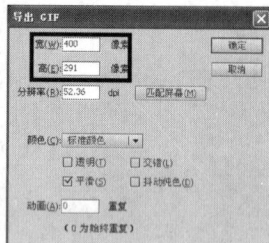

二、测试、导出和上传 MTV 动画

下面通过测试、导出项目八制作的 MTV 动画，并将其上传到腾讯网站的动画频道为例，练习测试、导出和上传 Flash 作品的方法。

步骤 1　打开本书配套素材"素材与实例">"项目八"文件夹>"MTV.fla"文件，然后按快捷键【Ctrl+Enter】测试动画在本地的播放效果。

步骤 2　在动画播放窗口中选择"视图">"下载设置">"T1"菜单，再勾选"视图">"模拟下载"菜单，测试动画在网络上的实际播放情况，如图 9-36 所示。

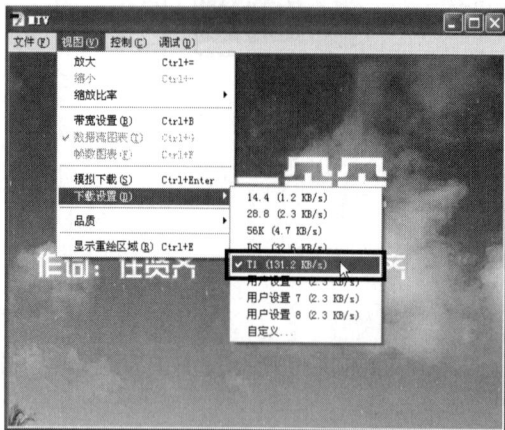

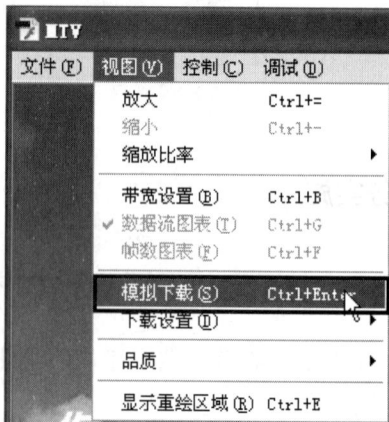

图 9-36　测试动画在网络上的播放情况

步骤 3　选择"视图">"带宽设置"菜单，再选择"视图">"数据流图标"菜单，在图表右侧的窗格中看到除了第 1，2 帧外，其他帧的数据都在红线以下，可以正常播放，如图 9-37 所示（在网络上播放动画时，第 1，2 帧需要等待是正常的）。

步骤 4 测试好动画后，关闭动画播放窗口，返回 Flash 工作界面，然后选择"文件" >
"导出" > "导出影片"菜单，在打开的"导出影片"对话框中设置保存路径和
文件名称，并将"保存类型"设为"SWF 影片"（如图 9-38 所示），然后单击"保
存"按钮导出.swf影片文件。

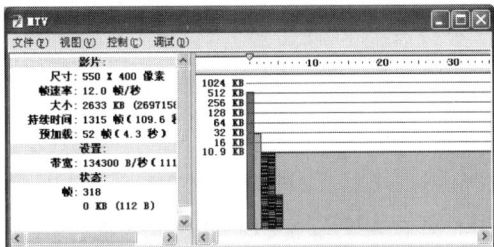

图 9-37 在数据流图表中测试动画

图 9-38 导出 SWF 影片

步骤 5 将播放头跳转到第 313 帧，然后选择"文件" > "导出" > "导出图像"菜单，
在打开的"导出图像"对话框中设置保存路径和文件名称，并将"保存类型"
设为"JPEG 图像"，如图 9-39（a）所示；单击"保存"按钮，在打开的"导出
JPGE"对话框中将图像尺寸设为"400×310"像素，单击"确定"按钮，如图
9-39（b）所示。

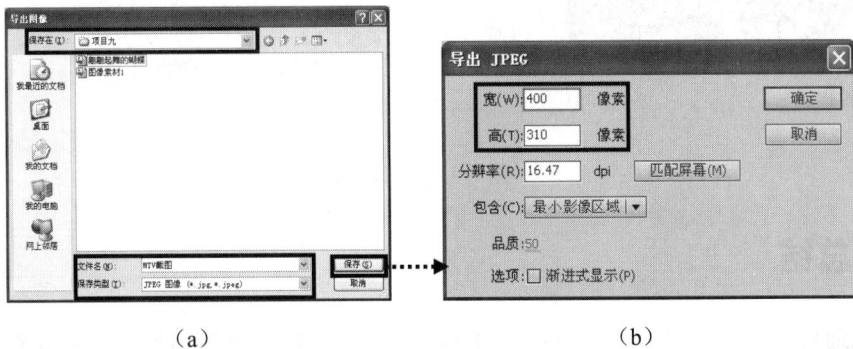

（a）

（b）

图 9-39 导出静态图像

步骤 6 打开腾讯动画频道（网址为 http://flash.qq.com），在打开的网页中单击"登录"
按钮，在打开"用户登录"界面中输入您的 QQ 号码和 QQ 密码（若没有可在
腾讯网申请），然后单击"登录"按钮，如图 9-40 所示。

图 9-40　登录账号

步骤 7　登录后单击导航条中的"上传动画"按钮，打开"上传作品"页面，根据提示进行设置，然后单击"上传"按钮即可，如图 9-41 所示。

单击"浏览"按钮，在打开的对话框中选择步骤 5 中导出的图片

单击"浏览"按钮，在打开的对话框中选择步骤 4 中导出的.swf 动画影片

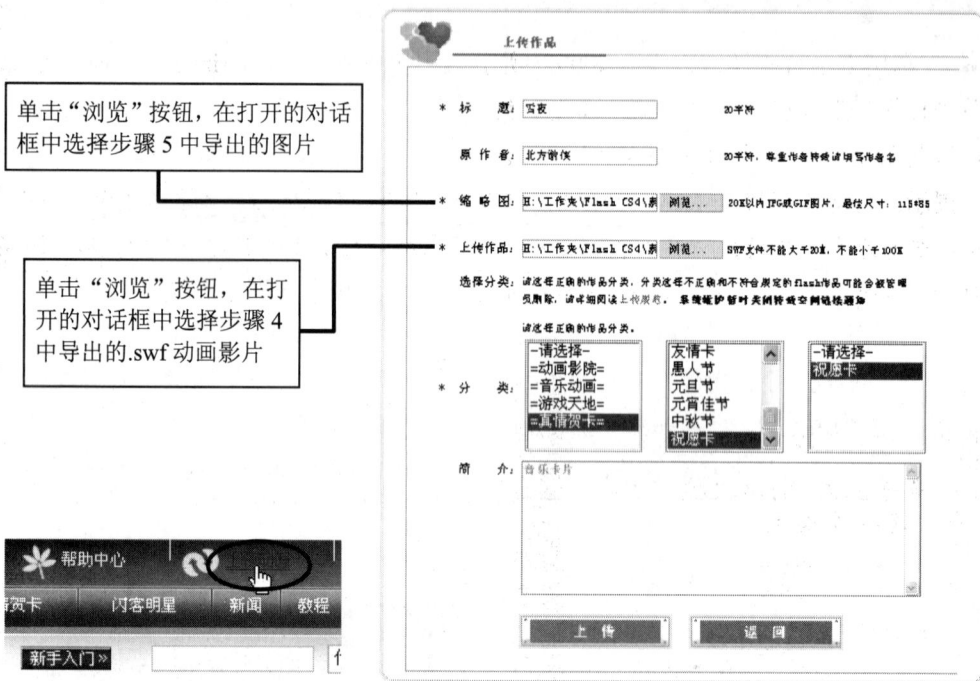

图 9-41　上传作品

项目总结

本项目主要介绍了 ActionScript 3.0 的入门知识，以及"代码片断"面板的使用；还介绍了测试、导出、发布和上传 Flash 动画的方法。在学习本项目的知识时，应注意以下几点。

➢ 在"动作"面板中可以查看、添加和编辑 ActionScript 代码。

➢ 利用"代码片断"面板可以使初学 ActionScript 3.0 语言的用户快速上手，还可以帮助用户了解不同语句的用途和使用方法。

> ➢ 测试动画时，除了需要考虑动画在本地的播放效果外，还应考虑在网络环境中是否能正常下载及播放。

> ➢ 在 Flash 中不仅可以导出.swf 影片文件，还可以导出序列图像和静态图像等。若要导出元件内部的图像，可先进入元件的编辑状态，再执行导出操作。

> ➢ 在上传 Flash 作品时，通常会要求上传一幅静态图像，而在上传静态图像时，应注意网站对于图像格式和尺寸的要求，否则有可能导致上传失败。

课后操作

1．利用本项目所学知识为如图 9-42 所示的课件添加 ActionScript 3.0 代码，实现通过单击按钮控制课件翻页的效果。本题最终效果请参考本书配套素材"素材与实例"＞"项目九"文件夹＞"简单机械.swf"文件。

提示： 打开本书配套素材"素材与实例"＞"项目 9"文件夹＞"操作题素材 1.fla"文档，首先为舞台中的按钮添加实例名称，然后在所有图层上方新建一个"代码"图层，并打开"动作"面板，为"代码"图层的第 1 帧添加图 9-43 所示的代码。

图 9-42　简单机械课件

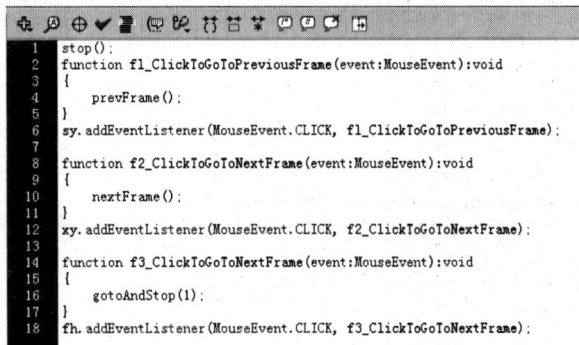

图 9-43　为关键帧添加代码

2．利用本项目所学知识为如图 9-44 所示动画中的按钮添加代码，并通过按钮来控制动画的播放。本题最终效果请参考本书配套素材"素材与实例"＞"项目九"文件夹＞"控制天鹅动画.swf"文件。

提示： 打开本书配套素材"素材与实例"＞"项目 9"文件夹＞"操作题素材 2.fla"文档，首先为舞台中的按钮添加实例名称，然后打开"代码片断"面板，为关键帧和按钮添加代码并进行修改，如图 9-45 所示。

3．对本书配套素材"项目七"文件夹中的"节约用水.fla"文档进行测试，然后将其导出为.swf 格式的影片和.jpg 格式的图像，最后将导出的.swf 影片上传到 Internet。

图 9-44 控制天鹅动画

```
1
2  /* 在此帧处停止
3  Flash 时间轴将在插入此代码的帧处停止/暂停。
4  也可用于停止/暂停影片剪辑的时间轴。
5  */
6
7  stop();
8
9  /* Mouse Click 事件
10 单击此指定的元件实例会执行您可在其中添加自己的自定义代码的函数。
11
12 说明:
13 1. 在以下"// 开始您的自定义代码"行后的新行上添加您的自定义代码。
14 单击此元件实例时,此代码将执行。
15 */
16
17 bf.addEventListener(MouseEvent.CLICK, fl_MouseClickHandler);
18
19 function fl_MouseClickHandler(event:MouseEvent):void
20 {
21    // 开始您的自定义代码
22    // 此示例代码在"输出"面板中显示"已单击鼠标"。
23    play();
24    // 结束您的自定义代码
25 }
26
27 /* 单击以转到下一帧并停止
28 单击指定的元件实例会将播放头移动到下一帧并停止此影片。
29 */
30
31 zt.addEventListener(MouseEvent.CLICK, fl_ClickToGoToNextFrame);
32
33 function fl_ClickToGoToNextFrame(event:MouseEvent):void
34 {
35    nextFrame();
36 }
```

图 9-45 利用"代码片断"面板添加代码并进行修改